农药登记环境试验方法标准汇编

（一）

农业农村部农药检定所◎编

中国农业出版社
北京

编 委 会

主　　任：周普国　吴国强

副 主 任：严端祥　刘　学　季　颖　单炜力

主　编：姜　辉　王寿山　袁善奎

副主编：周欣欣　周艳明　陈　朗　王胜翔

参编人员（按姓氏笔画排序）：

王　红　王晓军　田建利　朴秀英

曲蕓蕓　刘　亮　刘　琼　刘雁雨

宋伟华　陈红英　林荣华　赵秀振

陶传江　魏京华　瞿唯钢

前　言

虽然现代农业生产离不开农药的使用，但化学农药长期、大量使用会对生态环境造成污染危害，并已成为全球广泛关注的重大环境问题，农药的安全性（包括环境和人体健康）管理也成为全球农药管理的重点。为了加强农药的环境安全性管理，世界各国都加大了监管力度，法律法规和技术标准体系不断完善。与欧美等发达国家相比，我国农药环境安全性管理落后至少30年。早在20世纪70年代末，一些发达国家和有关国际组织已开始关注化学农药的环境风险评估与管理工作，并开始着手相关试验准则和技术规范的制定工作。1981年，联合国粮食及农业组织（FAO）组织编写了第一份《农药登记环境标准指南》，经济合作与发展组织（OECD）颁布了《化学品测试指南》，并且其后一直在不断地修订、更新。1985年，美国环境保护局（USEPA）出版了《有毒物质控制测试指南》，后来又进一步颁布了《环境测试方法与指南》，其中包括《有毒物质生态效应测试指南》与《有毒物质在环境中的迁移转化与归趋测试指南》等一系列指导性文件。

我国自1982年实行农药登记制度，并在当时《环境保护法（试行）》的框架体系下，首次制订了《农药登记规定》，要求农药正式登记应提交环境质量影响资料（对大气、水、土壤、植物和生态系统的污染和影响）。但当时由于缺乏相应试验准则、国内相关单位的科研技术能力也比较薄弱，实际上处于“有要求、无数据”阶段，大多数获得临时登记的产品由于缺少环境影响的试验数据而不能转为正式登记。直到2001年，农业部组织清理了临时登记超过4年的老产品（1999年7月23日以前取得临时登记的产品），通过联合试验的方式完成了上述老产品对蜂、鸟、鱼、蚕等非靶标生物的急性毒性试验数据采集。期间，在蔡道基院士等老一辈科学家的努力下，1989年国家环境保护局发布了《化学农药环境安全评价试验准则》（简称原《准则》），使得环境影响试验有了最基本的技术规范和要求，但涉及的试验项目较少，可操作性和标准化亟待提高。之后，随着《农药登记资料要求》多次修订，环境资料要求也不断完善，试验项目不断增加。到2017年最新发布的《农药登记资料要求》中，为了满足农药登记环境风险评估需要，环境归趋和生态毒理试验项目累积达到30多项，涉及室内急性、亚慢性、慢性等初级阶段的试验以及高级阶段的试验内容，基本接近发达国家的农药环境风险管理要求。因此，原《准则》远远不能满足现有农药登记资料要求的需要。

近10年来，在“十二五”科技支撑项目、公益性行业（农业）科研专项、国际合作项目等的支持下，农业农村部农药检定所组织国内生态环境保护部南京环境科学研究所等优势科研单位，加快建设农药环境影响试验方法及环境风险评估技术体系，成效显著，已经初具规模。其中，包括等效采用和引进吸收的OECD或EPA相关试验准则，以及部分原始创新的试验准则，技术方法基本涵盖主要保护目标，并满足了现有农药登记环境影响资料的要求。自2014年发布《化学农药环境安全评价试验准则》（GB/T 31270—2014）以来，目前共发布实施涉及农药登记环境影响试验方法及风险评估指南的国家标准和农业行业标准共63项。这些标准对农药登记环境归趋和生态毒理试验方法及评价标准进行了描述，已在国内农药登记环境试验、农药生产企业产品开发和相关科研领域广泛运用，符合我国国情，具有很好的规范性、适用性和可操作性，以及一定的技术前瞻性。为方便读者使用，并体现农药登记环境试验方法的系统性，本书将化学农药及有效成分化学结构明确的生物源农药的环境归趋、环境毒理试验，以及为风险评估提供依据的高阶段试验有关的32项试验准则汇编成册，供从事农药登记环境影响试验技术人员、企业研发人员、相关科研人员、农药登记人员及农药登记管理人员使用和参考。

农药环境登记试验方法标准的制（修）定，凝聚了相关领域广大专家学者的智慧和心血，也得到了各有关部门的大力支持，在此一并表示衷心感谢！

由于时间仓促，难免出现疏漏和不妥之处，敬请读者批评指正。

编　者

2018年11月

目　　录

第3部分 环境风险评估高级阶段试验技术

第 1 部分

环境归趋试验方法

中华人民共和国国家标准

GB/T 31270.1—2014

化学农药环境安全评价试验准则
第1部分:土壤降解试验

Test guidelines on environmental safety assessment for chemical pesticides—
Part 1:Transformation in soils

1 范围

本部分规定了好氧和积水厌气条件下化学农药土壤降解试验的材料、条件、操作、质量控制、数据处理、试验报告等的基本要求。

本部分适用于为化学农药登记而进行的好氧和积水厌气条件下的土壤降解试验,其他类型的农药可参照使用。

本部分不适用于高挥发性化学农药的土壤降解特性测定。

2 术语和定义

下列术语和定义适用于本文件。

2.1

土壤降解　degradation in soil

农药在成土因子与田间耕作等因素的共同影响下,土壤中的残留农药逐渐由大分子分解成小分子,直至失去生物活性的全过程。

[NY/T 1667.5—2008,定义3.4.3]

2.2

降解半衰期　half-life time of degradation

农药降解量达1/2时所需的时间,用$t_{0.5}$表示。

[NY/T 1667.5—2008,定义3.4.3]

2.3

供试物　test substance

试验中需要测试的物质。

2.4

化学农药　chemical pesticide

利用化学物质人工合成的农药。其中有些以天然产品中的活性物质为母体,进行仿制、结构改造,创新而成,为仿生合成农药。

同义词:有机合成农药　synthetic organic pesticide。

[NY/T 1667.1—2008,定义2.3.1]。

中华人民共和国国家质量监督检验检疫总局
中国国家标准化管理委员会　2014-10-10发布　2015-03-11实施

2.5

原药 technical material

在制造过程中得到的有效成分及杂质组成的最终产品，不能含有可见的外来物质和任何添加物，必要时可加入少量的稳定剂。

[NY/T 1667.2—2008，定义 2.5.1]

2.6

制剂 formulation product

由农药原药（或母药）和助剂制成使用状态稳定的产品。

[NY/T 1667.2—2008，定义 2.4]

2.7

有效成分 active ingredient(a. i.)

农药产品中具有生物活性的特定化学结构成分。

[NY/T 1667.2—2008，定义 3.1]

3 试验概述

将供试物添加到不同特性的土壤中，在一定的温度与水分含量条件下避光培养，定期采样测定土壤中供试物的残留量，以得到供试物在不同性质土壤中的降解曲线，求得供试物土壤降解半衰期。

4 试验方法

4.1 材料和条件

4.1.1 供试土壤

推荐红壤土、水稻土、黑土、潮土、褐土 5 类土壤为供试土壤，其中，红壤土 pH 4.5～5.5，有机质含量为 0.8%～1.5%；水稻土 pH 5.5～7.0，有机质含量为 1.5%～2.0%；黑土 pH 6.5～7.5，有机质含量为 2.0%～3.0%；潮土 pH 7.5～8.5，有机质含量为 1.0%～2.0%；褐土 pH 6.5～8.5，有机质含量为 0.8%～1.5%。

采集时，需了解记录采集地的植被、耕种作物、农药及化肥使用历史并选择含水量适合过筛的 0 cm～20 cm 表层土壤，除去植株根系、残体、石块等杂质。储存及运输过程中避免长时间风干、渍水、冰冻。采集后尽快进行处理，过 2 mm 筛，(4～2)℃下避光、好气保存备用，并测定土壤 pH、有机质、阳离子代换量和机械组成，土壤保存期不超过半年。使用前，在 25℃下加水至 40%饱和持水量，避光培养 14 d 备用。

4.1.2 供试物

供试物应使用农药纯品、原药或制剂。

4.1.3 主要仪器设备

恒温恒湿培养箱。

天平。

气相色谱仪。

液相色谱仪等。

4.2 试验操作

4.2.1 供试物溶液配制

将供试物溶于水中，对难溶于水的农药，可用少量对农药降解无干扰影响的有机溶剂助溶（如乙醇、丙酮等），加量不超过 1%（体积百分数）。

4.2.2 好氧条件下的土壤降解

称取 20 g～50 g 土壤(干重,准确到 0.01 g)样品若干份,分别置于 150 mL 或 250 mL 锥形瓶中,并加入 20 μg～ 200 μg 供试物拌匀后,加水将土壤含水量调节到饱和持水量的 60%,塞上棉塞(或透气的硅胶塞),置于(25±1)℃黑暗的恒温恒湿箱中培养,定期取样至少 7 次,每次 2 个平行样,分别测定土壤中供试物残留量。培养过程中及时调节锥形瓶内水分含量,以保持原有持水状态。

通常试验进行至降解率达 90%以上时终止;试验最长进行至 120 d。

4.2.3 积水厌气条件下的土壤降解

称取 20 g～50 g 土壤(干重,准确到 0.01 g)样品若干份,分别置于 150 mL 或 250 mL 锥形瓶中,加入 20 μg～200 μg 供试物拌匀后,加水至土壤表面有 1 cm 水层,塞上棉塞(或透气的硅胶塞),置于(25±1)℃黑暗的恒温恒湿箱中培养,定期取样至少 7 次,每次 2 个平行样,分别测定土壤中供试物残留量。培养过程中及时调节锥形瓶内水分含量,以保持原有持水状态。

试验持续时间同 4.2.2 好氧条件下的土壤降解试验。

4.3 数据处理

降解规律遵循一级动力学方程的农药,按式(1)、式(2)计算在土壤中的降解半衰期;降解规律不遵循一级动力学方程的农药,无需计算降解半衰期。

$$C_t = C_0 e^{-kt} \qquad (1)$$

式中:

C_t ——t 时土壤中供试物残留含量,单位为毫克每千克(mg/kg);

C_0 ——土壤中供试物初始含量,单位为毫克每千克(mg/kg);

k ——降解速率常数;

t ——反应时间,单位为小时(h)或天(d)。

$$t_{0.5} = \frac{\ln 2}{k} \qquad (2)$$

式中:

$t_{0.5}$——降解半衰期,单位为小时(h)或天(d)。

4.4 质量控制

质量控制条件包括:

——土壤中农药残留量分析方法回收率为 70%～110%,最低检测浓度限应低于初始添加浓度的 1%。添加回收浓度应至少为初始添加浓度及其初始添加浓度的 10%,每个浓度 5 次重复。

——土壤中供试物初始(实测)含量 1 mg/kg～10 mg/kg。

——降解动态曲线至少 7 个点,其中 5 个点浓度为初始含量的 20%～80%。

5 试验报告

试验报告至少应包括下列内容:

——供试物的信息,包括供试农药的通用名、化学名称、结构式、CAS 号、纯度、基本理化性质、来源等;

——供试土壤的类型、pH、有机质含量、阳离子代换量、机械组成等基本理化性质;

——主要仪器设备;

——试验条件,包括温度、持水量、初始浓度、取样时间;

——土壤中农药残留量分析方法描述,包括样品前处理、测定条件、线性范围、添加回收率、相对标准偏差、方法定量限、典型谱图等;

——试验结果,包括测定结果、降解曲线、降解半衰期、相关系数、典型降解产物及实测典型谱图等;

——降解性等级划分参见附录 A。

附 录 A
(资料性附录)
农药对在土壤中的降解性等级划分

按农药土壤降解半衰期,将农药土壤降解特性划分为 4 级,见表 A.1。

表 A.1 农药在土壤中的降解性等级划分

等级	半衰期($t_{0.5}$),d	降解性
Ⅰ	$t_{0.5} \leqslant 30$	易降解
Ⅱ	$30 < t_{0.5} \leqslant 90$	中等降解
Ⅲ	$90 < t_{0.5} \leqslant 180$	较难降解
Ⅳ	$t_{0.5} > 180$	难降解

参 考 文 献

[1]NY/T 1667.1—2008 农药登记管理术语 第1部分:基本术语.
[2]NY/T 1667.2—2008 农药登记管理术语 第2部分:产品化学.
[3]NY/T 1667.5—2008 农药登记管理术语 第5部分:环境影响.
[4]US EPA,1998. Soil biodegradation (OPPTS 835.3300). Fate, transport and transformation test guidelines.
[5]US EPA,2008. Aerobic soil metabolism (OPPTS 835.4100). Fate, transport and transformation test guidelines.
[6]US EPA,2008. Anaerobic soil metabolism (OPPTS 835.4200). Fate, transport and transformation test guidelines.
[7]OECD,2002. Guideline 307: aerobic and anaerobic transformation in soil, OECD guidelines for the testing of chemicals.
[8]蔡道基,1999. 农药环境毒理学研究[M]. 北京:中国环境科学出版社.

本部分负责起草单位:农业部农药检定所、环境保护部南京环境科学研究所。
本部分主要起草人:孔德洋、陶传江、石利利、单正军、乔雄梧、蔡晓明、刘毅华、何红梅。

中华人民共和国国家标准

化学农药环境安全评价试验准则 第2部分:水解试验

GB/T 31270.2—2014

Test guidelines on environmental safety assessment for chemical pesticides——Part 2:Hydrolysis

1 范围

本部分规定了化学农药水解试验的材料、条件、操作、质量控制、数据处理、试验报告等的基本要求。

本部分适用于为化学农药登记而进行的水解试验,其他类型的农药可参照使用。

本部分不适用于高挥发性农药的水解特性测定。

2 术语和定义

下列术语和定义适用于本文件。

2.1

水解作用 hydrolysis

农药在水中进行的化学分解现象。常用水解半衰期($t_{0.5}$)表示。

[NY/T 1667.5—2008,定义 3.4.2.2]

2.2

水解半衰期 half-life time of hydrolysis

供试物浓度经水解减少至初始浓度的1/2时所需的时间,用 $t_{0.5}$ 表示。

2.3

供试物 test substance

试验中需要测试的物质。

2.4

化学农药 chemical pesticide

利用化学物质人工合成的农药。其中有些以天然产品中的活性物质为母体,进行仿制、结构改造,创新而成,为仿生合成农药。

同义词:有机合成农药 synthetic organic pesticide。

[NY/T 1667.1—2008,定义 2.3.1]

2.5

原药 technical material

在制造过程中得到的有效成分及杂质组成的最终产品,不能含有可见的外来物质和任何添加物,必要时可加入少量的稳定剂。

中华人民共和国国家质量监督检验检疫总局
中国国家标准化管理委员会 2014-10-10 发布 2015-03-11 实施

[NY/T 1667.2—2008,定义 2.5.1]

2.6

有效成分　active ingredient(a.i.)

农药产品中具有生物活性的特定化学结构成分。

[NY/T 1667.2—2008,定义 3.1]

3　试验概述

水解作用试验是在不同温度条件、不同 pH 的缓冲液中无菌培养供试物,定期取样,分析水中供试物含量,以得到供试物的水解曲线。

4　试验方法

4.1　材料和条件

4.1.1　供试物

供试物使用农药纯品、原药或制剂。

4.1.2　缓冲溶液

使用试剂级化学品和蒸馏水制备缓冲溶液,pH 为 4、7 和 9,缓冲溶液的配制参见附录 A。缓冲溶液及试验器皿均应高温高压灭菌,灭菌后的溶液应重新校正 pH。整个试验过程中应避光、避免氧化作用。

4.1.3　主要仪器设备

主要仪器设备如下:

——气相色谱仪;

——液相色谱仪;

——培养箱;

——pH 计;

——灭菌设备等。

4.2　试验操作

4.2.1　预试验

分别用 pH 4、7 和 9 的缓冲溶液配制供试物水溶液。若供试物的水中饱和溶解度>0.02 mol/L,则初始浓度≤0.01 mol/L;若供试物的水中饱和溶解度≤0.02 mol/L,则初始浓度≤50%饱和溶解度。难溶于水的供试物加助溶剂(如乙醇、乙腈和丙酮等)不超过 1%(体积分数)。供试物水溶液的配制、分装应在无菌条件下进行。配制好的供试物水溶液经 0.22 μm 滤膜过滤后置于具塞容器中,在(50±1)℃恒温条件下培养 5 d 测定水样中供试物含量。如水解率<10%,可认为供试物具有化学稳定性(25℃时,$t_{0.5}$>365 d),不需继续进行正式试验;如水解率≥10%,则需进行正式试验。

4.2.2　正式试验

根据预试验结果,配制 2 组相同 pH 的供试物水溶液若干瓶,分别置于(25±1)℃、(50±1)℃恒温条件下培养。从开始培养起,定期取样至少 7 次,每次 2 个平行样,测定水样中供试物含量。

试验进行至水解率达 90%以上时终止,但试验最长进行至第 120 d。

4.3　数据处理

降解规律遵循一级动力学方程的农药,按式(1)与式(2)求得水解半衰期 $t_{0.5}$;降解规律不遵循一级动力学方程的农药无需计算水解半衰期。

$$C_t = C_0 e^{-kt} \tag{1}$$

式中:

C_t ——t 时的供试物质量浓度，单位为毫克每升(mg/L)；

C_0 ——供试物的起始质量浓度，单位为毫克每升(mg/L)；

k ——水解速率常数；

t ——反应时间，单位为小时(h)或天(d)；

$$t_{0.5}=\frac{\ln 2}{k} \quad\cdots\cdots(2)$$

式中：

$t_{0.5}$——水解半衰期，单位为小时(h)或天(d)。

4.4 质量控制

质量控制条件包括：

——水中农药残留量测定方法回收率为70%～110%，最低检测浓度应低于初始浓度的1%，添加回收浓度应至少包括试验初始浓度和10%试验初始浓度，每个浓度重复5次；

——降解动态曲线至少7个点，其中5个点的浓度值为实测初始浓度的20%～80%。

5 试验报告

试验报告至少应包括下列内容：

——供试物的信息，包括供试农药的通用名、化学名称、结构式、CAS号、纯度、基本理化性质、来源等；

——缓冲溶液的信息，包括pH 4、7和9缓冲溶液的制备(若使用附录A以外的缓冲溶液应在报告中注明配方来源)；

——主要仪器设备；

——试验条件，包括供试物水溶液配制方法、初始浓度、灭菌条件、pH、温度和取样时间等；

——水中农药残留量分析方法描述，包括样品前处理、测定条件、线性范围、添加回收率、相对标准偏差、方法定量限和典型谱图等；

——试验结果，包括测定结果、水解曲线、水解半衰期、相关系数和实测典型谱图等；

——水解特性等级划分参见附录B。

附 录 A
(资料性附录)
缓冲溶液的配制

缓冲溶液的配制见表A.1。

表A.1 缓冲溶液的配制

缓冲溶液名称	组分与配制方法	pH
Clark-Lubs缓冲溶液(20℃)	50 mL 0.1 mol/L邻苯二甲酸氢钾溶液中,加0.40 mL 0.1 mol/L氢氧化钠溶液,再用纯水稀释至100 mL	4.0
	50 mL 0.1 mol/L磷酸二氢钾溶液中,加29.63 mL 0.1 mol/L氢氧化钠溶液,再用纯水稀释至100 mL	7.0
	50 mL 0.1 mol/L硼酸与0.1 mol/L氯化钾混合溶液中,加21.30 mL 0.1 mol/L氢氧化钠溶液,再用纯水稀释至100 mL	9.0
Kolthoff-Vleesehhouwer柠檬酸盐缓冲液(18℃)	50 mL 0.1 mol/L柠檬酸二氢钾溶液中,加9.0 mL 0.1 mol/L氢氧化钠溶液,再用纯水稀释至100 mL	4.0
SÖRENSEN磷酸盐缓冲液(20℃)	41.3 mL 0.066 7 mol/L磷酸二氢钾溶液,加58.7 mL 0.066 7 mol/L磷酸氢二钠溶液,混匀至100 mL	7.0
SÖRENSEN硼砂缓冲液(18℃)	85.0 mL 0.05 mol/L硼砂溶液,加15.0 mL 0.10 mol/L HCl溶液,混匀至100 mL	9.0

附 录 B
(资料性附录)
农药水解特性等级划分

按农药水解半衰期 $t_{0.5}$，将农药水解特性分为 4 级，见表 B.1。

表 B.1 农药水解特性等级划分(25℃)

等级	半衰期($t_{0.5}$)，d	水解性
Ⅰ	$t_{0.5} \leqslant 30$	易水解
Ⅱ	$30 < t_{0.5} \leqslant 90$	中等水解
Ⅲ	$90 < t_{0.5} \leqslant 180$	较难水解
Ⅳ	$t_{0.5} > 180$	难水解

参 考 文 献

[1]NY/T 1667.1—2008 农药登记管理术语 第1部分:基本术语.
[2]NY/T 1667.2—2008 农药登记管理术语 第2部分:产品化学.
[3]NY/T 1860.9—2010 农药理化性质测定试验导则 第9部分:水解.
[4]FAO,1989. Guidelines on environmental criteria for the registration of pesticides.
[5]OECD,2004. Guideline 111: hydrolysis as a function of pH, OECD guidelines for the testing of chemicals.
[6]US EPA,2008. Hydrolysis (OPPTS 835.4100). Fate, transport and transformation test guidelines.
[7]蔡道基,1999. 农药环境毒理学研究[M]. 北京:中国环境科学出版社.

本部分负责起草单位:农业部农药检定所、环境保护部南京环境科学研究所。
本标准主要起草人:蔡磊明、朴秀英、吴珉、单正军、王娜、刘新刚、桂文君、平立凤。

中华人民共和国国家标准

化学农药环境安全评价试验准则 第3部分：光解试验

GB/T 31270.3—2014

Test guidelines on environmental safety assessment for chemical pesticides—Part 3: Phototransformation

1 范围

本部分规定了化学农药光解试验的材料、条件、操作、质量控制、数据处理、试验报告等的基本要求，包括水中光解和土壤表面光解。

本部分适用于为化学农药登记而进行的光解试验，其他类型的农药可参照使用。

2 术语和定义

下列术语和定义适用于本文件。

2.1

光解作用 photodecomposition

光诱导下，农药分解成小分子化合物的过程。常用光解半衰期 $t_{0.5}$ 表示。

[NY/T 1667.5—2008，定义 3.4.2.1]

2.2

光解半衰期 half-life time of phototransformation

供试物浓度经光解减少至初始浓度的 1/2 时所需的时间，用 $t_{0.5}$ 表示。

2.3

供试物 test substance

试验中需要测试的物质。

2.4

化学农药 chemical pesticide

利用化学物质人工合成的农药。其中有些以天然产品中的活性物质为母体，进行仿制、结构改造，创新而成，为仿生合成农药。

同义词：有机合成农药 synthetic organic pesticide。

[NY/T 1667.1—2008，定义 2.3.1]

2.5

原药 technical material

在制造过程中得到的有效成分及杂质组成的最终产品，不能含有可见的外来物质和任何添加物，必要时可加入少量的稳定剂。

中华人民共和国国家质量监督检验检疫总局
中国国家标准化管理委员会 2014-10-10 发布 2015-03-11 实施

[NY/T 1667.2—2008,定义 2.5.1]

2.6

有效成分 active ingredient(a. i.)

农药产品中具有生物活性的特定化学结构成分。

[NY/T 1667.2—2008,定义 3.1]

3 试验概述

光解作用试验是将供试物溶解于水中或将其均匀加至土壤表面后,置于一定强度光照条件下,定期取水样或土壤样品,分析供试物的含量,以得到供试物的降解曲线与降解半衰期。

4 试验方法

4.1 材料和条件

4.1.1 供试物

供试物应使用农药纯品、原药或制剂。

4.1.2 供试水体

纯水或蒸馏水,适用于可溶于水且不易水解的农药供试物。缓冲溶液,用于水中易离子化的农药供试物,缓冲溶液使用试剂级化学品和蒸馏水制备,灭菌并校正 pH,pH 范围为 4～9。

4.1.3 供试土壤

推荐红壤土、水稻土、黑土、潮土、褐土 5 类土壤为供试土壤,其中,红壤土 pH 4.5～5.5,有机质含量为 0.8%～1.5%;水稻土 pH 5.5～7.0,有机质含量为 1.5%～2.0%;黑土 pH 6.5～7.5,有机质含量为 2.0%～3.0%;潮土 pH 7.5～8.5,有机质含量为 1.0%～2.0%;褐土 pH 6.5～8.5,有机质含量为 0.8%～1.5%。在代表性地区采集上述土壤中的 1 种农田耕层土壤,经风干、过 0.25 mm 筛,室温下保存备用,并测定土壤 pH、有机质、阳离子代换量和机械组成。

4.1.4 主要仪器设备

主要仪器设备如下:

——光化学反应装置;

——光源(氙灯);

——气相色谱仪或液相色谱仪等分析仪器;

——紫外强度计;

——照度计等。

4.2 试验操作

4.2.1 供试物溶液配制

将供试物溶于水中,对难溶于水的农药可加少量对测定无影响的有机溶剂(如乙腈)助溶,加量不超过 1%,且不应使用光敏性有机溶剂。

4.2.2 农药在水中的光解试验

配制浓度为 1 mg/L～10 mg/L 农药水溶液,分别装满石英光解反应管若干个,盖紧塞子,保持管外壁洁净,将光解反应管置于光化学反应装置中进行光解试验(参见附录 A)。光源可采用人工光源氙灯(波长范围为 290 nm～800 nm),保证试样接受紫外强度(100±10)$\mu W/cm^2$(紫外强度测定波长为 365 nm),反应温度为(25±5)℃。

对于在水中易于离子化的供试物,应选择在最稳定 pH 缓冲溶液中进行光解试验,缓冲溶液应在试验波长下无吸收,制备方法参见附录 B。

试验过程中定期取水样至少 7 次,测定水样中供试物浓度的变化,记录光照强度和紫外强度,至光解率达 90%以上时终止(最长 7 d)。同时,设黑暗条件下的对照试验。整个光解试验期内隔离其他光源,以减少对试验结果的影响。

4.2.3 农药在土壤表面的光解试验

分别称取经预处理的土壤,加适量的水,使其均匀展布于玻璃平板上,室温下阴干,制成土壤薄层系列,使土层厚度为 1 mm～2 mm。将供试物溶液均匀滴加于各土壤薄层表面,使土壤中供试物浓度为 1 mg/kg～10 mg/kg,盖上石英玻璃盖,然后将其置于光化学反应装置中进行光解试验(参见附录 A)。光照条件同 4.2.2 供试物在水中的光解试验。

试验过程中定期取样至少 7 次,测定土样中供试物浓度的变化,记录紫外强度,试验周期为至光解率达 90%以上或最长 7 d 时终止。同时,设黑暗条件下的对照试验。光解试验期内隔离其他光源,以减少对试验结果的影响。

4.3 数据处理

降解规律遵循一级动力学方程的农药,可按式(1)与式(2)计算光解半衰期($t_{0.5}$);降解规律不遵循一级动力学方程的农药,无需计算光解半衰期。

$$C_t = C_0 e^{-kt} \quad \cdots\cdots\cdots\cdots (1)$$

式中:

C_t ——t 时供试物质量浓度,单位为毫克每升(mg/L);

C_0 ——供试物起始质量浓度,单位为毫克每升(mg/L);

k ——光解速率常数;

t ——反应时间,单位为小时(h)或天(d)。

$$t_{0.5} = \frac{\ln 2}{K} \quad \cdots\cdots\cdots\cdots (2)$$

式中:

$t_{0.5}$——光解半衰期,单位为小时(h)或天(d)。

4.4 质量控制

质量控制条件包括:

——水与土壤中农药残留量测定中回收率为 70%～110%,最低检测浓度应低于初始浓度的 1%。添加回收浓度应至少包括初始浓度的 10%和初始添加浓度,每个浓度 5 次重复。

——水与土壤中光解动态曲线至少 7 个点,其中 5 点浓度值为初始浓度的 20%～80%。

——对于有离子化或质子化反应的物质,用两级 pH 缓冲溶液做试验。

5 试验报告

试验报告至少应包括下列内容:

——供试物的信息,包括供试农药的通用名、化学名称、结构式、CAS 号、纯度、基本理化性质、来源等;

——供试土壤的类型、pH、有机质含量、阳离子代换量、机械组成等基本理化性质;

——主要仪器设备;

——试验条件,包括光源、紫外强度、试验温度、取样时间;

——水与土壤中农药残留量分析方法,包括样品前处理、测定条件、线性范围、添加回收率、相对标准偏差、最小检测量;

——试验结果,包括光解曲线、半衰期、相关系数等;

——光解特性等级划分参见附录 C。

附 录 A
(资料性附录)
光解装置剖面示意图

水中光解装置和土壤表面光解装置示意图分别参见图 A.1 和图 A.2。

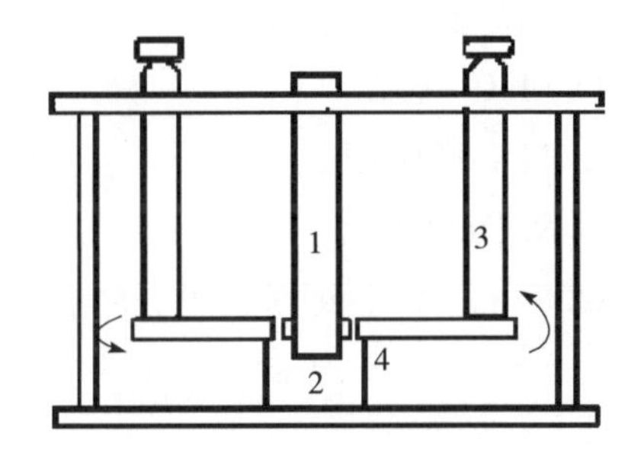

说明：

1——光源；
2——马达；
3——光解池；
4——齿轮。

图 A.1　水中光解装置内部剖面示意图

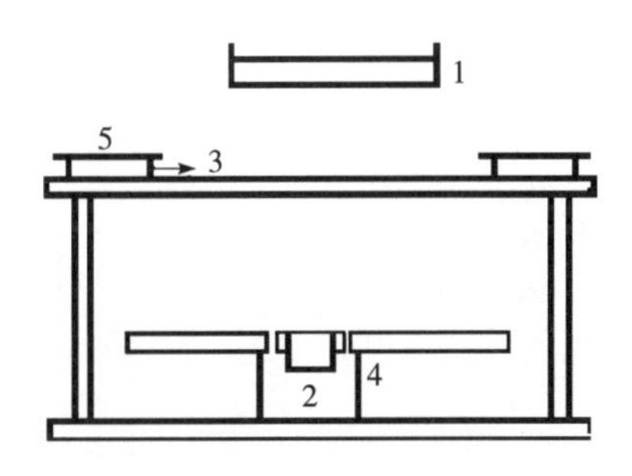

说明：

1——光源；
2——马达；
3——光解池；
4——齿轮；
5——石英玻璃盖板。

图 A.2 土壤表面光解装置内部剖面示意图

附 录 B
（资料性附录）
试验水体缓冲溶液选择

B.1 缓冲溶液配制温度条件为25℃。

B.2 使用无光敏剂杂质的试剂级化学品配制缓冲溶液。

B.3 pH范围在3～6，使用NaH_2PO_4/HCl配制。

B.4 pH范围在6～8，使用KH_2PO_4/NaOH配制。

B.5 pH范围在8～10，使用H_3BO_3/NaOH配制。

B.6 缓冲溶液浓度误差不大于0.002 5 mol/L，且即时校正缓冲溶液的pH。

附　录　C
（资料性附录）
农药光解性评价标准

按农药光解半衰期 $t_{0.5}$，将农药光解特性分为4级，见表C.1。

表C.1　农药光解性等级划分表

等级	半衰期($t_{0.5}$)，h	光解性
Ⅰ	$t_{0.5}<3$	易光解
Ⅱ	$3\leqslant t_{0.5}<6$	较易光解
Ⅲ	$6\leqslant t_{0.5}<12$	中等光解
Ⅳ	$12\leqslant t_{0.5}<24$	较难光解
Ⅴ	$t_{0.5}\geqslant 24$	难光解

参 考 文 献

[1]NY/T 1667.1—2008 农药登记管理术语 第1部分:基本术语.
[2]NY/T 1667.2—2008 农药登记管理术语 第2部分:产品化学.
[3]NY/T 1667.5—2008 农药登记管理术语 第5部分:环境影响.
[4]OECD,2008. Guidelines 316: phototransformation of chemicals in water-direct photolysis. OECD guidelines for the testing of chemicals.
[5]US EPA,1998. Direct photolysis rate in water by sunlight(OPPTS 835.2210). Fate, transport and transformation test guidelines.
[6]US EPA,2008. Photodegradation on soil(OPPTS 835.2410). Fate, transport and transformation test guidelines.
[7]USEPA,2008. Photodegradation in water(OPPTS 835.2240). Fate, transport and transformation test guidelines.
[8]蔡道基,1999. 农药环境毒理学研究[M]. 北京:中国环境科学出版社.

本部分负责起草单位:农业部农药检定所、环境保护部南京环境科学研究所。
本部分主要起草人:石利利、周艳明、许静、单正军、桂文君、董丰收、赵华。

中华人民共和国国家标准

化学农药环境安全评价试验准则 GB/T 31270.4—2014

第4部分：土壤吸附/解吸试验

Test guidelines on environmental safety assessment for chemical pesticides—
Part 4: Adsorption/Desorption in soils

1 范围

本部分规定了农药土壤吸附/解析试验的材料、条件、操作、质量控制、数据处理、试验报告等的基本要求。

本部分适用于为化学农药登记而进行的土壤吸附试验，其他类型的农药可参照使用。

本部分不适用于易降解及易挥发的农药。

2 术语和定义

下列术语和定义适用于本文件。

2.1

土壤吸附作用 soil adsorption

农药于土壤中在固、液两相间分配达到平衡时的吸附性能。

[NY/T 1667.5—2008，定义3.3.4]

2.2

吸附常数 adsorption coefficient, K_d

农药在固液两相间的分配达到平衡时的比值。

[NY/T 1667.5—2008，定义3.3.4.2]

2.3

土壤吸附系数 soil adsorption coefficient, K_{oc}

吸附常数 K_d 与土壤中有机质的百分比。

[NY/T 1667.5—2008，定义3.3.4.3]

2.4

供试物 test substance

试验中需要测试的物质。

2.5

化学农药 chemical pesticide

利用化学物质人工合成的农药。其中有些以天然产品中的活性物质为母体，进行仿制、结构改造，创新而成，为仿生合成农药。

中华人民共和国国家质量监督检验检疫总局
中国国家标准化管理委员会 2014-10-10发布 2015-03-11实施

同义词:有机合成农药　synthetic organic pesticide。

[NY/T 1667.1—2008,定义 2.3.1]

2.6

原药　technical material

在制造过程中得到的有效成分及杂质组成的最终产品,不能含有可见的外来物质和任何添加物,必要时可加入少量的稳定剂。

[NY/T 1667.2—2008,定义 2.5.1]

2.7

有效成分　active ingredient(a.i.)

农药产品中具有生物活性的特定化学结构成分。

[NY/T 1667.2—2008,定义 3.1]

3　试验概述

土壤吸附作用与解吸作用试验是选用 3 种在阳离子交换能力、黏土含量、有机物含量及 pH 等方面有显著差异的土壤,用振荡平衡法测定土壤的吸附系数和解吸系数。采用 $CaCl_2$(0.01 mol/L)作为水溶剂相,以增进离心分离作用并使阳离子交换量的影响降至最低程度。

4　试验方法

4.1　材料和条件

4.1.1　供试物

供试物使用农药纯品、原药或制剂。

4.1.2　供试土壤

推荐红壤土、水稻土、黑土、潮土、褐土 5 类土壤为供试土壤,其中,红壤土 pH 4.5～5.5,有机质含量为 0.8%～1.5%;水稻土 pH 5.5～7.0,有机质含量为 1.5%～2.0%;黑土 pH 6.5～7.5,有机质含量为 2.0%～3.0%;潮土 pH 7.5～8.5,有机质含量为 1.0%～2.0%;褐土 pH 6.5～8.5,有机质含量为 0.8%～1.5%。在代表性地区采集上述土壤中的 3 种农田耕层土壤,经风干、过 0.25 mm 筛,室温下储存,并测定土壤含水率、pH、有机质、阳离子代换量和机械组成。若土壤保存期超过 3 年时,应重新测定 pH、有机质、阳离子代换量等参数。

4.1.3　主要仪器设备

主要仪器设备如下:

——恒温振荡器;

——高速离心机;

——气相色谱仪或液相色谱仪等。

4.2　试验方法

4.2.1　供试物溶液配制

将供试物溶于 0.01 mol/L $CaCl_2$ 溶液中,配成不同浓度的药液,对难溶于水的供试物,可用少量有机溶剂助溶(如乙腈、丙酮),助溶剂加量不超过 1%。

4.2.2　预试验

称取 2 g～5 g 土壤(准确到 0.01 g)样品若干份,置于 250 mL 具塞锥形瓶中,加入 5 mL 浓度不大于 5 mg/L 的供试物水溶液(0.01 mol/L $CaCl_2$ 介质),调节水分含量,以保持水土比为 1∶1 或 5∶1 或 10∶1 或 100∶1[水相体积(V),mL]。塞紧瓶塞,置于恒温振荡器中,于(25±2)℃下,振摇达到平衡后(24 h～72 h),将土壤悬浮液转移至离心管中,高速离心(离心力大于 3 000 g),测定上清液或土壤中供试物含量，计算吸附率。其中，水土比的选择，视供试物水溶解度大小而定。对于水溶解度较大的供试物，应采用较小的水土比；而对于水溶性较弱的供试物，则应选择较大的水土比。

水土比为1∶1时吸附率<25%，试验终止。

同时，分别设置未加土壤的供试物水溶液（0.01 mol/L $CaCl_2$ 介质）与加入土壤、不加供试物的水溶液（0.01 mol/L $CaCl_2$ 介质）的对照处理，以验证农药在0.01 mol/L $CaCl_2$ 溶液中的稳定性与土壤背景干扰物的影响。所有处理至少应设置2个平行。

4.2.3 解吸试验

分离出上清液后，在土壤固相中加入与分离出的上清液相同体积的0.01 mol/L $CaCl_2$ 溶液，振摇24 h后离心分离，测定上清液中供试物含量。重复操作1次，合计2次清液中供试物含量，求得供试物解吸率。若解吸率小于75%，需进行质量平衡试验。

4.2.4 质量平衡试验

选择适当的提取剂，提取并测定吸附在土壤中的供试物含量，以验证吸附试验过程中供试物质量的平衡。

4.2.5 正式试验

配制一系列质量浓度的供试物水溶液，试验至少设置5个浓度水平（浓度差异2个数量级）浓度不超过5 mg/L（对低溶解度供试物，可降低试验浓度；或加适当的有机溶剂，如甲醇、乙腈，加量不超过1%水相体积）。按预试验操作方法进行正式试验，求出吸附常数。

4.3 数据处理

4.3.1 计算吸附率

按式（1）与式（2）计算吸附率（A）。

$$A=\frac{M-C_e\times V_0}{M}\times 100 \quad\cdots\cdots(1)$$

式中：

A——吸附率，单位为百分率（%）；

M——未加土壤的供试物水溶液中供试物质量，单位为微克（μg）；

C_e——吸附平衡时水相中的供试物浓度，单位为微克每毫升（μg/mL）；

V_0——水相体积，单位为毫升（mL）。

$$A=\frac{x}{M}\times 100 \quad\cdots\cdots(2)$$

式中：

x——吸附于土壤中的供试物量，单位为微克（μg）。

4.3.2 解吸率

按式（3）计算解吸率（D）。

$$D=\frac{m_{ads}^{aq}}{x}\times 100 \quad\cdots\cdots(3)$$

式中：

m_{ads}^{aq}——从土壤中解吸附的供试物质量，单位为微克每毫升（μg/mL）。

4.3.3 土壤吸附系数

供试物的土壤吸附规律用弗仑德利奇（Freundlich）方程描述，即式（4）。

$$C_s=K_f\times C_e^{1/n} \quad\cdots\cdots(4)$$

式中：

C_s——土壤对供试物的吸附含量，单位为微克每克（μg/g）；

K_f——弗仑德利奇（Freundlich）土壤吸附系数；

$1/n$——C_s 与 C_e 关系曲线斜率。

C_s 可由式(5)计算求得。

$$C_s = x/m \quad \cdots\cdots (5)$$

式中：

m——土壤质量，单位为克(g)。

分子型有机供试物的土壤吸附系数，可按式(6)计算。

$$K_d = C_s/C_e \quad \cdots\cdots (6)$$

式中：

K_d——土壤吸附系数，单位为毫升每克(mL/g)。

C_s 可由式(5)计算求得。

土壤有机质对供试物吸附作用影响较大，供试物在土壤中的吸附作用，也可用以有机碳含量表示的土壤吸附系数 K_{oc} 表示，计算见式(7)。

$$K_{oc} = \frac{K_d}{OC} \times 100 \quad \cdots\cdots (7)$$

式中：

K_{oc}——以有机碳含量表示的土壤吸附系数，单位为毫升每克(mL/g)；

OC——土壤有机碳含量，单位为百分率(%)。

4.4 质量控制

质量控制条件包括：

——土壤与水中农药残留量测定回收率为 70%～110%，最低检测浓度满足检测要求。

——质量平衡试验回收率大于 75%。

5 试验报告

试验报告至少应包括下列内容：

——供试物的信息，包括供试农药的通用名、化学名称、结构式、CAS 号、纯度、基本理化性质、来源等；

——供试土壤的类型、pH、有机质含量、阳离子代换量、机械组成等基本理化性质；

——主要仪器设备；

——试验条件，包括温度、试验浓度、水土比、振荡速率、平衡时间、离心过滤条件；

——水中农药残留量分析方法，包括水样前处理、测定条件、线性范围、回收率、相对标准偏差、最小检测量；

——土壤中农药残留量分析方法，包括土样前处理、测定条件、线性范围、回收率、相对标准偏差、最小检测量；

——试验结果，包括预试验结果(吸附率)、解吸率、质量回收率、吸附浓度、平衡浓度、吸附曲线与 Fruendlich 吸附方程、K_d 与 K_{oc}、相关系数等；

——吸附性能划分参见附录 A。

附 录 A
(资料性附录)
农药土壤吸附特性等级划分

按农药土壤吸附系数 K_{oc}，将农药土壤吸附特性分为 5 级，见表 A.1。

表 A.1 农药土壤吸附特性等级划分

等级	K_{oc}	土壤吸附性
Ⅰ	$K_{oc}>20\ 000$	易土壤吸附
Ⅱ	$5\ 000<K_{oc}\leqslant 20\ 000$	较易土壤吸附
Ⅲ	$1\ 000<K_{oc}\leqslant 5\ 000$	中等土壤吸附
Ⅳ	$200<K_{oc}\leqslant 1\ 000$	较难土壤吸附
Ⅴ	$K_{oc}\leqslant 200$	难土壤吸附

参 考 文 献

[1]NY/T 1667.1—2008 农药登记管理术语 第1部分:基本术语.
[2]NY/T 1667.2—2008 农药登记管理术语 第2部分:产品化学.
[3]NY/T 1667.5—2008 农药登记管理术语 第5部分:环境影响.
[4]FAO,1989. Guidelines on environmental criteria for the registration of pesticides. Part 2, guidelines for appropriate test procedures.
[5]OECD,2000. Guideline 106. Adsorption-desorption using a batch equilibrium method. Guidelines for testing of chemicals.
[6]US EPA,2008. Adsorption/desorption (batch equilibrium) (OPPTS 835.1230). Fate, transport and transformation test guidelines.
[7]EC,2001. Adsorption/desorption using a batch equilibrium method (Part C.18). Methods for the determination of ecotoxicity. Annex to council regulation (EC), L 225.
[8]蔡道基,1999. 农药环境毒理学研究[M]. 北京:中国环境科学出版社.

本部分负责起草单位:农业部农药检定所、环境保护部南京环境科学研究所。
本部分主要起草人:宋宁慧、周艳明、单正军、孔德洋、秦曙、李少南、贾福艳、蔡晓明。

中华人民共和国国家标准

化学农药环境安全评价试验准则 第5部分:土壤淋溶试验

GB/T 31270.5—2014

Test guidelines on environmental safety assessment for chemical pesticides—Part 5:Leaching in soil

1 范围

本部分规定了农药土壤淋溶试验的材料、条件、操作、质量控制、数据处理、试验报告等的基本要求。

本部分适用于为化学农药登记管理所需进行的土壤淋溶试验,其他类型的农药可参照使用。

2 术语和定义

下列术语和定义适用于本文件。

2.1

农药淋溶作用 pesticide leaching

农药在土壤中随水垂直向下移动的现象,是评价农药对地下水污染影响的一个重要指标。常用 R_f 或 R_i 表示。

[NY/T 1667.5—2008,定义3.3.3]

2.2

供试物 test substance

试验中需要测试的物质。

2.3

化学农药 chemical pesticide

利用化学物质人工合成的农药。其中有些以天然产品中的活性物质为母体,进行仿制、结构改造,创新而成,为仿生合成农药。

同义词:有机合成农药 synthetic organic pesticide。

[NY/T 1667.1—2008,定义2.3.1]

2.4

原药 technical material

在制造过程中得到的有效成分及杂质组成的最终产品,不能含有可见的外来物质和任何添加物,必要时可加入少量的稳定剂。

[NY/T 1667.2—2008,定义2.5.1]

2.5

制剂 formulation product

中华人民共和国国家质量监督检验检疫总局
中国国家标准化管理委员会 2014-10-10发布 2015-03-11实施

由农药原药(或母药)和助剂制成使用状态稳定的产品。

[NY/T 1667.2—2008,定义 2.4]

2.6

有效成分 active ingredient(a. i.)

农药产品中具有生物活性的特定化学结构成分。

[NY/T 1667.2—2008,定义 3.1]

3 试验概述

农药淋溶作用试验包括土壤薄层层析法和土柱淋溶法,根据农药登记管理法规及其他规定选择相关方法进行试验。

对于挥发性供试物,土壤薄层层析法应在密闭的层析室内进行。

4 试验方法

4.1 材料与条件

4.1.1 供试物

供试物应使用农药纯品、原药或制剂。

4.1.2 供试土壤

推荐红壤土、水稻土、黑土、潮土、褐土 5 类土壤为供试土壤,其中,红壤土 pH 4.5~5.5,有机质含量为 0.8%~1.5%;水稻土 pH 5.5~7.0,有机质含量为 1.5%~2.0%;黑土 pH 6.5~7.5,有机质含量为 2.0%~3.0%;潮土 pH 7.5~8.5,有机质含量为 1.0%~2.0%;褐土 pH 6.5~8.5,有机质含量为 0.8%~1.5%。在代表性地区采集上述土壤中的 3 种农田耕层土壤,经风干、过 2 mm 筛,室温下储存,并测定土壤含水率、pH、有机质、阳离子代换量和机械组成。若土壤保存期超过 3 年时,应重新测定 pH、有机质、阳离子代换量等参数。

4.1.3 主要仪器设备

主要仪器设备如下:

——玻璃板(长 20 cm,宽 7.0 cm);

——层析槽;

——玻璃柱(或塑料管,内径不小于 4 cm,长 35 cm);

——气相色谱仪或液相色谱仪等。

4.2 试验操作

4.2.1 土壤薄层层析法

称 10 g(准确到 0.01 g)过 0.25 mm 筛的土壤于烧杯中加水(约 7.5 mL)搅拌,直至成均匀的泥浆状,用玻璃棒将泥浆均匀涂布于层析玻璃板上,土层厚度随土质的粗细程度不同,控制在 0.5 mm~1.0 mm。在温度为(23±5)℃、避光条件下,将涂布好的土壤薄板晾干后,于距薄板底部 1.5 cm 处点上药液,点药量为 1.0 μg~10.0 μg,每种处理设置 2 个平行。待溶剂挥发后,放在装有纯水的层析槽(液面高度 0.5 cm)中展开(18 cm),然后晾干。如果用放射性标记供试物作供试物,用自显影法求 R_f 值;如采用普通供试物时,将薄板上的土壤按等距离分成至少 6 段,分别测定各段土壤中的供试物含量及其在薄板上的分布。

4.2.2 柱淋溶法

称取 700 g~800 g(准确到 0.1 g)过 2 mm 筛的土壤,装于玻璃柱或塑料管中,制成 30 cm 高的土柱,从下至上利用 0.01 mol/L 氯化钙溶液反渗透法使土柱中水分达到饱和,赶去土柱中存在的空气。试验前,利用重力作用,滤去多余水分。在温度为(18℃~25℃,±2℃)避光条件下,将 0.10 mg~1.0

mg 供试物均匀施加于土柱上层，或者均匀拌入 10g 土壤中，然后让土壤均匀覆盖在土柱顶部，从试验开始起，土柱顶部覆盖 0.5 cm 厚石英砂，按 200 mm/48 h 的降雨量进行模拟人工降雨(若土柱直径为 4 cm，则相当于 251 mL)，12 h 加完，用 0.01 mol/L 氯化钙溶液进行淋溶，收集淋出液。淋洗完毕后，将土柱均匀切成 3 段，分别测定各段土壤及淋出液中的供试物含量。

4.3 数据处理

4.3.1 薄层层析法

根据各段土壤中的供试物含量及其在薄板上的分布，按式(1)可求得 R_f 值。计算结果保留 3 位有效数字。

$$R_f = \frac{L}{L_{max}} \qquad (1)$$

式中：

R_f——比移值；

L——原点至层析斑点中心的距离，单位为毫米(mm)；

L_{max}——原点到展开剂前沿的距离，单位为毫米(mm)。

4.3.2 土柱淋溶法

根据各段土壤及淋出液中的供试物含量，按式(2)分别求出其占添加总量的百分比。计算结果保留 3 位有效数字。

$$R_i = \frac{m_i}{m_0} \times 100 \qquad (2)$$

式中：

R_i——各段土壤及淋出液中供试物含量的比例，单位为百分率(%)；

m_i——各段土壤及淋出液中供试物质量，单位为毫克(mg)；$i=1、2、3、4$，分别表示组分 0 cm～10 cm、10 cm～20 cm、20 cm～30 cm 土壤和淋出液；

m_0——供试物添加总量，单位为毫克(mg)。

4.4 质量控制

质量控制条件包括：

——土壤中农药残留量分析方法回收率为 70%～110%，最低检测浓度限应低于初始添加浓度的 1%；

——添加回收浓度应至少为初始添加浓度及其初始添加浓度的 10%，每个浓度 5 次重复。

5 试验报告

试验报告至少应包括下列内容：

——供试物的信息，包括供试农药的通用名、化学名称、结构式、CAS 号、纯度、基本理化性质、来源等；

——供试土壤的类型、pH、有机质含量、阳离子代换量、机械组成等基本理化性质；

——主要仪器设备；

——试验条件，包括试验温度；土壤薄层制备及参数、点样量、展开时间；土柱内径与长度、加药量、加水量、淋出水量、淋溶时间等；

——土壤和水中农药残留量分析方法，包括样品前处理、测定条件、线性范围、添加回收率、相对标准偏差、最小检测量；

——试验结果，包括农药在不同土壤薄层中的分布曲线和 R_f 值，农药在不同土层中的分布等；

——淋溶性能等级性划分参见附录 A。

附 录 A
（资料性附录）
土壤淋溶试验评价标准

A.1 薄层层析法

按 R_f 值的大小，将农药在土壤中的移动性能划分为 5 级，见表 A.1。

表 A.1 农药在土壤中的移动性等级划分

等级	R_f	移动性
Ⅰ	$0.90 < R_f \leqslant 1.00$	极易移动
Ⅱ	$0.65 < R_f \leqslant 0.90$	可移动
Ⅲ	$0.35 < R_f \leqslant 0.65$	中等移动
Ⅳ	$0.10 < R_f \leqslant 0.35$	不易移动
Ⅴ	$R_f \leqslant 0.10$	不移动

A.2 土柱淋溶法

按 R_i 值的大小，将农药在土壤中的移动性能分为 4 级，见表 A.2。

表 A.2 农药在土壤中的淋溶性等级划分

等级	R_i，%	淋溶性
Ⅰ	$R_4 > 50$	易淋溶
Ⅱ	$R_3 + R_4 > 50$	可淋溶
Ⅲ	$R_2 + R_3 + R_4 > 50$	较难淋溶
Ⅳ	$R_1 > 50$	难淋溶

参 考 文 献

[1]NY/T 1667.1—2008 农药登记管理术语 第1部分:基本术语.
[2]NY/T 1667.2—2008 农药登记管理术语 第2部分:产品化学.
[3]NY/T 1667.5—2008 农药登记管理术语 第5部分:环境影响.
[4]FAO,1989. Guidelines on environmental criteria for the registration of pesticides. Food and Agriculture Organization of the United Nations, Roma.
[5]US EPA,2008. Leaching studies (OPPTS 835.1240). Fate, transport and transformation test guidelines.
[6]蔡道基,1999. 农药环境毒理学研究[M]. 北京:中国环境科学出版社.

本部分负责起草单位:农业部农药检定所、环境保护部南京环境科学研究所。
本部分主要起草人:吴文铸、郄凤华、单正军、孔德洋、丁琦、魏方林、郑永权。

中华人民共和国国家标准

化学农药环境安全评价试验准则

GB/T 31270.6—2014

第6部分:挥发性试验

Test guidelines on environmental safety assessment for chemical pesticides—
Part 6:Volatility

1 范围

本部分规定了农药挥发性试验的材料、条件、操作、质量控制、数据处理、试验报告等的基本要求。

本部分适用于为化学农药登记管理所需进行的农药挥发性试验,其他类型的农药可参照使用。

2 术语和定义

下列术语和定义适用于本文件。

2.1

农药挥发作用 pesticide volatilization

农药与环境中残留农药以分子扩散形式逸入大气的现象。常用挥发速率表示。

[NY/T 1667.5—2008,定义3.2]

2.2

供试物 test substance

试验中需要测试的物质。

2.3

化学农药 chemical pesticide

利用化学物质人工合成的农药。其中有些以天然产品中的活性物质为母体,进行仿制、结构改造,创新而成,为仿生合成农药。

同义词:有机合成农药 synthetic organic pesticide。

[NY/T 1667.1—2008,定义2.3.1]

2.4

原药 technical material

在制造过程中得到的有效成分及杂质组成的最终产品,不能含有可见的外来物质和任何添加物,必要时可加入少量的稳定剂。

[NY/T 1667.2—2008,定义2.5.1]

2.5

制剂 formulation product

由农药原药(或母药)和助剂制成使用状态稳定的产品。

中华人民共和国国家质量监督检验检疫总局
中国国家标准化管理委员会 2014-10-10发布 2015-03-11实施

[NY/T 1667.2—2008,定义 2.4]

2.6

有效成分 active ingredient(a.i.)

农药产品中具有生物活性的特定化学结构成分。

[NY/T 1667.2—2008,定义 3.1]

3 试验概述

农药挥发作用试验是将供试物加至玻璃表面、水与土壤等不同介质中,在一定的温度与气体流速条件下,用合适的吸收液吸收挥发出来的供试物,通过测定吸收液及介质中的供试物含量,计算出供试物的挥发性。

4 试验方法

4.1 材料和条件

4.1.1 供试物

供试物应使用农药纯品、原药或制剂。

4.1.2 供试土壤

壤土,有机质含量为 1.0%~2.0%,风干,过 2 mm 筛。

4.1.3 吸收剂

可以选择对供试物溶解度大、不易挥发的常用溶剂或溶液,也可以选择聚氨酯等固体吸附剂。

4.1.4 主要仪器设备

主要仪器设备如下:

——气流式密闭系统装置(参见附录 A);

——真空泵;

——气相色谱或液相色谱等分析仪器。

4.2 试验操作

4.2.1 在空气中的挥发性试验

取 0.10 mg~0.50 mg 供试物于 9 cm 直径培养皿中,置于气流式密闭系统中。在 20℃~25℃条件下,空气以 500 mL/min 的流速通过密闭装置,使挥发出来的供试物随气流通过吸收管,截留在吸收液中,24 h 后测定吸收液中的供试物含量,即为供试物的挥发量,至少应设 3 级以上的吸收,同时测定培养皿中残留的供试物含量。

4.2.2 在水中的挥发性试验

取 10 mL~50 mL 含 0.1 mg/L~10.0 mg/L 供试物水溶液(对于难溶于水的供试物可使用助溶剂助溶,助溶剂含量不超过 1%)于 9 cm 直径的玻璃培养皿中,置于气流式密闭系统运行 24 h 后,分别测定吸收液及水中供试物含量,试验方法同 4.2.1 在空气中的挥发性试验。

4.2.3 在土壤表面的挥发性试验

称取 50 g 土壤样品平铺于 9 cm 直径的玻璃培养皿中,均匀滴加 0.1 mg~1.0 mg 的供试物(对于难溶于水的供试物可使用助溶剂助溶,助溶剂含量不超过 1%),搅拌均匀,然后加适量蒸馏水,使土壤持水量约为饱和持水量的 60%。置于气流式密闭系统运行 24 h 后,同 4.2.1 在空气中的挥发性试验,分别测定吸收液及土壤中供试物含量。

4.3 数据处理

根据测得的数据,按式(1)、式(2)分别求得挥发率和挥发试验回收率。计算结果保留 3 位有效数字。

$$R_v = \frac{m_v}{m_0} \times 100 \quad \cdots\cdots(1)$$

式中：

R_v——挥发率，单位为百分率(%)；

m_v——供试物挥发量，单位为微克(μg)；

m_0——供试物加入量，单位为微克(μg)。

$$R = \frac{m_v + m_R}{m_0} \times 100 \quad \cdots\cdots(2)$$

式中：

R——挥发试验回收率，单位为百分率(%)；

m_R——供试物残留量，单位为微克(μg)。

4.4 质量控制

质量控制条件包括：

——农药残留测定方法回收率为70%～110%，最低检测浓度限应低于初始添加浓度的1%；

——质量平衡试验不低于70%；

——进入吸收系统的空气须经过活性炭净化，整个测定过程须避光；

——试验同时设置不经气流的对照试验。

5 试验报告

试验报告至少应包括下列内容：

——供试物的信息，包括供试农药的通用名、化学名称、结构式、CAS号、纯度、基本理化性质、来源等；

——供试土壤的类型、pH、有机质含量、阳离子代换量、机械组成等基本理化性质；

——主要仪器设备；

——试验条件，包括试验温度、气体流速、试验时间、避光条件；

——农药残留量分析方法，包括样品前处理、测定条件、线性范围、添加回收率、相对标准偏差、最小检测量；

——试验结果，包括农药在空气、水、土壤介质中的挥发性测定结果；

——挥发性等级划分参见附录B。

附 录 A
(资料性附录)
农药挥发性试验装置结构图

农药挥发性试验装置结构图见图 A.1。

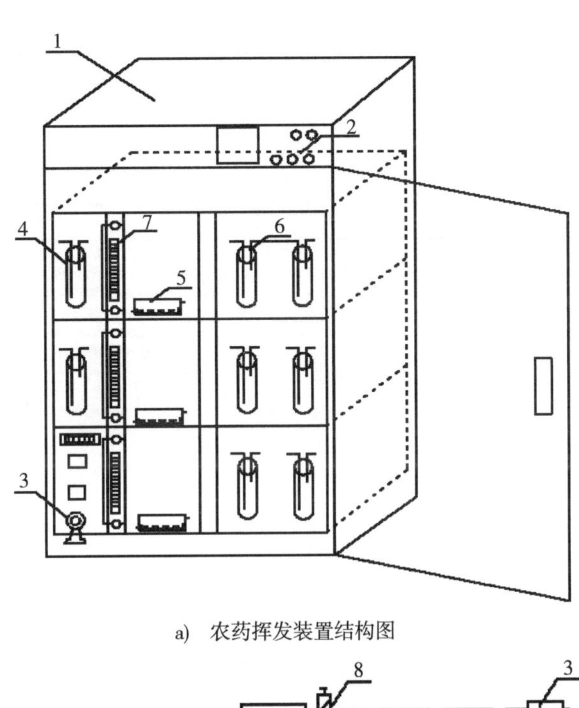

a) 农药挥发装置结构图

b) 农药挥发装置示意图

说明：

1——箱体；

2——控温机构；

3——真空机构；

4——空气过滤机构；

5——挥发室；

6——农药吸收装置；

7——空气流量调节器；

8——气阀。

图 A.1 农药挥发性试验装置结构图

附　录　B
（资料性附录）
农药挥发性等级划分

按挥发率 R_v 的大小，将农药挥发性分为4级，见表B.1。

表B.1　农药挥发性等级划分

等级	挥发率(R_v)，%	挥发性
Ⅰ	$R_v>20$	易挥发
Ⅱ	$10<R_v\leqslant 20$	中等挥发性
Ⅲ	$1<R_v\leqslant 10$	挥发性
Ⅳ	$R_v\leqslant 1$	难挥发

参 考 文 献

[1]NY/T 1667.1—2008 农药登记管理术语 第1部分:基本术语.
[2]NY/T 1667.2—2008 农药登记管理术语 第2部分:产品化学.
[3]NY/T 1667.5—2008 农药登记管理术语 第5部分:环境影响.
[4]US EPA,2008. Laboratory volatility (OPPTS 835.1410). Fate,transport and transformation test guidelines.
[5]OECD,2001. Guideline 104: vapour pressure, OECD guidelines for the testing of chemicals.
[6]蔡道基,1999. 农药环境毒理学研究[M]. 北京:中国环境科学出版社.

本部分负责起草单位:农业部农药检定所、环境保护部南京环境科学研究所。
本部分主要起草人:孔德洋、周艳明、金怡、单正军、赵凌菲、胡秀卿、郭子靖、张春荣。

中华人民共和国国家标准

化学农药环境安全评价试验准则 GB/T 31270.8—2014

第8部分:水-沉积物系统降解试验

Test guidelines on environmental safety assessment for chemical pesticides—

Part 8:Degradation in water-sediment systems

1 范围

本部分规定了在好氧和厌氧条件下,化学农药在水-沉积物系统中降解转化的材料、条件、操作、质量控制、数据处理、试验报告等的基本要求。

本部分适用于为化学农药登记而进行的水-沉积物系统降解试验,其他类型的农药可参照使用。

本部分不适用于在水中易挥发的化学农药。

2 术语和定义

下列术语和定义适用于本文件。

2.1

沉积物 sediment

天然水体中沉积并与水体分离而成的、由矿物质和有机化学组分构成的混合物,其中有机化学组分中含有高碳、氮含量和高分子量的化合物。

2.2

水-沉积物降解 degradation in water and sediment

农药在水体及底泥中的降解。

[NY/T 1667.5—2008,定义3.4.3.2]

2.3

供试物 test substance

试验中需要测试的物质。

2.4

降解半衰期 half-life time of degradation

供试物浓度经降解减少至初始浓度的1/2时所需的时间,用$t_{0.5}$表示。

2.5

化学农药 chemical pesticide

利用化学物质人工合成的农药。其中有些以天然产品中的活性物质为母体,进行仿制、结构改造,创新而成,为仿生合成农药。

同义词:有机合成农药 synthetic organic pesticide。

中华人民共和国国家质量监督检验检疫总局
中国国家标准化管理委员会 2014-10-10发布 2015-03-11实施

[NY/T 1667.1—2008,定义 2.3.1]

2.6

原药　technical material

在制造过程中得到的有效成分及杂质组成的最终产品,不能含有可见的外来物质和任何添加物,必要时可加入少量的稳定剂。

[NY/T 1667.2—2008,定义 2.5.1]

2.7

制剂　formulation product

由农药原药(或母药)和助剂制成使用状态稳定的产品。

[NY/T 1667.2—2008,定义 2.4]

2.8

有效成分　active ingredient(a. i.)

农药产品中具有生物活性的特定化学结构成分。

[NY/T 1667.2—2008,定义 3.1]

3　试验概述

水-沉积物降解试验是将供试物施入水-沉积物系统中,在一定试验条件下进行培养,定期取样,测定供试物在水-沉积物系统中的降解特性。

4　试验方法

4.1　材料和条件

4.1.1　供试物

供试物应使用农药纯品、原药或制剂。

4.1.2　供试沉积物

4.1.2.1　供试沉积物的选择

使用 2 种沉积物:一种沉积物具有较高的有机碳含量和细质地[(黏土+粉土)的含量大于 50%的结构];另一种沉积物具有较低的有机碳含量和粗质地[(黏土+粉土)的含量小于 50%的结构]。2 种沉积物的有机质含量差异不小于 2%,(黏土+粉土)成分含量差异不小于 20%。厌氧降解试验中,使用取自表面水体厌氧区域的沉积物及其相关水体。

4.1.2.2　供试沉积物的采集

自厚度在 5 cm～10 cm 厚的沉积物层采集供试沉积物,同时在同一处采样点采集相关的水样。

4.1.2.3　供试沉积物的处理

采集的沉积物先过滤除去多余的水,再用 2 mm 筛网湿筛。测定水和沉积物的理化参数。水样测定温度、pH、总有机碳含量(TOC)、含氧量和氧化还原势能;沉积物测定 pH、粒度、总有机碳含量、微生物量和氧化还原势能。

4.1.2.4　供试沉积物的储存

沉积物须先过滤除去多余的水,再用 2 mm 筛网湿筛后连水一起存储。水层厚度为 6 cm～10 cm,储存在黑暗、(4±2)℃的条件下。好氧降解试验的供试沉积物应在通气良好的环境下存储(例如在开放的容器里),厌氧降解试验的供试沉积物应去氧处理。

在储存和运输的过程中不得冷冻或干燥沉积物和水。

4.1.3　主要仪器设备

主要仪器设备如下:

——恒温培养箱；

——气相色谱仪或液相色谱仪或气质联用仪或液质联用仪等。

4.1.4 试验条件

好氧降解试验在(25±2)℃、黑暗条件下进行培养，并且培养瓶中通入充足的氧气。厌氧降解试验，培养期间向培养瓶中通入惰性气体(如氮气)使其保持厌氧环境。

4.2 试验操作

4.2.1 预培养

施入供试物之前，水和沉积物在与正式试验条件相同的环境条件下进行预培养，使系统达到合理稳定的状态。预培养时间一般为 7 d～14 d，一般不超过 28 d。每个培养瓶中水和沉积物的体积比控制在在(3∶1)～(4∶1)，沉积物层的厚度为(2.5±0.5)cm，每个培养瓶中的沉积物不少于 50 g(干重)。

4.2.2 正式试验

将供试物配制成水溶液施入试验系统的水相，尽可能地减小对沉积物相的干扰。直接用于水体的供试物，用推荐的最大使用剂量与培养瓶的水相表层面积推算初始供试物浓度。当初始供试物浓度接近最低检测限时，可适当提高添加量；其他情况下，供试物初始浓度应保证阐明供试农药在水-沉积物系统中的降解特性。

好氧降解试验在(25±2)℃、黑暗条件下进行培养，并且培养瓶中通入充足的氧气。厌氧降解试验，培养期间向培养瓶中通入惰性气体(如氮气)使其保持厌氧环境。

培养过程中定期取样，至少取样 7 次(包括 0 点)，每次取样至少有 2 个重复。取样后将沉积物和其上层的水分开，分别测定供试物含量。同时，设置未加供试物的空白对照，试验结束后测定空白对照中沉积物的微生物量和水中总有机碳量。如使用助溶剂，一般应不超过 1%；如超过 1%，则需设置 2 个溶剂对照。

试验持续至供试供试物降解至 90%以上，但试验时间不超过 100 d。

4.3 数据处理

降解规律遵循一级动力学方程的供试物，按式(1)～式(3)计算供试物在水相和整个系统中的半衰期；降解规律不遵循一级动力学方程的农药无需计算半衰期。计算结果保留 3 位有效数字。

$$C_t = C_0 e^{-kt} \qquad (1)$$

式中：

C_t ——t 时水相中的浓度，单位为毫克每升(mg/L)；

C_0 ——水相中的初始浓度，单位为毫克每升(mg/L)；

k ——降解速率常数；

t ——培养时间。

$$M_t = M_0 e^{-kt} \qquad (2)$$

式中：

M_0 ——整个系统中的初始含量，单位为毫克(mg)；

M_t ——t 时整个系统中的含量，单位为毫克(mg)。

$$t_{0.5} = \frac{\ln 2}{k} \qquad (3)$$

式中：

$t_{0.5}$——半衰期。

4.4 质量控制

质量控制条件包括：

——水和沉积物中供试物残留量测定的添加回收率在 70%～110%，最低检测浓度应低于初始浓度的 1%。添加回收试验应至少包括初始浓度的 10%和初始添加浓度，每个添加浓度 5 次重复。

——供试物在水中和水-沉积物系统中的降解动态曲线至少包括7个点，其中5个点的浓度或含量为初始值的20%～80%。

5 试验报告

试验报告至少应包括以下内容：

——供试物的信息，包括供试农药的通用名、化学名称、结构式、CAS号、纯度、基本理化性质、来源等；

——供试沉积物的信息，包括采样点的位置和描述(必要时包括其污染史)、水和沉积物采集、处理、储存和预培养的信息、水和沉积物的理化性质；

——主要仪器设备；

——试验方法描述，包括试验系统(试验器皿、水体积、沉积物重量、水和沉积物的厚度、通气设备、通风途径、搅动的方法等)、初始施用浓度和施入方法、试验温度、取样次数；

——水和沉积物中供试物残留分析方法，包括样品提取、测定条件、线性范围、添加回收率、相对标准偏差、最低检测限、添加回收试验典型谱图；

——试验结果，包括供试物在水、沉积物以及整个系统中的含量及实测典型谱图，供试物在水中、整个系统中的降解曲线和降解半衰期；

——供试物的降解特性等级划分参见附录A。

附 录 A
（资料性附录）
农药在水-沉积物系统中降解特性等级划分

按农药在水-沉积物系统中的降解半衰期，将农药在水-沉积物系统中的降解特性划分成4个等级，见表A.1。

表A.1 农药在水-沉积物系统中的降解特性等级划分

等级	半衰期($t_{0.5}$)，d	降解特性
Ⅰ	$t_{0.5}\leqslant 30$	易降解
Ⅱ	$30<t_{0.5}\leqslant 90$	中等降解
Ⅲ	$90<t_{0.5}\leqslant 180$	较难降解
Ⅳ	$t_{0.5}>180$	难降解

参 考 文 献

[1]NY/T 1667.1—2008 农药登记管理术语 第1部分:基本术语.
[2]NY/T 1667.2—2008 农药登记管理术语 第2部分:产品化学.
[3]NY/T 1667.5—2008 农药登记管理术语 第5部分:环境影响.
[4]OECD,2002. Guideline 308: aerobic and anaerobic transformation in aquatic sediment systems. OECD testing guidelines for chemicals.
[5]US EPA,1998. Soil biodegradation (OPPTS 835.3300). Fate, transport and transformation test guidelines.
[6]USEPA,2008. Aerobic aquatic metabolism (OCSPP 835.4300). Fate, transport and transformation test guidelines.
[7]USEPA,2008. Anaerobic aquatic metabolism fate(OCSPP 835.4400). Transport and transformation test guidelines.
[8]蔡道基,1999. 农药环境毒理学研究[M]. 北京:中国环境科学出版社.

本部分负责起草单位:农业部农药检定所、环境保护部南京环境科学研究所。
本部分主要起草人:马晓东、郄凤华、林燕、宋宁慧、郭子靖、徐军、王会利、甘天。

中华人民共和国农业行业标准

NY/T 3150—2017

农药登记　环境降解动力学评估及计算指南

Guidance for evaluating and calculating degradation kinetics in environmental media for pesticide registration

1　范围

本标准规定了化学农药在土壤、水和水-沉积物系统中降解动力学的评估及计算方法。

本标准适用于化学农药及其代谢物在土壤、水和水-沉积物系统中降解动力学的评估和计算。

2　规范性引用文件

下列文件对于本文件的应用是必不可少的。凡是注日期的引用文件，仅注日期的版本适用于本文件。凡是不注日期的引用文件，其最新版本(包括所有的修改单)适用于本文件。

GB/T 3358.1—2009　统计学词汇及符号　第1部分:一般统计学术语与用于概率的术语

GB/T 8170　数值修约规则与极限数值的表示和判定

GB/T 31270.1　化学农药环境安全评价试验准则　第1部分:土壤降解试验

GB/T 31270.2　化学农药环境安全评价试验准则　第2部分:水解试验

GB/T 31270.3　化学农药环境安全评价试验准则　第3部分:光解试验

GB/T 31270.8　化学农药环境安全评价试验准则　第8部分:水-沉积物系统降解试验

NY/T 2882.2　农药登记　环境风险评估指南　第2部分:水生生态系统

NY/T 2882.6　农药登记　环境风险评估指南　第6部分:地下水

NY/T 3149　化学农药　旱田田间消散试验准则

3　术语和定义

下列术语和定义适用于本文件。

3.1

降解　degradation

在环境介质中因化学或生物的作用由一种化合物转化为另一种或几种化合物的过程。该过程包括将农药分解为更小分子的微生物降解、水解和光解，也包括形成更大分子的微生物合成和聚合反应，以及形成结合残留的过程。

3.2

消散　dissipation

在环境介质中导致化合物消失的过程，在土壤中包括土壤降解、土壤表面光解、挥发、植物吸收、淋溶以及随地表径流流失，在水体中包括水解、水中光解、吸附到沉积物中以及随地表径流外溢。

中华人民共和国农业部 2017-12-22 发布　　2018-06-01 实施

3.3

结合残留　bound residues

用不改变其化学结构的方法不能萃取出的残留物。

3.4

50%消失时间　50% disappearance time

供试物消失至初始物质质量的50%所需的时间，用DT_{50}表示。当明确消失的过程仅为降解时，可表示为$DegT_{50}$；当消失的过程为消散时，可表示为$DisT_{50}$。

3.5

50%降解时间　50% degradation time

供试物降解至初始物质质量的50%所需的时间，用$DegT_{50}$表示。

3.6

50%消散时间　50% dissipation time

供试物消散至初始物质质量的50%所需的时间，用$DisT_{50}$表示。

3.7

90%消失时间　90% disappearance time

供试物消失至初始物质质量的90%所需的时间，用DT_{90}表示。

3.8

代表性半衰期　representative half-life

经评估选择适当的降解动力学模型得出DT_{50}或DT_{90}，转化为一级动力学模型下的DT_{50}并作为环境暴露模型输入参数的半衰期，以t_R表示。

3.9

降解动力学模型　degradation kinetics models

描述供试物在某一环境介质中降解、消散过程的数学公式或数学公式的组合。

3.10

一级动力学模型　single first order

降解速率与供试物浓度成正比的动力学模型，用*SFO*表示。

3.11

多组分一级动力学模型　first order multi-compartment

降解过程含多个子过程，每个子过程的降解速率不同但都遵循一级动力学模型，这些子过程的降解速率可用伽玛分布密度函数描述，用*FOMC*表示。

3.12

平行双一级动力学模型　double first-order in parallel

土壤降解过程由2个平行的子过程组成，每个子过程的降解速率不同但都遵循一级动力学模型，用*DFOP*表示。

3.13

检出限　limit of detection

基质中的待测物可被可靠的检测出的最低水平，用*LOD*表示。*LOD*一般可设为基线噪声的3倍，以前处理方法的浓缩倍数和*LOQ*水平的平均回收率折算为待测物在基质中的浓度水平。

3.14

定量限　limit of quantification

经添加回收试验验证的，待测物在基质中浓度的最低水平，用*LOQ*表示。

3.15

消失部分　sink compartment

在降解动力学评估中，所有被忽略的物质，通常为二氧化碳、结合残留物及少量未定性鉴别的代谢物，也包括拟合中未包含的所有代谢物。

3.16

次级代谢物　secondary metabolites

在水、土壤和水-沉积物系统的降解试验中，以初级代谢产物为前体产生的代谢物。

4　数据处理

4.1　试验数据来源

用于评估环境降解动力学的试验数据应符合 GB/T 31270.1、GB/T 31270.2、GB/T 31270.3、GB/T 31270.8、NY/T 3149 或其他适用的试验准则的规定。

4.2　平行数据

对于同一采样时间的平行数据，应遵循以下处理方法：

a) 同一培养体系的平行数据应取平均值；

b) 不同培养体系的平行数据，应分别计算。

4.3　数值修约

用于降解动力学评估的数据应表示为初始供试物质量的百分比；对于使用^{14}C放射性标记物的试验，可用占添加放射性(AR)的百分比表示。数据的修约应符合 GB/T 8170 的要求。

4.4　低于定量限的数据

4.4.1　供试物母体

对于低于定量限的供试物母体数据，应遵循以下处理方法：

a) 介于 *LOD* 和 *LOQ* 之间的数据应设为实测值；若未给出实测值，则设为 *LOQ* 与 *LOD* 之和的 1/2。

b) 检测中首次低于 *LOD* 的数据时，应设为 *LOD* 的 1/2。

c) 检测中仅保留首次低于 *LOD* 的数据，其后数据应舍去；若其后有高于 *LOQ* 的数据出现时，应保留至此数据。

d) 当初始样品中有结合残留物或未鉴别的代谢物时，应将其物质质量或放射量数据计入母体的初始值；以物质质量表示时，代谢物数据应根据分子量折算为母体的物质质量。

示例：

母体 1 实测值	母体 1 设置值	母体 2 实测值	母体 2 设置值	母体 3 实测值	母体 3 设置值
0.12	0.12	0.12	0.12	0.12	0.12
0.09	0.09	0.09	0.09	0.09	0.09
0.05	0.05	0.05	0.05	0.05	0.05
0.03	0.03	0.03	0.03	0.03	0.03
<*LOD*	0.01	<*LOD*	0.01	<*LOD*	0.01
<*LOD*	—	<*LOD*	—	<*LOD*	0.01
<*LOD*	—	0.03	—	0.06	0.06
<*LOD*	—	<*LOD*	—	<*LOD*	0.01
<*LOD*	—	<*LOD*	—	<*LOD*	—
<*LOD*	—	<*LOD*	—	<*LOD*	—
注：*LOQ*=0.05，*LOD*=0.02。					

4.4.2　代谢物

对于低于定量限的农药代谢物数据，应遵循以下处理方法：

a） 当没有其他合理的数据（如添加的供试物中含有代谢物）时，应将初始值设定为 0，并将初始时代谢物的数据计入母体的数据中。

b） 代谢物首次检出之前的首次低于 *LOD* 数据时，应设为 *LOD* 的 1/2；检测结果为低于 *LOQ* 且未给出实测值的数据，则设为 *LOQ* 与 *LOD* 之和的 1/2。

c） 代谢物首次检出之前的第 2 组及之前的数据应舍去。

d） 其他数据处理同 4.4.1 的要求。

示例：

代谢物实测值	代谢物设置值
<*LOD*	0.00
<*LOD*	—
<*LOD*	0.01
0.03	0.03
0.06	0.06
0.10	0.10
0.11	0.11
0.10	0.10
0.09	0.09
0.05	0.05
注：*LOQ*=0.05，*LOD*=0.02。	

4.5 异常值

对于异常值，应遵循以下处理方法：

a） 首先使用全部试验数据评估降解动力学；

b） 当使用全部数据的拟合结果不符合 *SFO* 或其他降解机理模型的判定标准时，剔除异常值并重新评估；

c） 对于田间消散试验，应同时提供全部数据的拟合结果和剔除异常值后的拟合结果；

d） 所有剔除的异常值均应记录，并在试验报告中给出剔除的理由。

5 降解动力学模型

5.1 一级动力学模型（*SFO*）

SFO 的数学模型可按式（1）表示，示意图见图 1。DT_{50} 和 DT_{90} 按式（2）、式（3）计算。

$$\frac{dM}{dt}=-kM \quad (1)$$

式中：

M ——时间为 t 时供试物的质量，单位为毫克（mg）或微克（μg）；

t ——时间，单位为天（d）；

k ——降解速率常数。

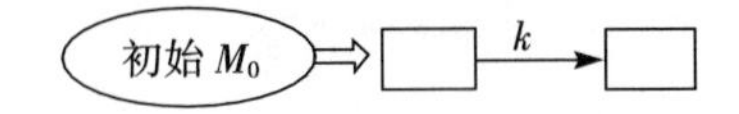

图 1 一级动力学模型示意图

$$DT_{50}=\ln 2/k \quad (2)$$

式中：

DT_{50}——供试物消失至初始物质质量的 50%所需的时间，单位为天（d）。

$$DT_{90}=\ln 10/k \quad (3)$$

式中：

DT_{90}——供试物消失至初始物质质量的90%所需的时间，单位为天(d)。

5.2 多组分一级动力学模型(*FOMC*)

FOMC 的数学模型可按式(4)表示，示意图见图2。DT_{50} 和 DT_{90} 按式(5)、式(6)计算。

$$\frac{\mathrm{d}M}{\mathrm{d}t}=-\frac{\alpha}{\beta}M\left(\frac{t}{\beta}+1\right)^{-1} \quad \cdots\cdots (4)$$

式中：

α，β——伽玛分布密度函数的参数，其定义按照 GB/T 3358.1—2009 中2.56伽玛分布的规定执行。

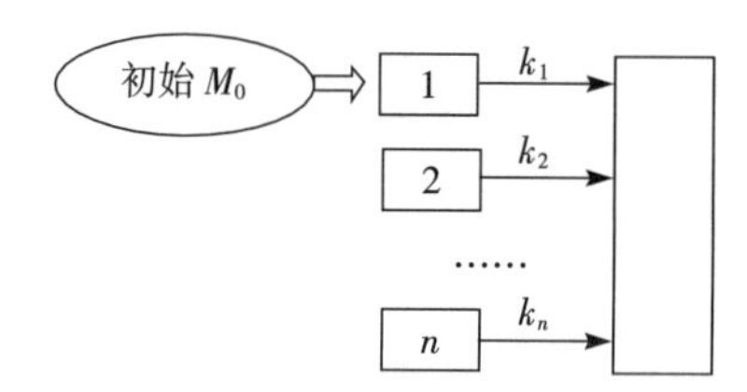

图2 多组分一级动力学模型示意图

$$DT_{50}=\beta(2^{(\frac{1}{\alpha})}-1) \quad \cdots\cdots (5)$$

$$DT_{90}=\beta(10^{(\frac{1}{\alpha})}-1) \quad \cdots\cdots (6)$$

5.3 平行双一级动力学模型(*DFOP*)

DFOP 的数学模型可按式(7)表示，示意图见图3。其 DT_{50} 和 DT_{90} 只能通过迭代得出。

$$\frac{\mathrm{d}M}{\mathrm{d}t}=\frac{k_{fast}ge^{-k_{fast}t}+k_{slow}(1-g)\mathrm{e}^{-k_{slow}t}}{ge^{-k_{fast}t}+(1-g)\mathrm{e}^{-k_{slow}t}}\times M \quad \cdots\cdots (7)$$

式中：

g ——降解较快的子过程的供试物所占的比例；

k_{fast} ——降解较快子过程的降解速率常数；

k_{slow} ——降解较慢子过程的降解速率常数。

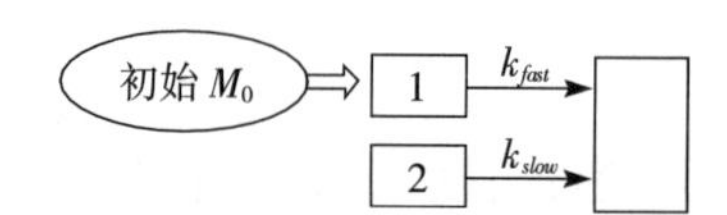

图3 平行双一级动力学模型示意图

5.4 其他降解动力学模型

当上述降解动力学模型不能满足需要时，可以采用其他降解动力学模型，如曲棍球棒模型(见附录A)。

6 降解动力学模型的判定标准及评估流程

6.1 判定标准

降解动力学模型应符合以下判定标准：

a) 回归趋势线应与实测浓度相匹配，残差应较小且在 x 轴两侧随机分布；

b) 卡方检验的测量误差百分比宜<15%；

c) 参数的置信区间合理，即 *DFOP* 模型的参数“g”应在0和1之间、所有模型的降解速率常数应≥0。

6.2 评估流程

6.2.1 总体评估流程

6.2.1.1 降解动力学模型的参数选择流程

按以下步骤估计降解试验的降解动力学模型的参数：

a) 输入每次采样的检测数据；
b) 选择降解动力学模型；
c) 设定所选模型各项参数的初始值；
d) 用所选模型计算每次采样的估计浓度；
e) 比较估计浓度与检测浓度；
f) 调整参数直至估计浓度与检测浓度之间的差异最小。

其中 d)、e)、f)宜由计算机软件自动完成，可用于环境降解动力学评估的计算机软件包括 CAKE 和 KinGUII，也可使用其他经验证的计算机软件。使用计算机软件时，宜使用迭代加权最小二乘法（iteratively reweighted least squares，IRLS）。

6.2.1.2 供试物母体和代谢物降解动力学评估流程

按以下步骤评估供试物母体和代谢物的降解动力学，当已知代谢途径且代谢途径较简单时，可以不分步进行评估：

a) 仅使用母体的检测数据评估母体的降解动力学，评估中仅考虑母体和消失部分 2 个组分；
b) 加入代谢物的检测数据，评估中应考虑母体降解为代谢物和消失部分以及代谢物降解为消失部分，但当估算出的母体降解为消失部分的降解速率为负值、不显著或估算出的消失部分生成比例不显著时，可不考虑母体降解为消失部分并重新评估；
c) 加入次级代谢物的检测数据，并按 b)的要求评估。

6.2.2 不同类型试验降解动力学模型选择

6.2.2.1 水解、光解试验

母体和代谢物均应选择 *SFO* 模型。

6.2.2.2 实验室土壤降解试验

母体选择流程见附录 B。

代谢物应选择 *SFO* 模型。

6.2.2.3 实验室水-沉积物系统降解试验

宜选择 *SFO* 模型计算母体和代谢物在整个系统中的 $DegT_{50}$ 和在水层中的 $DisT_{50}$。

6.2.2.4 田间消散试验

6.2.2.4.1 降解模块

按附录 C 将数据标准化后，计算供试物在土壤中的 $DegT_{50}$，降解动力学模型的选择流程见附录 B。标准化过程中，当有试验期间的土壤温度、土壤含水率等实测数据时，应采用实测数据，否则应使用环境暴露模型，根据气象、土壤性质等数据估算试验期间的土壤温度和土壤含水率。当缺少土壤田间持水量的数据时，可参见附录 D。

6.2.2.4.2 基本模块

按附录 B 的流程计算供试物的 $DisT_{50}$。

当施药后累积降雨量达到 10 mm（或相当于 10 mm 降雨量的灌溉），且后续的采样时间仍满足降解动力学评估的要求时，根据风险评估的需要，可将数据标准化后，按附录 E 计算供试物在土壤中的 $DegT_{50}$，数据标准化方法同 6.2.2.4.1。

7 DT_{50} 的使用

7.1 用于环境风险评估暴露模型的输入参数

当 NY/T 2882.2、NY/T 2882.6 有明确规定时，按照规定执行，否则按以下方法计算 t_R：

a） 对于 *SFO* 模型，$t_R = DT_{50}$；

b） 对于 *FOMC* 模型，$t_R = DT_{90}/3.32$；

c） 对于 *DFOP* 模型，$t_R = DT_{50,slow}$。

7.2 用于确定是否需要进行高级阶段试验

按附录 B 的流程计算出 DT_{50} 和 DT_{90} 后，与农药管理法规及其他规定给出的阈值比较，并遵循以下原则：

a） 降解动力学模型为 *SFO* 的，当 DT_{50} 大于阈值时，应进行高级阶段试验；

b） 降解动力学模型为其他模型的，当 DT_{90} 大于阈值时，应进行高级阶段试验；

c） 当多个试验遵循不同的降解动力学模型时，先按 7.1 计算 t_R 并取几何平均值，当 t_R 的几何平均值大于阈值时，应进行高级阶段试验。

附 录 A
(规范性附录)
曲棍球棒模型

曲棍球棒模型(hockey-stick,HS)由2个连续的一级动力学模型构成,供试物在土壤中的降解先按速率常数k_1遵循一级动力学模型,在特定的时间点(t_b)其降解速率常数变为k_2,其数学模型可按式(A.1)表示,示意图见图A.1。按式(A.2)和式(A.3)计算DT_{50},按式(A.4)和式(A.5)计算DT_{90}。

$$\frac{\mathrm{d}M}{\mathrm{d}t}=-k_1M(\text{当 } t\leqslant t_b \text{ 时}) \qquad (A.1)$$

$$\frac{\mathrm{d}M}{\mathrm{d}t}=-k_2M(\text{当 } t> t_b \text{ 时})$$

式中:

t_b ——转变点,即降解速率常数改变时的时间,单位为天(d);

k_1——转变点之前的降解速率常数;

k_2——转变点之后的降解速率常数。

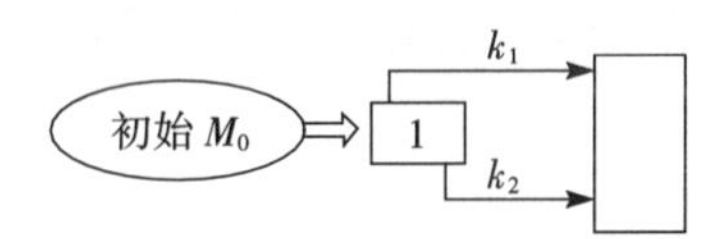

图A.1 曲棍球棒模型示意图

$$DT_{50}=\frac{\ln 2}{k_1}(\text{当 } DT_{50}\leqslant t_b \text{ 时}) \qquad (A.2)$$

$$DT_{50}=t_b+\frac{\ln 2-k_1t_b}{k_2}(\text{当 } DT_{50}>t_b \text{ 时}) \qquad (A.3)$$

$$DT_{90}=\frac{\ln 10}{k_1}(\text{当 } DT_{90}\leqslant t_b \text{ 时}) \qquad (A.4)$$

$$DT_{90}=t_b+\frac{\ln 10-k_1t_b}{k_2}(\text{当 } DT_{90}>t_b \text{ 时}) \qquad (A.5)$$

对于HS模型,用于风险评估环境暴露模型的输入参数时,t_R=较慢子过程的DT_{50}。

附　录　B
(规范性附录)
实验室土壤降解试验降解动力学模型选择流程

供试物母体的实验室土壤降解试验降解动力学模型选择流程见图 B.1。

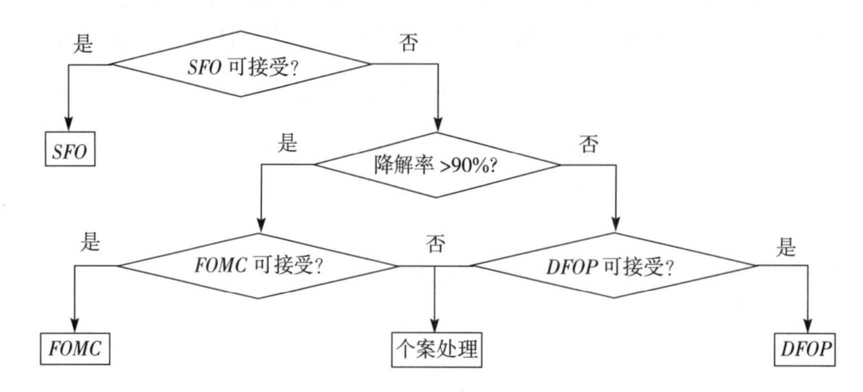

图 B.1　供试物母体的实验室土壤降解试验降解动力学模型选择流程

附　录　C
（规范性附录）
田间消散试验数据的标准化（时间步长标准化法）

时间步长标准化法是根据土壤温度和含水率校正因子将试验时的1 d折算为标准条件下的天数。按式(C.1)及试验中测定的土壤温度和土壤含水率计算田间消散试验每个采样间隔的标准化时间，并与测定的供试物母体及其代谢物的数据一起用于降解动力学评估。

$$D_{Norm} = D \times f_{Temp} \times f_{Moisture} \quad \text{(C.1)}$$

式中：

D_{Norm} ——标准条件下的时间，单位为天(d)；

D ——田间消散试验条件下的1 d；

f_{Temp} ——土壤温度校正因子，当土壤温度>0℃时按式(C.2)计算，当土壤温度≤0℃时=0；

$f_{Moisture}$——土壤含水率校正因子，当土壤含水率<田间持水量时按式(C.3)计算，当土壤含水率≥田间持水量时=1。

$$f_{Temp} = Q_{10}^{(T_{act} - T_{ref})/10} \quad \text{(C.2)}$$

式中：

Q_{10} ——温度20℃和10℃时降解速率的倍数，默认值为2.58；

T_{act} ——试验时测得的土壤温度，单位为摄氏度(℃)；

T_{ref} ——标准的温度(如20℃)，单位为摄氏度(℃)。

$$f_{Moisture} = \left(\frac{theta_{act}}{theta_{ref}}\right)^{0.7} \quad \text{(C.3)}$$

式中：

$theta_{act}$——试验时测得的土壤含水率，单位为克每100克干土(g/100 g干土)；

$theta_{ref}$——土壤的田间持水量[当土壤水势为pF2(1×10^4 Pa)时的土壤含水率]，单位为克每100克干土(g/100 g干土)。

附　录　D
（资料性附录）
不同类型土壤的田间持水量

不同类型土壤的田间持水量见表 D.1。

表 D.1　不同类型土壤的田间持水量

土壤质地[a]	土壤田间持水量 %
沙土	12
壤沙土	14
沙壤土	19
沙黏壤土	22
黏壤土	28
壤土	25
粉壤土	26
粉黏壤土	30
粉土	27
沙黏土	35
粉黏土	40
黏土	48
[a] 基于联合国粮食及农业组织和美国农业部的分类方法。	

附 录 E
(规范性附录)
田间消散试验(基本模块)计算 $DegT_{50}$ 的流程

田间消散试验(基本模块)的试验数据按图 E.1 计算 $DegT_{50}$,但当试验中累积降雨量达到 10 mm 前某一代谢物的摩尔分数达到 5%时,不能用该试验数据计算该代谢物的 $DegT_{50}$。

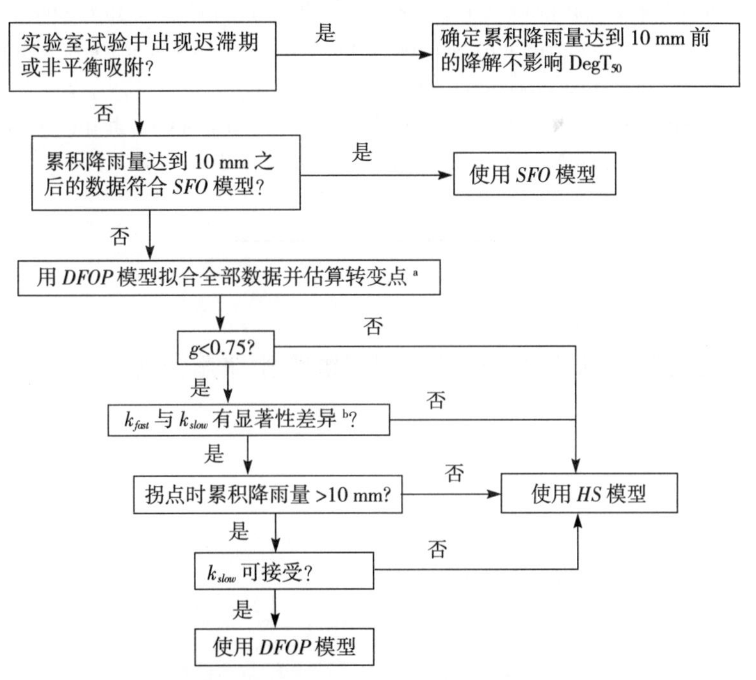

[a] 拟合时应包含累积降雨量<10 mm 的数据,并按式(E.1)计算 *DFOP* 模型的转变点。

[b] 当 k_{fast} 与 k_{slow} 的 95%置信区间没有重叠部分时,认为 k_{fast} 与 k_{slow} 有显著性差异。

图 E.1 田间消散试验(基本模块)计算 $DegT_{50}$ 的流程图

$$t_{b,DFOP} = \frac{3 \times \ln 2}{k_{fast}} \quad \text{(E.1)}$$

式中:

$t_{b,DFOP}$——*DFOP* 模型的转变点。

参 考 文 献

[1]FOCUS,2016. Generic guidance for estimating persistence and degradation kinetics from environmental fate studies on pesticides in EU registration[OL]. http://esdac. jrc. ec. europa. eu/ public_path/ projects_data/ focus/ dk/ docs/ FOCUSkineticsvc1. 1Dec2014. pdf.

[2]European Food Safety Authority,2014. EFSA guidance document for evaluating laboratory and field dissipation studies to obtain $DegT_{50}$ values of active substances of plant protection products and transformation products of these active substances in soil[J]. EFSA Journal,12(5):3662.

[3]NAFTA Technical Working Group on Pesticides,2016. Guidance for evaluating and calculating degradation kinetics in environmental media[OL]. https://www. epa. gov/ sites/ production/ files/ 2015-09/ documents/ degradation-kin. pdf.

[4]U. S. EPA,2016. Standard operating procedure for using the NAFTA guidance to calculate representative half-life values and characterizing pesticide degradation, version 2[OL]. https:// www. epa. gov/ pesticide-science-and-assessing-pesticide-risks/ standard-operating-procedure-using-nafta-guidance.

[5]FOCUS,2016. Generic guidance for tier 1 FOCUS ground water assessments[OL]. http://esdac. jrc. ec. europa. eu/ public_path/ projects_data/ focus/ gw/ NewDocs/ GenericGuidance2_2. pdf.

本标准起草单位:农业部农药检定所。
本标准主要起草人:周艳明、曲甍甍、周欣欣、姜辉、瞿唯刚、张燕、黄健。

中华人民共和国农业行业标准

NY/T 3151—2017

农药登记　土壤和水中化学农药分析方法建立和验证指南

Guideline on the development and validation of analytical methods for pesticides in the soil and water

1　范围

本标准规定了土壤和水中化学农药母体及其主要代谢物分析方法建立和验证的基本要求。

本标准适用于为农药登记而开展的土壤和水中化学农药分析方法的建立和验证。

2　规范性引用文件

下列文件对于本文件的应用是必不可少的。凡是注日期的引用文件，仅注日期的版本适用于本文件。凡是不注日期的引用文件，其最新版本(包括所有的修改单)适用于本文件。

GB/T 6682　分析实验室用水规格和试验方法

GB/T 8170　数值修约规则与极限数值的表示和判定

3　术语和定义

下列术语和定义适用于本文件。

3.1

待测物　analytes

农药母体及其主要代谢物。

3.2

检出限　limit of detection(*LOD*)

基质中的待测物可被可靠的检测出的最低水平，用 *LOD* 表示。*LOD* 一般可设为基线噪声的 3 倍，以前处理方法的浓缩倍数和 *LOQ* 水平的平均回收率折算为待测物在基质中的浓度水平。

3.3

定量限　limit of quantification(*LOQ*)

经添加回收试验验证的，待测物在基质中浓度的最低水平，用 *LOQ* 表示。

3.4

灵敏度　sensitivity

单位浓度或单位质量的待测物质的变化所引起的响应值变化的程度。方法的灵敏度通常以方法的定量限(*LOQ*)来表示。

3.5

准确度　accuracy

中华人民共和国农业部 2017－12－22 发布　　　　2018－06－01 实施

测试结果或测量结果与真值间的一致程度，用回收率表示。

3.6

精密度　precision

在规定条件下，所获得的独立测试或测量结果间的一致程度，用相对标准偏差（*RSD*）表示。

3.7

半致死浓度　median lethal concentration

在急性毒性试验中，引起 50%的供试生物死亡时的供试物浓度，用 LC_{50} 表示。

3.8

半抑制(效应)浓度　median effective concentration

在农药生态毒性试验中，引起 50%的供试生物活动或生长受抑制时的供试物浓度，用 EC_{50} 表示。

4　分析方法的建立

4.1　概述

依据待测物的性质，通过筛选提取溶剂和净化条件（需要时），选择检测仪器和条件，建立待测物在基质中的定量、定性分析方法。

4.2　试剂或材料

4.2.1　试剂

有机试剂的级别宜为分析纯及以上纯度，无机试剂的级别宜为化学纯及以上纯度，水至少为 GB/T 6682 规定的实验室一级水。

4.2.2　标准物质

宜使用有证书的标准物质。

4.2.3　试验基质

主要的试验基质包括：

a）作物耕作区代表性土壤；

b）人工土壤；

c）饮用水；

d）地下水或地表水；

e）测试用水。

4.3　仪器设备

主要的仪器设备包括：

a）液相色谱仪；

b）气相色谱仪；

c）色谱-质谱联用仪；

d）电子天平；

e）其他辅助设备等。

4.4　试验步骤

4.4.1　提取

根据待测物的理化性质，通过筛选提取溶剂的种类、用量、提取方式、收集容器和浓缩条件，确定提取方法。

4.4.2　净化

通过筛选净化方式和材料，确定净化步骤、收集容器、浓缩条件、定容体积和定容方式等，确定净化方法。

4.4.3 衍生化

如需要衍生化，通过筛选衍生化试剂和衍生化条件，确定试验方法。

4.4.4 样品检测

4.4.4.1 仪器选择及检测条件优化

根据待测物的性质和检测要求，选择合适的检测仪器并优化仪器参数。

4.4.4.2 绘制标准曲线

准确称取标准物质，选择合适的溶剂配制标准溶液母液，再逐步稀释配制系列标准工作溶液，在4.4.4.1所优化的仪器条件下进样测定。以待测物的绝对量或浓度为横坐标，响应值（如峰高或峰面积）为纵坐标，绘制标准曲线。标准溶液的浓度范围宜从*LOQ*的30%至超过待测物最高含量20%。绘制标准曲线至少5个数据点（不包括空白），优先采用线性回归方程拟合，获得相关系数，并确定线性响应范围。线性回归方程（$Y=aX+b$）的相关系数r不低于0.99。此外，基于不同的检测原理也可采用其他函数（如指数函数、对数函数等）拟合。

不同样品基质，需分别考察基质效应。当基质效应＜20%，可使用溶剂标准曲线进行计算，否则需用基质标准曲线进行计算。

4.5 质量控制

4.5.1 回收率

在空白基质中添加待测物，测定回收率。添加回收试验至少设置2档添加浓度：

a) *LOQ*；

b) 10倍*LOQ*，或其他相关浓度水平（≥5倍*LOQ*）。

每档浓度至少5个重复，计算平均回收率和相对标准偏差（RSD）。同时，需做空白基质样品，作为对照。所用基质需包含所有待测基质的类型，不同类型的土壤和水应分别进行添加回收试验。

将测试溶液得到的响应值代入标准曲线回归方程，计算样品中待测物的含量。土壤中待测物的含量单位用μg/kg或mg/kg表示，水中待测物的含量单位用μg/L或mg/L表示。计算结果以3位有效数字表达，含量低于0.001 mg/kg或0.001 mg/L时，结果可采用2位有效数字表达。

对数据的修约应符合GB/T 8170的规定。

添加回收率试验的平均回收率要求见附录A。

4.5.2 精密度

方法的精密度包括重复性和再现性，以相对标准偏差（RSD）表示：

a) 重复性：同一操作者在同一实验室，使用相同的测试材料及仪器设备，按照相同的方法进行，每种基质都应做重复性试验，至少做2档添加浓度，每档浓度至少5次重复。

b) 再现性：使用相同的测试材料按照相同的方法，在不同的条件下（如不同分析人员、不同批次的试剂等），选取代表性基质，在3个不同日期的时间段进行独立的回收率试验，至少应做2档添加浓度，每档浓度至少5次重复。

添加回收率试验的精密度要求见附录A。

4.5.3 灵敏度

方法的灵敏度以方法的定量限（*LOQ*）表示，最低一档添加回收浓度即为*LOQ*。

土壤中待测物的*LOQ*至少为0.001 mg/kg。如果待测物对最敏感的非靶标生物的毒性浓度（LC_{50}或EC_{50}）低于0.001 mg/kg，则*LOQ*须满足该LC_{50}或EC_{50}值。对于除草剂，*LOQ*须满足最敏感作物的EC_{10}值。

饮用水和地下水中待测物的*LOQ*至少为0.1 μg/L。对于地表水，*LOQ*应满足表1中的最低效应浓度。

表 1 与地表水 *LOQ* 设置相关的效应浓度

生物	急性试验	慢性试验
鱼	LC_{50}/100	*NOEC*/10
水溞	EC_{50}/100	*NOEC*/10
摇蚊	EC_{50}/100	*NOEC*/10
藻	EC_{50}/10	—
高等水生植物	EC_{50}/10	—
注:*NOEC*,无可见效应浓度(no observed effect concentration)。		

4.5.4 选择性

将空白基质样品、最低档浓度的标样和最低一档添加浓度的样品进行测定分析,说明该方法检测信号仅与待测物有关,与其他物质无关。空白值通过测定添加试验所用的空白基质获得,在仪器最高灵敏度下无可见干扰。否则,应给出详细说明。

若检测使用的是质谱,宜提供质谱图(若使用串联质谱,则提供子离子质谱图),以说明检测离子选择合理性。

4.6 样品分析

4.6.1 定性分析与定量分析同步进行

当采用质谱检测器进行分析测定时,需满足:

a) 使用气相色谱/液相色谱-单级质谱同步进行定性、定量分析时,对于低分辨质谱,至少选择 3 个监测碎片离子,其中,选择 1 个监测碎片离子用于定量分析,至少增加另外 2 个监测碎片离子(优先选择 $m/z>100$)用于定性分析;对于高分辨质谱,至少选择 2 个监测碎片离子,其中,选择 1 个监测碎片离子用于定量分析,至少增加另外 1 个监测碎片离子用于定性分析。

b) 使用气相色谱/液相色谱-串联质谱同步进行定性、定量分析时,至少选择 2 对离子对进行定性定量分析,其中,选择 1 对丰度高的反应监测离子对用于定量分析,至少增加另外 1 对反应监测离子对用于定性分析。

4.6.2 定性分析与定量分析分步进行

检出目标待测物之后,应采用独立的分析方法进行确认,可使用以下分析技术:

a) 与原方法色谱原理不同的技术,如用 GC 代替 HPLC;

b) 具有明显不同选择性的固定相或(和)流动相;

c) 不同的检测器,如 GC - MS 对比 GC - ECD,HPLC - MS 对比 HPLC - UV/DAD;

d) 衍生(原方法非衍生方法时适用);

e) 高分辨质谱;

f) 不同的电离方式,如 ESI 正离子模式对比负离子模式。

5 独立实验室验证

当建立或参照的分析方法用于室外监测时,该方法需在不同实验室间进行验证,验证实验室个数不少于 1 个(不包括分析方法建立单位),以证明方法符合分析要求。验证时,应确认分析方法的线性范围、检出限、定量限、回收率、精密度、选择性等,具体要求参见 4.4.4.2~4.6。

6 数据处理

6.1 回收率的计算

按式(1)计算回收率。

$$R=\frac{C_d}{C_a}\times 100 \qquad (1)$$

式中：

R ——回收率，单位为百分率(%)；

C_d ——添加样品待测物的实测浓度，单位为毫克每千克(mg/kg)或毫克每升(mg/L)；

C_a ——待测物理论添加浓度，单位为毫克每千克(mg/kg)或毫克每升(mg/L)。

6.2 标准偏差和相对标准偏差的计算

按式(2)、式(3)计算标准偏差和相对标准偏差。

$$S=\sqrt{\frac{\sum_{i=1}^{n}(X_i-\overline{X})^2}{n-1}} \quad \cdots\cdots (2)$$

式中：

S ——标准偏差；

X_i ——第 i 次测量得到的回收率，单位为百分率(%)；

$\overline{X}$ ——回收率的平均值；

n ——参与计算的回收率个数。

$$RSD=\frac{S}{\overline{X}}\times 100 \quad \cdots\cdots (3)$$

式中：

RSD——相对标准偏差，单位为百分率(%)。

7 试验报告

试验报告应至少包括以下内容：

a) 方法概要(方法适用范围、方法目的、方法原理等)；

b) 标准物质信息(中文名称、英文名称、化学名称、CAS 号、分子式、分子量、结构式、纯度、储存条件、来源、生产批号以及外观、密度、溶解度、熔点等主要理化特性)、标准储备溶液和标准工作溶液配制等；

c) 试剂和材料(试剂级别、来源，溶液具体配制方法，材料的类型、规格等)；

d) 仪器设备(品牌、型号等)；

e) 试验基质(土壤的类型、pH、有机质含量等；水的电导率、硬度、pH、溶解性有机碳含量等)；

f) 前处理方法(样品提取、净化和定容步骤、所用试剂、注意事项等)；

g) 仪器测定方法(色谱、光谱、质谱等仪器参数)；

h) 分析方法试验结果(线性范围、检出限、定量限、回收率、精密度和数据计算分析软件等)；

i) 典型分析谱图(标样、空白基质、添加回收样品等)；

j) 其他需要说明的内容，包括参考方法、方法选择性和定性、定量分析说明等。

附 录 A
(规范性附录)
不同添加浓度对回收率和精密度(相对标准偏差)的要求

不同添加浓度对回收率和精密度(相对标准偏差)的要求见表 A.1。

表 A.1 不同添加浓度对回收率和精密度(相对标准偏差)的要求

添加浓度(C),mg/kg	平均回收率,%	相对标准偏差(RSD),%
$C>1$	70～110	10
$0.1<C\leqslant1$	70～110	15
$0.01<C\leqslant0.1$	70～110	20
$0.001<C\leqslant0.01$	60～120	30
$C\leqslant0.001$	50～120	35

参 考 文 献

[1]NY/T 788—2004 农药残留试验准则.
[2]岳永德,2004.农药残留分析[M].北京:中国农业出版社.
[3]Organisation for Economic Co-operation and Development, 2000. Residues: guidance for generating and reporting methods of analysis in support of pre-registration data requirements for Annex II (part A, Section 4) and Annex III (part A, Section 5) of Directive 91/414. SANCO/3029/99 rev. 4. Paris: Organisation for Economic Co-operation and Development.
[4]Organisation for Economic Co-operation and Development, 2007. Guidance document on pesticide residue analytical methods. ENV/JM/MONO(2007)17. Paris: Organisation for Economic Co-operation and Development.
[5]Organisation for Economic Co-operation and Development, 2010. Guidance document on pesticide residue analytical methods. SANCO/825/00 rev. 8.1. Paris: Organisation for Economic Co-operation and Development.

本标准起草单位:农业部农药检定所、浙江省农业科学院农产品质量标准研究所。
本标准主要起草人:何红梅、周艳明、张春荣、曲薨薨、吴珉、刘学、蔡磊明。

第 2 部分

生态毒理试验方法

中华人民共和国国家标准

GB/T 31270.7—2014

化学农药环境安全评价试验准则
第7部分:生物富集试验

Test guidelines on environmental safety assessment for chemical pesticides—
Part 7:Bioconcentration test

1 范围

本部分规定了生物富集试验的材料、条件、操作、质量控制、数据处理、试验报告等的基本要求。

本部分适用于化学农药登记而进行的生物富集试验,仅当供试物 Log K_{ow}>3 时才进行该项试验。其他类型的农药可参照使用。

2 术语和定义

下列术语和定义适用于本文件。

2.1

生物富集 bioconcentration

生物体从生活环境与食物中不断吸收低剂量物质、逐渐在体内积累浓缩的过程。

同义词:生物浓缩、生物蓄积 bioaccumulation。

[NY/T 1667.5—2008,定义 3.5]

2.2

供试物 test substance

试验中需要测试的物质。

2.3

化学农药 chemical pesticide

利用化学物质人工合成的农药。其中有些以天然产品中的活性物质为母体,进行仿制、结构改造,创新而成,为仿生合成农药。

同义词:有机合成农药 synthetic organic pesticide。

[NY/T 1667.1—2008,定义 2.3.1]

2.4

原药 technical material

在制造过程中得到的有效成分及杂质组成的最终产品,不能含有可见的外来物质和任何添加物,必要时可加入少量的稳定剂。

[NY/T 1667.2—2008,定义 2.5.1]

中华人民共和国国家质量监督检验检疫总局
中国国家标准化管理委员会 2014-10-10 发布 2015-03-11 实施

2.5

有效成分　active ingredient(a. i.)

农药产品中具有生物活性的特定化学结构成分。

[NY/T 1667.2—2008,定义 3.1]

2.6

半静态试验法　semi-static test

试验期间每隔一定时间(如 24 h)更换一次药液,保持试验药液的浓度不低于初始浓度的 80%。

2.7

静态试验法　static test

试验期间不更换试验药液。

2.8

流水式试验法　flow-through test

试验期间药液自动连续地流入试验容器,同时保持容器内药液体积的相对恒定。

3　试验概述

采用鱼类作为供试生物,按供试物的性质采用静态法、半静态法或流水式试验法。将受试鱼暴露于2个浓度的供试物溶液中,定期采样测定鱼体与药液中供试物的浓度,计算得生物富集系数(BCF),以此评价供试物的生物富集性。根据农药登记管理法规及其他规定选择相关方法进行试验。

4　试验方法

4.1　材料和条件

4.1.1　供试物

供试物应使用农药纯品、原药或制剂。

4.1.2　供试生物

试验用鱼种宜选择的斑马鱼(*Brachydonio rerio*)、鲤(*Cyprinus carpio*)、虹鳟(*Oncorhynchus mykiss*)、青鳉(*Oryzias latipes*)或稀有鮈鲫(*Gobiocypris rarus*)幼鱼,具体体长和水温条件等驯养要求见附录A。如选用其他鱼类作为供试生物,应采用相应的驯养和试验条件,并加以说明。

试验用鱼应健康无病,大小一致。试验前,应在与试验时相同的环境条件下驯养 7 d～14 d,驯养期间每天喂食 1 次～2 次,每日光照 12 h～16 h,及时清除粪便及食物残渣。试验期间,在必要时投入适量饵料(每天投喂量为鱼体重的 1%～2%),每天用虹吸管及时清除试验鱼缸中剩余的饵料和排泄物。

4.1.3　主要仪器设备

主要仪器设备如下:

——鱼缸;

——气相色谱仪/液相色谱仪等。

4.1.4　试验用水

试验用水为存放并去氯处理 24 h 以上的自来水(必要时经活性炭处理)或能注明配方的稀释水。水质硬度在 10 mg/L～250 mg/L(以 $CaCO_3$ 计),pH 在 6.0～8.5,并且试验期间变化量在±0.5 之间,溶解氧保持在试验温度下饱和值的 60%。

4.2　试验操作

4.2.1　供试物溶液配制

将供试物溶于水中,难溶于水的可用少量低毒、不易降解的有机溶剂(如叔丁醇或二甲亚砜)助溶,加量小于 0.1 mL/L。

4.2.2　方法的选择

按供试物的稳定性选择静态试验法、半静态试验法或流水式试验法。对于稳定性较强的供试物采用静态试验法；对具有一定稳定性的供试物，如供试物水溶液在 24 h 内浓度变化小于 20%，采用半静态试验法；对易降解与强挥发性的供试物，采用流水式试验法。方法选择见附录 B。

4.2.3　正式试验

应先做鱼类急性毒性试验，求得 LC_{50}(96 h)值，再进行生物富集试验。配制药液浓度通常为急性毒性 LC_{50}(96 h)的 1/10 和 1/100 2 个处理，每处理至少应设 2 个平行。每处理投放一定数量的试验用鱼，投放数量应满足试验分析的需要，并使生物承载量满足每天每升水承载鱼重(湿重)0.1 g～1.0 g。试验过程中定期测定水中 pH、溶解氧含量，于 0 h、24 h、48 h、96 h、144 h、192 h 分别从各处理中取水样与鱼样(称重，采集鱼尾数应满足试验分析的需要，采用虹吸法采集水样)，测定水样与鱼样中的供试物含量。同时，设置不加供试物的对照处理。

4.3　数据处理

检测鱼体摄入供试物的实际值。试验结束时，水体及鱼体中供试物含量变化已达到平衡，则鱼体对供试物的富集系数按式(1)计算，计算结果保留 3 位有效数字。

$$BCF = \frac{C_{fs}}{C_{ws}} \qquad (1)$$

式中：

BCF ——生物富集系数；

C_{fs} ——平衡时鱼体内的供试物含量，单位为毫克每千克(mg/kg)；

C_{ws} ——平衡时水体中的供试物含量，单位为毫克每升(mg/L)。

如果在试验结束时，鱼体中农药浓度尚未达到平衡，则用上述公式求出的富集系数值应注明是 8 d 的结果，即用 $BCF_{8\,d}$表示。

4.4　质量控制

质量控制条件包括：

——试验前试验用鱼应在实验室内预养一周，预养期间生长正常，死亡率小于 5%；

——水和鱼体中农药残留量测定方法回收率为 70%～110%，最低检测浓度限应低于初始添加浓度的 1%；

——试验期间水中溶解氧保持试验温度下饱和值的 60%；

——试验期间试验鱼生长正常；

——试验浓度设定以满足试验要求为标准。

5　试验报告

试验报告至少应包括下列内容：

——供试物的信息，包括供试农药的通用名、化学名称、结构式、CAS 号、纯度、基本理化性质、来源等；

——供试生物的种名、来源、驯化时间、驯化条件、食物种类与数量、鱼龄和规格；

——试验条件，包括试验时间、周期、温度、试验容器、农药浓度、pH、溶解氧、助溶剂及浓度、试验鱼数量、投食时间和数量等；

——水和鱼体中农药残留量分析方法，包括样品提取、测定条件、线性范围、添加回收率、相对标准偏差、最小检测量；

——试验结果，包括试验期间鱼死亡率、异常反应、表征变化；富集系数对时间的曲线、生物富集系数等；

——生物富集性划分参见附录 C。

附 录 A
（资料性附录）
试验用鱼的选择

适合生物富集试验的鱼种及适宜水温条件见表 A.1。

表 A.1 试验用鱼的体长和适宜水温

鱼种	体长，cm	适宜水温，℃
斑马鱼	2.0±1.0	21～25
虹鳟	5.0±1.0	13～17
青鳉	2.0±1.0	21～25
鲤	3.0±1.0	20～24
稀有鮈鲫	2.0±1.0	21～25

附　录　B
（规范性附录）
试验方法的选择

静态、半静态、动态法的选择要点见表B.1。

表B.1　试验方法的选择及操作要点

试验项目	试验方法	适用范围	操作说明
生物富集性	静态法	稳定农药（水解/挥发率≤10%）	试验期间不更换药液，保持水温变化±2℃之间，溶解氧不低于饱和氧的60%；受试物浓度变化在±20%之内，试验期间供试鱼死亡率≤10%
	半静态法	适用于24 h水解（挥发）率介于10%～20%的农药	试验期间每隔一段时间更换药液（更换周期按药液浓度变化在±20%之内确定），保持水温变化±2℃之间，溶解氧不低于饱和氧的60%；试验期间供试鱼死亡率≤10%
	动态法	适用于易降解、强挥发农药	供试物药液自动连续地流入试验容器，日更新量至少5倍（有效容积），并保持流速变化小于20%。试验期间供试鱼死亡率≤10%

附 录 C
(资料性附录)
农药生物富集性评价标准

按生物富集系数 BCF 值的大小,将农药生物富集性分为 3 级,见表 C.1。

表 C.1 农药生物富集等级划分

富集等级	生物富集系数(BCF)
低富集性	$BCF \leqslant 10$
中等富集性	$10 < BCF \leqslant 1\,000$
高富集	$BCF > 1\,000$

参 考 文 献

[1]NY/T 1667.1—2008 农药登记管理术语 第1部分:基本术语.
[2]NY/T 1667.2—2008 农药登记管理术语 第2部分:产品化学.
[3]NY/T 1667.5—2008 农药登记管理术语 第5部分:环境影响.
[4]FAO,1989. Guidelines on environmental criteria for the registration of pesticides. Food and Agriculture Organization of the United Nations, Roma.
[5]OECD,2012 . Guideline 305: bioaccumulation in fish: aqueous and dietary exposure. OECD guidelines for testing of chemicals.
[6]USEPA,1997. Fish BCF (OPPTS 850.1730). Ecological effect test guidelines.
[7]蔡道基,1999. 农药环境毒理学研究[M]. 北京:中国环境科学出版社.

本部分负责起草单位:农业部农药检定所、环境保护部南京环境科学研究所。
本部分主要起草人:单正军、林荣华、孔祥吉、王娜、李莹、吴珉、张宏涛。

中华人民共和国国家标准

化学农药环境安全评价试验准则 GB/T 31270.9—2014

第9部分：鸟类急性毒性试验

Test guidelines on environmental safety assessment for chemical pesticides—Part 9: Avian acute toxicity test

1 范围

本部分规定了鸟类急性经口毒性试验和急性饲喂毒性试验的材料、条件、操作、质量控制、数据处理、试验报告等的基本要求。

本部分适用于为化学农药登记而进行的鸟类急性经口毒性试验和急性饲喂毒性试验。其他类型的农药可参照使用。

本部分不适用于易挥发和难溶解的化学农药。

2 术语和定义

下列术语和定义适用于本文件。

2.1

半致死剂量 median lethal dose

在急性经口毒性试验中，引起50%供试生物死亡时的供试物剂量，用LD_{50}表示。

注：单位为毫克有效成分每千克体重(mg a.i./$kg_{体重}$)。

2.2

半致死浓度 median lethal concentration

在急性饲喂毒性试验中，引起50%供试生物死亡时饲料中的供试物浓度，用LC_{50}表示。

注：单位为毫克有效成分每千克体重(mg a.i./$kg_{饲料}$)。

2.3

供试物 test substance

试验中需要测试的物质。

2.4

化学农药 chemical pesticide

利用化学物质人工合成的农药。其中有些以天然产品中的活性物质为母体，进行仿制、结构改造，创新而成，为仿生合成农药。

同义词：有机合成农药 synthetic organic pesticide。

[NY/T 1667.1—2008，定义2.3.1]。

中华人民共和国国家质量监督检验检疫总局
中国国家标准化管理委员会 2014-10-10发布 2015-03-11实施

2.5

原药 technical material

在制造过程中得到的有效成分及杂质组成的最终产品，不能含有可见的外来物质和任何添加物，必要时可加入少量的稳定剂。

[NY/T 1667.2—2008，定义 2.5.1]

2.6

制剂 formulation

由农药原药(或母药)和助剂制成使用状态稳定的产品。

[NY/T 1667.2—2008，定义 2.4]

2.7

有效成分 active ingredient(a. i.)

农药产品中具有生物活性的特定化学结构成分。

[NY/T 1667.2—2008，定义 3.1]

3 试验概述

3.1 方法选择

鸟类急性毒性试验包括急性经口毒性试验方法和急性饲喂毒性试验方法，根据农药登记管理法规及其他规定选择相关方法进行试验。

3.2 急性经口毒性

急性经口毒性试验是将不同剂量的供试物以经口灌注法一次性给药 1.0 mL/100 g 体重，连续 7 d 观察试验用鸟的中毒与死亡情况，并求出 7 d 的 LD_{50}值及 95%置信限。对于毒性较低的原药和不溶于水的颗粒制剂可采用胶囊灌喂法进行染毒。

3.3 急性饲喂毒性

急性饲喂毒性试验是使用喷雾器将不同浓度的药液喷在食物上，边喷边拌，直至搅拌均匀。用含有不同浓度供试物的饲料饲喂试验用鸟 5 d，从第 6 d 开始，以不含供试物的饲料饲喂 3 d，每天记录鸟的中毒与死亡情况，并求出 8 d LC_{50}值及 95%置信限。

4 试验方法

4.1 材料和条件

4.1.1 供试生物

根据试验目的，有一个或多个物种可供选择。供试物种可自行繁殖，也可购买标准化繁殖试材，所选试验用鸟应健康状况良好且没有明显的畸形，供试物种引入实验室后前 7 d 的死亡率<5%，且生长状态符合该物种生长规律的视为健康状况良好。推荐的物种参见附录 A。试验用鸟应通过动物检疫，确保没有任何疾病。试验用鸟应来自同一个母本种群，且同一天孵化。

4.1.2 供试物

供试物应使用农药纯品、原药或制剂。难溶于水的可用少量对鸟类毒性小的有机溶剂助溶，有机溶剂用量一般不得超过 0.1 mL(g)/L。

4.1.3 主要仪器设备

主要仪器设备如下：

——试验用鸟笼；

——电子天平；

——移液器；

——注射器等。

4.1.4 试验条件

各推荐物种及对应的相关测试条件,参见附录A。

4.2 试验操作

4.2.1 急性经口毒性

4.2.1.1 预试验

按正式试验的条件,以较大的间距设置4个~5个浓度组,求出供试物对试验用鸟的最低全致死浓度和最高全存活浓度。在此范围内设置正式试验的浓度。

4.2.1.2 正式试验

根据预试验确定的浓度范围按一定间距至少设置5个浓度组,每组10只鸟,雌雄各半,并设空白对照组,使用溶剂助溶的还需增设溶剂对照组。对照组和每一浓度组均不设重复,各浓度组间的浓度级差不得超过2倍。每隔24 h观察并记录试验用鸟的中毒症状及死亡情况。试验结束后对数据进行数理统计,计算半致死浓度 LD_{50} 值及95%置信限。

4.2.1.3 限度试验

根据农药对鸟类的毒性划分标准,设置上限剂量2 000 mg a. i. / kg体重,即在供试物达2 000 mg a. i. / $kg_{体重}$时仍未出现鸟死亡,则无需继续试验。此时,即可判定供试物对鸟类的经口毒性为低毒。

4.2.2 急性饲喂毒性

4.2.2.1 预试验

按正式试验的条件,以较大的间距设置4个~5个浓度组,求出供试物对受试鸟的最低全致死浓度和最高全存活浓度,在此范围内设置正式试验的浓度。

4.2.2.2 正式试验

根据预试验确定的浓度范围按一定间距至少设置5个浓度组,每组10只鸟,雌雄各半,并设空白对照组,空白对照组喂饲正常饲料,使用溶剂助溶的还需增设溶剂对照组。对照组和每一浓度组均不设重复,各浓度组间的浓度几何级差不得超过2倍。每隔24 h观察并记录试验用鸟的中毒症状及死亡情况。试验结束后对数据进行数理统计,计算半致死浓度 LC_{50} 值及95%置信限。

4.2.2.3 限度试验

根据农药对鸟类的毒性划分标准,设置上限剂量5 000 mg a. i. / $kg_{饲料}$,即在供试物达5 000 mg a. i. / $kg_{饲料}$时仍未出现鸟死亡,则无需进行试验。此时,即可判定供试物对鸟类的饲喂毒性为低毒。

4.3 数据处理

4.3.1 统计分析方法的选择

可采用寇氏法、直线内插法或概率单位图解法计算每一观察时间的鸟类经口毒性和饲喂毒性的半致死剂量 LD_{50} 和半致死浓度 LC_{50},也可采用数据统计软件进行分析和计算。

4.3.2 寇氏法

用寇氏法可求出鸟类经口毒性在7 d时的 LD_{50} 值及95%置信限,以及饲喂毒性在8 d时的 LC_{50} 值及95%置信限。

LD_{50}(LC_{50})的计算见式(1)。

$$\log LD_{50}(LC_{50}) = X_m - i(\sum P - 0.5) \quad \cdots\cdots (1)$$

式中:

X_m ——最高浓度的对数;

i ——相邻浓度比值的对数;

$\sum P$ ——各组死亡率的总和(以小数表示)。

95%置信限的计算见式(2)。

$$95\%\text{置信限} = \log LD_{50}(LC_{50}) \pm 1.96 S \log LD_{50}(LC_{50}) \quad (2)$$

式中:

S——标准误。

标准误的计算见式(3)。

$$S \log LD_{50}(LC_{50}) = i\sqrt{\sum \frac{pq}{n}} \quad (3)$$

式中:

p ——1个组的死亡率,单位为百分率(%);

q ——存活率$(1-p)$,单位为百分率(%);

n ——各浓度组鸟的数量。

4.3.3 直线内插法

采用线性刻度坐标,绘制死亡百分率对试验物质浓度的曲线,求出50%死亡时的LD_{50}值。

4.3.4 概率单位图解法

用半对数值,以浓度对数为横坐标、死亡百分率对应的概率单位为纵坐标绘图。将各实测值在图上用目测法画一条相关直线,从直线中读出致死50%的浓度对数,估算出LD_{50}值。

4.4 质量控制

质量控制条件包括:

——投喂药品期间,农药含量不能低于规定含量的80%;

——试验结束时,对照组死亡率不超过10%;

——试验环境条件和基本食物,应适应试验用鸟的生理和行为。

5 试验报告

试验报告至少应包括下列内容:

——供试物的信息,包括供试农药的通用名、化学名称、结构式、CAS号、纯度、基本理化性质、来源等;

——供试生物名称、来源、大小及驯养情况;

——试验条件,包括试验温度、光照条件等;

——试验剂量或试验浓度,24 h、48 h、72 h及7 d的LD_{50}或24 h、48 h、72 h、96 h、120 h及8 d的LC_{50}值和95%置信限,并给出所采用的计算方法;

——对照组及处理组是否出现死亡及异常反应;

——对鸟类的毒性等级划分参见附录B。

附 录 A
(资料性附录)
鸟类推荐物种及推荐测试条件

鸟类推荐物种及测试条件见表 A.1。

表 A.1 鸟类推荐物种及推荐测试条件

推荐物种	推荐测试条件			
	温度,℃	相对湿度,%	鸟龄,d	空间,cm^2/鸟
野鸭 (*Anas platyrhynchos*) 鸟龄:0 d～7 d 8 d～14 d ＞14 d	32～35 28～32 22～28	60～85	10～17	600
北美鹌鹑 (*Colinus virginianus*) 鸟龄:0 d～7 d 8 d～14 d ＞14 d	35～38 30～32 25～28	50～75	10～17	300
鸽子 (*Columba livia*) 鸟龄:＞35 d	18～22	50～75	56～70	2 500
日本鹌鹑 (*Coturnix coturnix japonica*) 鸟龄:0 d～7 d 8 d～14 d ＞14 d	35～38 30～32 25～28	50～75	10～17	300

附 录 B
(资料性附录)
农药对鸟类的毒性等级划分

按农药对鸟类急性经口半致死剂量 LD_{50} 和急性饲喂半致死浓度 LC_{50}，将农药对鸟类的急性毒性分为 4 级，见表 B.1。

表 B.1 农药对鸟类的毒性等级划分

毒性等级	急性经口(LD_{50})，mg a. i. / $kg_{体重}$	急性饲喂(LC_{50})，mg a. i. / $kg_{饲料}$
剧毒	$LD_{50} \leqslant 10$	$LC_{50} \leqslant 50$
高毒	$10 < LD_{50} \leqslant 50$	$50 < LC_{50} \leqslant 500$
中毒	$50 < LD_{50} \leqslant 500$	$500 < LC_{50} \leqslant 1\ 000$
低毒	$LD_{50} > 500$	$LC_{50} > 1\ 000$

参考文献

[1]NY/T 1667.1—2008 农药登记管理术语 第1部分:基本术语.
[2]NY/T 1667.2—2008 农药登记管理术语 第1部分:产品化学.
[3]US EPA,2012. Avian acute oral toxicity test (OCSPP 850.2100). Ecological effects test guidelines.
[4]US EPA,2012. Avian dietary toxicity test (OCSPP 850.2200). Ecological effects test guidelines.
[5]OECD,2010. Guideline 223: Avian acute oral toxicity test, OECD guidelines for the testing of chemicals.
[6]OECD,1984. Guideline 205: Avian dietary toxicity test, OECD guidelines for the testing of chemicals.
[7]蔡道基,1999. 农药环境毒理学研究[M]. 北京:中国环境科学出版社.

本部分负责起草单位:农业部农药检定所、环境保护部南京环境科学研究所。
本部分主要起草人:韩志华、宋伟华、单正军、周军英、赵学平、何伟志、张宝兰、刘峰、蔡道基。

中华人民共和国国家标准

化学农药环境安全评价试验准则 第10部分:蜜蜂急性毒性试验

GB/T 31270.10—2014

Test guidelines on environmental safety assessment for chemical pesticides—Part 10:Honeybee acute toxicity test

1 范围

本部分规定了蜜蜂急性经口毒性试验和急性接触毒性试验的材料、条件、操作、质量控制、数据处理、试验报告等的基本要求。

本部分适用于为化学农药登记而进行的蜜蜂急性经口毒性试验和急性接触毒性试验,其他类型的农药可参照使用。

本部分不适用于易挥发和难溶解的化学农药。

2 术语和定义

下列术语和定义适用于本文件。

2.1

半致死剂量 median lethal dose

在急性经口试验或急性接触毒性试验中,引起50%的供试生物死亡时供试物剂量,用 LD_{50} 表示。

注:单位为微克有效成分每峰(μg a.i./蜂)。

2.2

供试物 test substance

试验中需要测试的物质。

2.3

化学农药 chemical pesticide

利用化学物质人工合成的农药。其中有些以天然产品中的活性物质为母体,进行仿制、结构改造,创新而成,为仿生合成农药。

同义词:有机合成农药 synthetic organic pesticide。

[NY/T 1667.1—2008,定义 2.3.1]

2.4

原药 technical material

在制造过程中得到的有效成分及杂质组成的最终产品,不能含有可见的外来物质和任何添加物,必要时可加入少量的稳定剂。

[NY/T 1667.2—2008,定义 2.5.1]

中华人民共和国国家质量监督检验检疫总局
中国国家标准化管理委员会 2014-10-10发布 2015-03-11实施

2.5

制剂 formulation product

由农药原药(或母药)和助剂制成使用状态稳定的产品。

[NY/T 1667.2—2008,定义 2.4]

2.6

有效成分 active ingredient(a. i.)

农药产品中具有生物活性的特定化学结构成分。

[NY/T 1667.2—2008,定义 3.1]

2.7

参比物质 reference substances

在测试中为证实或否定供试物的某种特性或判断测试系统有效性而使用的化学物质或混合物。

3 试验概述

3.1 方法概述

蜜蜂急性毒性试验包括急性经口毒性试验方法和蜜蜂急性接触毒性试验方法,根据农药登记管理法规及其他规定选择相关方法进行试验。

3.2 急性经口毒性

将不同剂量的供试物分散在蔗糖溶液中,用以饲喂成年工蜂,并对药液的消耗量进行测定,药液消耗完后饲喂不含供试物的蔗糖溶液。在 48 h 的试验期间,每天记录蜜蜂的中毒症状及死亡数,并求出 24 h 和 48 h 的 LD_{50}值及 95%置信限。

3.3 急性接触毒性

在蜜蜂被麻醉后,将不同浓度试验药液点滴在试验用蜜蜂的中胸背板处,待溶剂挥发后,将蜜蜂转入试验笼中,用脱脂棉浸泡适量蔗糖水饲喂。在 48 h 的试验期间,每天记录蜜蜂的中毒症状及死亡数,并求出 24 h 和 48 h 的 LD_{50}值及 95%置信限。

4 试验方法

4.1 材料和条件

4.1.1 供试生物

试验用蜜蜂推荐使用意大利成年工蜂(*Apis mellifera* L.),供试蜜蜂应在清晨或前一日夜晚收集;避免在早春和晚秋季节进行蜜蜂试验,如果在早春和晚秋季节进行试验,要在试验环境下以蜂巢花粉饲喂一周;蜜蜂接受抗生素、抗螨虫药物后 4 周内不得用于试验。试验蜜蜂要求为健康、大小一致的个体。用于急性经口毒性试验的蜜蜂应在试验前饥饿 2 h。

4.1.2 供试物

农药制剂、原药或纯品。难溶于水的可用少量对蜜蜂毒性小的有机溶剂、乳化剂或分散剂助溶。

4.1.3 主要仪器设备

主要仪器设备如下:

——试验蜂笼;

——电子天平;

——人工气候室;

——微量点滴仪;

——饲喂器等。

4.1.4 试验条件

试验在温度(25±2)℃,相对湿度50%~70%,黑暗条件下进行。

4.2 试验操作

4.2.1 急性经口毒性

4.2.1.1 预试验

按正式试验的条件,以较大间距设置4~5个剂量组,通过预试验求出试验用蜂最高全存活剂量与最低全致死剂量。

4.2.1.2 正式试验

根据预试验确定的浓度范围按一定比例间距(几何级差应控制在2.2以内)设置5个~7个剂量组,每组至少需10只蜜蜂,并设空白对照组,使用有机溶剂助溶的还需设置溶剂对照组。将储蜂笼内的蜜蜂引入试验笼中,然后在饲喂器(如离心管、注射器等)中加入100 μL~200 μL含有不同浓度供试物的50%(质量浓度)蔗糖水溶液,并对每组药液的消耗量进行测定。一旦药液消耗完(通常需要3 h~4 h),将食物容器取出,换用不含供试物的蔗糖水进行饲喂(不限量)。对于一些供试物,在较高试验剂量下,蜜蜂拒绝进食,从而导致食物消耗很少或几乎没有消耗的,最多延长至6 h,并对食物的消耗量进行测定(即测定该处理的食物残存的体积或重量)。对照组及各处理组均设3个重复。观察记录处理24 h、48 h后的中毒症状和死亡数。在对照组的死亡率低于10%的情况下,若处理24 h和48 h后的死亡率差异达到10%以上时,还需将观察时间最多延长至96 h。

4.2.1.3 限度试验

设置上限剂量100 μg a.i./蜂,即在供试物达100 μg a.i./蜂时仍未见蜜蜂死亡,则无需继续试验。如供试物溶解度小于100 μg a.i./蜂,则采用最大溶解度作为上限浓度。

4.2.2 急性接触毒性

4.2.2.1 预试验

按正式试验的条件,以较大间距设置4个~5个剂量组,通过预试验求出试验用蜂最高全存活剂量与最低全致死剂量。

4.2.2.2 正式试验

根据预试验确定的剂量范围按一定比例间距(几何级差应控制在2.2以内)设置5个~7个剂量组,每个处理至少需10只蜜蜂。同时,设空白对照组及溶剂对照组,对照组及每一剂量组均设3个重复。供试物用丙酮等溶剂溶解,配制成不同浓度的药液。对准蜜蜂中胸背板处,用微量点滴仪分别点滴各浓度供试药液1.0 μL~2.0 μL,待蜂身晾干后转入试验笼中,用50%(质量浓度)蔗糖水饲喂。观察记录处理24 h、48 h后的中毒症状和死亡数。在对照组的死亡率低于10%的情况下,若处理24 h和48 h后的死亡率差异达到10%以上时,还需将观察时间最多延长至96 h。

4.2.2.3 限度试验

设置上限剂量100 μg a.i./蜂,即在供试物达100 μg a.i./蜂时仍未见蜜蜂死亡,则无需继续试验。如供试物溶解度小于100 μg a.i./蜂,则采用最大溶解度作为上限浓度。

4.2.3 参比物质试验

为检验实验室的设备、条件、方法及供试生物的质量是否合乎要求,设置参比物质作方法学上的可靠性检验。定期(至少6个月一次)进行参比物质急性经口毒性试验和急性接触毒性试验,参比物质推荐为乐果。

4.3 数据处理

4.3.1 统计分析方法的选择

可采用寇氏法、直线内插法或概率单位图解法计算每一观察时间(24 h、48 h)的蜜蜂经口毒性和接触毒性的半致死剂量 LD_{50},也可采用数据统计软件进行分析和计算。

4.3.2 寇氏法

用寇氏法可求出蜜蜂在 24 h 和 48 h 的 LD_{50}值及 95%置信限。

LD_{50}的计算见式(1)。

$$\log LD_{50} = X_m - i(\sum P - 0.5) \quad \cdots\cdots (1)$$

式中：

X_m ——最高浓度的对数；

i ——相邻浓度比值的对数；

$\sum P$ ——各组死亡率的总和(以小数表示)。

95%置信限的计算见式(2)。

$$95\%\ 置信限 = \log LD_{50} \pm 1.96 S\log LD_{50} \quad \cdots\cdots (2)$$

式中：

S——标准误。

标准误的计算见式(3)。

$$S\log LD_{50} = i\sqrt{\sum \frac{pq}{n}} \quad \cdots\cdots (3)$$

式中：

p ——1 个组的死亡率，单位为百分率(%)；

q ——存活率$(1-p)$，单位为百分率(%)；

n ——各浓度组蜜蜂的数量。

4.3.3 直线内插法

采用线性刻度坐标，绘制试验物质浓度对死亡百分率的曲线，求出 50%死亡时的 LD_{50}值。

4.3.4 概率单位图解法

用半对数值，以浓度对数为横坐标、死亡百分率对应的概率单位为纵坐标绘图。将各实测值在图上用目测法画一条相关直线，从直线中读出致死 50%的浓度对数，估算出 LD_{50}值。

4.4 质量控制

质量控制条件包括：

——投喂药品及饲养期间，供试物含量不能低于规定含量的 80%；

——试验结束时，对照组死亡率不超过 10%；

——推荐乐果为参比物质，乐果对蜜蜂急性经口试验结果 LD_{50}(24 h)应在 0.10 μg a.i./蜂～0.35 μg a.i./蜂范围之内，乐果对蜜蜂急性接触试验结果 LD_{50}(24 h)应在 0.10 μg a.i./蜂～0.30 μg a.i./蜂范围之内。

5 试验报告

试验报告应至少包括下列内容：

——供试物的信息，包括供试农药的通用名、化学名称、结构式、CAS 号、纯度、基本理化性质、来源等；

——供试生物的名称、来源、大小及饲养情况；

——试验条件，包括试验温度、试验方法等；

——试验药液的浓度，LD_{50}(24 h)、LD_{50}(48 h)值和 95%置信限，在对照组的死亡率低于 10%的情况下，若处理 24 h 和 48 h 后的死亡率差异达到 10%以上时，还需将观察时间最多延长至 96 h，并给出所采用的计算方法；

——对照组蜜蜂是否出现死亡及异常反应；

——观察到的效应，如受试蜜蜂的任何不正常的行为、中毒症状等；

——对蜜蜂的毒性等级划分参见附录 A。

附 录 A
(资料性附录)
农药对蜜蜂毒性等级划分

按蜜蜂急性经口和接触的毒性半致死剂量 LD_{50}(48 h),将农药对蜜蜂的毒性分为 4 个等级,见表 A.1。

表 A.1 农药对蜜蜂的毒性等级划分

毒性等级	LD_{50}(48 h),μg a.i./蜂
剧毒	$LD_{50} \leqslant 0.001$
高毒	$0.001 < LD_{50} \leqslant 2.0$
中毒	$2.0 < LD_{50} \leqslant 11.0$
低毒	$LD_{50} > 11.0$

参 考 文 献

[1]NY/T 1667.1—2008 药登记管理术语 第1部分:基本术语.
[2]NY/T 1667.2—2008 农药登记管理术语 第2部分:产品化学.
[3]EPPO/ Council of Europe,1993. Decision-making scheme for the environmental risk assessment of plant protection products-honeybee. EPPO bulletin, 23(1):151—165.
[4]US EPA,2012. Honey bee acute toxicity test(OCSPP 850.3020). Ecological effects test guidelines.
[5]US EPA,2012. Honey bee acute contact toxicity test(OCSPP 850.3020). Ecological effects test guidelines.
[6]OECD,1998a. Guideline 213: honeybees, acute oral toxicity test, OECD guidelines for the testing of chemicals.
[7]OECD,1998b. Guideline 214: honeybees, acute contact toxicity test, OECD guidelines for the testing of chemicals.
[8] EPPO, 2010. Guideline on test methods for evaluation the side-effects of plant protection products on honeybees (NO. 170). Bulletin OEPP/EPPO Bulletin,22:203—215.
[9]蔡道基,1999. 农药环境毒理学研究[M]. 北京:中国环境科学出版社.

本部分负责起草单位:农业部农药检定所、环境保护部南京环境科学研究所。
本部分主要起草人:袁善奎、徐晖、瞿唯钢、单正军、卜元卿、严清平、王会利。

中华人民共和国国家标准

化学农药环境安全评价试验准则 第11部分:家蚕急性毒性试验

GB/T 31270.11—2014

Test guidelines on environmental safety assessment for chemical pesticides—Part 11:Silkworm acute toxicity test

1 范围

本部分规定了浸叶法和熏蒸法测定化学农药对家蚕急性毒性试验的材料、条件、操作、质量控制、数据处理、试验报告等的基本要求。

本部分适用于为化学农药登记而进行的家蚕浸叶法毒性试验和熏蒸法毒性试验,其他类型的农药可参照使用。

本部分不适用于易挥发和难溶解的化学农药。

2 术语和定义

下列术语和定义适用于本文件。

2.1

半致死浓度 median lethal concentration

在浸叶法毒性试验中,引起50%供试生物死亡时的供试物浓度,用LC_{50}表示。

注:单位为毫克有效成分每升(mg a.i./L)。

2.2

供试物 test substance

试验中需要测试的物质。

2.3

化学农药 chemical pesticide

利用化学物质人工合成的农药。其中有些以天然产品中的活性物质为母体,进行仿制、结构改造,创新而成,为仿生合成农药。

同义词:有机合成农药 synthetic organic pesticide。

[NY/T 1667.1—2008,定义2.3.1]

2.4

原药 technical material

在制造过程中得到的有效成分及杂质组成的最终产品,不能含有可见的外来物质和任何添加物,必要时可加入少量的稳定剂。

[NY/T 1667.2—2008,定义2.5.1]

中华人民共和国国家质量监督检验检疫总局
中国国家标准化管理委员会 2014-10-10发布 2015-03-11实施

2.5

制剂 formulation product

由农药原药(或母药)和助剂制成使用状态稳定的产品。

[NY/T 1667.2—2008,定义 2.4]

2.6

有效成分 active ingredient(a. i.)

农药产品中具有生物活性的特定化学结构成分。

[NY/T 1667.2—2008,定义 3.1]

2.7

参比物质 reference substances

在测试中为证实或否定供试物的某种特性或判断测试系统有效性而使用的化学物质或混合物。

3 试验概述

3.1 方法概述

家蚕急性毒性试验包括浸叶法毒性试验方法和熏蒸法毒性试验方法,根据农药登记管理法规及其他规定选择相关方法进行试验。

3.2 浸叶法毒性试验

采用不同浓度的药液浸渍桑叶,晾干后饲喂家蚕。整个试验期间饲喂处理桑叶,观察 24 h、48 h、72 h、96 h 后受试家蚕的中毒症状及死亡情况,试验结束后对数据进行统计分析,并计算半致死浓度 LC_{50}值。

3.3 熏蒸法毒性试验

针对卫生用药模拟室内施药条件进行的试验,应在满足试验要求的熏蒸试验装置或熏蒸室内进行。熏蒸实验装置或熏蒸室应在满足试验要求的前提下,按照推荐用药量设计相关参数。供试物在试验装置或熏蒸室中定量燃烧(或电加热),从熏蒸开始,按 0.5 h、2 h、4 h、6 h、8 h 观察记录熏蒸试验装置内家蚕的毒性反应症状,8 h 后将试验装置内的家蚕取出,在家蚕常规饲养条件下继续观察 24 h 及 48 h 的家蚕死亡情况。

4 试验方法

4.1 材料和条件

4.1.1 供试生物

试验用家蚕(*Bombyx mori*)品种选用菁松×皓月、春蕾×镇珠、苏菊×明虎,或其他有代表性的品系。以二龄起蚕为毒性试验材料。

4.1.2 供试物

供试物应使用农药纯品、原药或制剂。难溶于水的可用少量对家蚕毒性小的有机溶剂、乳化剂或分散剂助溶,其用量不得超过 0.1 mL(g)/L。

4.1.3 主要仪器设备

主要仪器设备如下:

——人工气候室;

——电子天平;

——培养皿;

——熏蒸箱等。

4.1.4 试验条件

蚁蚕饲养和试验温度为(25±2)℃，相对湿度为70%～85%。

4.2 试验操作

4.2.1 浸叶法

4.2.1.1 预试验

按正式试验的条件，以较大的间距设置3个～5个浓度组，通过预试验求出家蚕最高全存活浓度和最低全致死浓度。

4.2.1.2 正式试验

根据预试验确定的浓度范围按一定比例间距(几何级差应控制在2.2以内)设置5个～7个浓度组，每组20头蚕，并设空白对照，加溶剂助溶的还需设溶剂对照。对照组和每一浓度组均设3个重复。在培养皿内饲养二龄起蚕，用不同浓度的药液完全浸渍桑叶10 s，晾干后供蚕食用。整个试验期间饲喂处理桑叶，观察并记录24 h、48 h、72 h和96 h试验用家蚕的中毒症状及死亡情况。试验结束后对数据进行数理统计，计算半致死浓度 LC_{50} 值及95%置信限。

若供试物为昆虫生长调节剂，且试验72 h～96 h家蚕的死亡率增加10%以上，应延长观察时间，直至24 h内死亡率增加小于10%。

4.2.1.3 限度试验

设置上限浓度2 000 mg a.i./L，即在供试物达2 000 mg a.i./L时仍未见家蚕死亡，则无需继续进行试验。若供试物溶解度小于2 000 mg a.i./L，则采用其最大溶解度作为上限浓度。

4.2.2 熏蒸法

熏蒸试验可在熏蒸箱或其他可满足试验要求的试验装置内进行。供试物在试验装置内定量燃烧(或电热片加热)，从熏蒸开始，按0.5 h、2 h、4 h、6 h、8 h观察记录熏蒸试验装置内家蚕的毒性反应症状，8 h后，将熏蒸试验装置内的家蚕取出，在家蚕常规饲养条件下继续观察24 h及48 h的家蚕死亡情况。每个处理组设置9个重复，同时设置空白对照(设3个重复)。观察记录家蚕摄食情况(减少或拒食)、不适症状(逃避、昂头、晃头、甩头、扭曲挣扎、吐水等)及死亡情况等。

4.3 数据处理

4.3.1 统计分析方法的选择

可采用寇氏法、直线内插法或概率单位图解法计算每一观察时间(24 h、48 h、72 h、96 h)的家蚕浸叶法毒性的半致死浓度 LC_{50}，也可采用数据统计软件进行分析和计算。

4.3.2 寇氏法

用寇氏法可求出家蚕在24 h、48 h、72 h和96 h的 LC_{50} 值及95%置信限。

LC_{50} 的计算见式(1)。

$$\log LD_{50} = X_m - i(\sum P - 0.5) \quad \cdots\cdots (1)$$

式中：

X_m ——最高浓度的对数；

i ——相邻浓度比值的对数；

$\sum P$ ——各组死亡率的总和(以小数表示)。

95%置信限的计算见式(2)。

$$95\%\ 置信限 = \log LD_{50} \pm 1.96 S\log LD_{50} \quad \cdots\cdots (2)$$

式中：

S——标准误。

标准误的计算见式(3)。

$$S\log LD_{50} = i\sqrt{\sum \frac{pq}{n}} \quad \cdots\cdots (3)$$

式中：

p ——1个组的死亡率，单位为百分率(%)；

q ——存活率($1-p$)，单位为百分率(%)；

n ——各浓度组家蚕的数量。

4.3.3 直线内插法

采用线性刻度坐标，绘制死亡百分率对试验物质浓度的曲线，求出50%死亡时的LC_{50}值。

4.3.4 概率单位图解法

用半对数纸，以浓度对数为横坐标、死亡百分率对应的概率单位为纵坐标绘图。将各实测值在图上用目测法画一条相关直线，从直线中读出致死50%的浓度对数，估算出LC_{50}值。

4.4 质量控制

质量控制条件包括：

——对照组死亡率不超过10%；

——实验室内应定期(蚕卵每批一次，同批蚕卵至少每2个月一次)进行参比物质试验，推荐参比物质为乐果。

5 试验报告

试验报告应包括下列内容：

——供试物的信息，包括供试农药的通用名、化学名称、结构式、CAS号、纯度、基本理化性质、来源等；

——供试生物的名称、来源、大小及饲养情况；

——试验条件，包括试验温度、试验方法等；

——试验药液的浓度，24 h、48 h、72 h及96 h的LC_{50}值(浸叶法)或8 h、24 h、48 h的死亡率(熏蒸法)和95%置信限，并给出所采用的计算方法。

——对照组家蚕是否出现死亡及异常反应；

——观察到的毒性效应，如受试家蚕的任何不正常的行为、中毒症状等；

——对家蚕的毒性等级划分参见附录A。

附 录 A
(资料性附录)
农药对家蚕毒性等级划分

按农药对家蚕急性浸叶法的毒性半致死浓度 LC_{50}(96 h),将农药对家蚕的急性毒性分为 4 级,见表 A.1。

表 A.1 农药对家蚕的毒性等级划分

毒性等级	LC_{50}(96 h),mg a.i./L
剧毒	$LC_{50} \leqslant 0.5$
高毒	$0.5 < LC_{50} \leqslant 20$
中毒	$20 < LC_{50} \leqslant 200$
低毒	$LC_{50} > 200$

熏蒸试验主要针对卫生用药模拟室内施药条件下进行的试验,如果家蚕的死亡率大于10%以上时,即视为对家蚕高风险。

参 考 文 献

[1]NY/T 1667.1—2008 农药登记管理术语 第1部分:基本术语.

[2]NY/T 1667.2—2008 农药登记管理术语 第2部分:产品化学.

[3]OECD,1998a. Guideline 213: Honeybees, acute oral toxicity test, OECD guidelines for the testing of chemicals.

[4]OECD,1998b. Guideline 214: Honeybees, acute contact toxicity test, OECD guidelines for the testing of chemicals.

[5]OECD,1992. Guidelines. 203: Fish, acute toxicity test, OECD guidelines for the testing of chemicals.

[6]蔡道基,1999. 农药环境毒理学研究[M]. 北京:中国环境科学出版社.

[7]NY/T 1154.14—2008 农药室内生物测定试验准则 杀虫剂 第14部分:浸叶法.

[8]GB/T 13917.10—2009 农药登记用卫生杀虫剂室内药效试验及评价 第10部分:模拟现场.

本部分负责起草单位:农业部农药检定所、环境保护部南京环境科学研究所。

本部分主要起草人:张燕、姜辉、杨亚哲、周军英、王开运、刘勇、王会利、张晶。

中华人民共和国国家标准

化学农药环境安全评价试验准则 第12部分：鱼类急性毒性试验

GB/T 31270.12—2014

Test guidelines on environmental safety assessment for chemical pesticides—Part 12:Fish acute toxicity test

1 范围

本部分规定了化学农药鱼类急性毒性试验的材料、条件、操作、质量控制、数据处理、试验报告等的基本要求。

本部分适用于为化学农药登记而进行的鱼类急性毒性试验，其他类型的农药可参照使用。

本部分不适用于易挥发和难溶解的化学农药。

2 术语和定义

下列术语和定义适用于本文件。

2.1

半致死浓度 median lethal concentration

在急性毒性试验中，引起50%的供试生物死亡时的供试物浓度，用LC_{50}表示。

注：单位为毫克有效成分每升(mg a.i./L)。

2.2

供试物 test substance

试验中需要测试的物质。

2.3

化学农药 chemical pesticide

利用化学物质人工合成的农药。其中有些以天然产品中的活性物质为母体，进行仿制、结构改造，创新而成，为仿生合成农药。

同义词：有机合成农药 synthetic organic pesticide。

[NY/T 1667.1—2008，定义2.3.1]

2.4

原药 technical material

在制造过程中得到的有效成分及杂质组成的最终产品，不能含有可见的外来物质和任何添加物，必要时可加入少量的稳定剂。

[NY/T 1667.2—2008，定义2.5.1]

中华人民共和国国家质量监督检验检疫总局
中国国家标准化管理委员会
2014-10-10发布 2015-03-11实施

2.5

制剂　formulation

由农药原药(或母药)和助剂制成使用状态稳定的产品。

[NY/T 1667.2—2008,定义 2.4]

2.6

有效成分　active ingredient(a. i.)

农药产品中具有生物活性的特定化学结构成分。

[NY/T 1667.2—2008,定义 3.1]

2.7

静态试验法　static test

试验期间不更换试验药液。

2.8

半静态试验法　semi-static test

试验期间每隔一定时间(如 24 h)更换一次药液,以保持试验药液的浓度不低于初始浓度的 80%。

2.9

流水式试验法　flow-through test

试验期间药液连续更新。

2.10

参比物质　reference substances

在测试中为证实或否定供试物的某种特性或判断测试系统有效性而使用的化学物质或混合物。

3　试验概述

鱼类急性毒性测定方法有静态法、半静态法与流水式试验法 3 种。应按供试物的性质采用适宜的方法。分别配制不同浓度的供试物药液,于 96 h 的试验期间每天观察并记录试验用鱼的中毒症状和死亡数,并求出 24 h、48 h、72 h 和 96 h 的 LC_{50}值及 95%置信限。

4　试验方法

4.1　材料和条件

4.1.1　供试生物

推荐鱼种为斑马鱼(*Brachydanio rerio*)、鲤(*Cyprinus carpio*)、虹鳟(*Oncorhynchus mykiss*)、青鳉(*Oryzias latipes*)或稀有鮈鲫(*Gobiocypris rarus*)等的幼鱼,具体全长和适宜水温参见附录 A。如果选用其他鱼类作为试验材料,应采用能够满足其生理要求的相应预养和试验条件,并加以说明。

试验用鱼应健康无病,大小一致。试验前,应在与试验时相同的环境条件下预养 7 d～14 d,预养期间每天喂食 1 次～2 次,每日光照 12 h～16 h,及时清除粪便及食物残渣。试验前 24 h 停止喂食。

4.1.2　供试物

供试物应使用农药纯品、原药或制剂。对难溶于水的农药,可用少量对鱼低毒的有机溶剂、乳化剂或分散剂助溶,其用量不得超过 0.1 mL(g)/L。

4.1.3　参比物质

重铬酸钾(分析纯以上)。

4.1.4　主要仪器设备

主要仪器设备如下：

——溶解氧测定仪；

——电子天平；
——温度计；
——酸度计；
——满足最大承载量的玻璃容器；
——量筒等。

4.1.5 试验用水

试验用水为存放并去氯处理 24 h 以上的自来水(必要时经活性炭处理)或能注明配方的稀释水。水质硬度在 10 mg/L～250 mg/L(以 $CaCO_3$ 计)，pH 在 6.0～8.5，溶解氧不低于空气饱和值的 60%。试验水温参见附录 A(单次试验温度控制在±2℃)。

4.2 试验操作

4.2.1 方法的选择

按农药的特性选择静态试验法、半静态试验法或流水式试验法。如使用静态或半静态试验法，应确保试验期间试验药液中供试物浓度不低于初始浓度的 80%。如果在流水式试验法试验期间试验药液中供试物浓度发生超过 20%的偏离，则应检测试验药液中供试物的实际浓度并以此计算结果，或使用流动试验法进行试验，以稳定试验药液中供试物浓度。

4.2.2 预试验

按正式试验的条件，以较大的间距设若干组浓度。每处理至少用鱼 5 尾，可不设重复，观察并记录试验用鱼 96 h(或 48 h)的中毒症状和死亡情况。通过预试验求出试验用鱼的最高全存活浓度及最低全致死浓度，在此范围内设置正式试验的浓度。

4.2.3 正式试验

在预试验确定的浓度范围内按一定比例间距(几何级差应控制在 2.2 倍以内)设置 5 个～7 个浓度组，并设一个空白对照组，若使用溶剂助溶应增设溶剂对照组，每组至少放入 7 尾鱼，可不设重复，并保证各组使用鱼数相同，试验开始后 6 h 内随时观察并记录试验用鱼的中毒症状及死亡数，其后于 24 h、48 h、72 h 和 96 h 观察并记录试验用鱼的中毒症状及死亡数，当用玻璃棒轻触鱼尾部，无可见运动即为死亡，并及时清除死鱼。每天测定并记录试验药液温度、pH 及溶解氧。

4.2.4 限度试验

设置上限有效浓度 100 mg a.i./L，即试验用鱼在供试物浓度达 100 mg a.i./L 时未出现死亡，则无需继续试验。若供试物溶解度小于 100 mg a.i./L，则采用其最大溶解度作为上限浓度。

4.3 数据处理

4.3.1 统计分析方法的选择

可采用寇氏法、直线内插法或概率单位图解法计算每一观察时间(24 h、48 h、72 h、96 h)的鱼类急性毒性的半致死浓度 LC_{50}，也可采用数据统计软件进行分析和计算。

4.3.2 寇氏法

用寇氏法可求出鱼类在 24 h、48 h、72 h 和 96 h 的 LC_{50} 值及 95%置信限。LC_{50} 的计算见式(1)。

$$\log LD_{50} = X_m - i(\sum P - 0.5) \qquad (1)$$

式中：

X_m ——最高浓度的对数；
i ——相邻浓度比值的对数；
$\sum P$ ——各组死亡率的总和(以小数表示)。

95%置信限的计算见式(2)。

$$95\% \text{ 置信限} = \log LD_{50} \pm 1.96 S\log LD_{50} \qquad (2)$$

式中：

S——标准误。

标准误的计算见式(3)。

$$SlogLC_{50} = i\sqrt{\sum \frac{pq}{n}} \quad \cdots\cdots (3)$$

式中：

p——1个组的死亡率，单位为百分率(%)；

q——存活率$(1-p)$，单位为百分率(%)；

n——各浓度组鱼类的数量。

4.3.3 直线内插法

采用线性刻度坐标，绘制试验物质浓度对死亡百分率的曲线，求出50%死亡时的LC_{50}值。

4.3.4 概率单位图解法

用半对数纸，以浓度对数为横坐标、死亡百分率对应的概率单位为纵坐标绘图。将各实测值在图上用目测法画一条相关直线，从直线中读出致死50%的浓度对数，估算出LC_{50}值。

4.4 质量控制

质量控制条件包括：

——试验用鱼预养期间死亡率不得超过5%；对照组死亡率不超过10%，若鱼的数量少于10条，则最多允许死亡1条；

——试验期间，试验溶液的溶解氧含量应不低于空气饱和值的60%；

——实验室内用重铬酸钾定期(每批1次或者至少1年2次)进行参比物质试验，对于斑马鱼，LC_{50}(24 h)应处于200 mg/L～400 mg/L；

——静态试验法和半静态试验法的最大承载量为1.0 g鱼/L水，流水式试验系统最大承载量可高一些。

5 试验报告

试验报告至少应包括下列内容：

——供试物的信息，包括供试农药的通用名、化学名称、结构式、CAS号、纯度、基本理化性质、来源等；

——供试生物名称、来源、大小及预养情况；

——试验条件，包括试验温度、光照等，试验用水的温度、溶解氧浓度及pH等；

——试验药液的浓度及24 h、48 h、72 h和96 h的LC_{50}值和95%置信限，并给出所采用的计算方法；

——对照组试验用鱼的死亡率、行为反应异常；

——试验质量控制条件描述；

——鱼的毒性等级划分参见附录B。

附　录　A
(资料性附录)
试验用鱼体长要求及适宜温度条件

根据供试鱼的种类选择适宜全长的幼鱼及合适的水温进行试验，见表A.1。

表A.1　试验用鱼的全长和适宜水温

鱼种	全长，cm	适宜水温，℃
斑马鱼	2.0±1.0	21～25
虹鳟	5.0±1.0	13～17
青鳉	2.0±1.0	21～25
鲤	3.0±1.0	20～24
稀有鮈鲫	3.0±1.0	21～25

附 录 B
(资料性附录)
农药对鱼类毒性等级划分

按鱼类半致死浓度 LC_{50}(96 h)值,将农药对鱼类毒性分为 4 个等级,见表 B.1。

表 B.1 农药对鱼类的毒性等级划分

毒性等级	LC_{50}(96 h),mg a.i./L
剧毒	$LC_{50} \leqslant 0.1$
高毒	$0.1 < LC_{50} \leqslant 1.0$
中毒	$1.0 < LC_{50} \leqslant 10$
低毒	$LC_{50} > 10$

参 考 文 献

[1]NY/T 1667.1—2008 农药登记管理术语 第1部分:基本术语.
[2]NY/T 1667.2—2008 农药登记管理术语 第2部分:产品化学.
[3]FAO,1989. Guidelines on environmental criteria for the registration of pesticides. Food and Agriculture Organization of the United Nations.
[4]OECD,1992. Guidelines 203:Fish, acute toxicity test, OECD guidelines for the testing of chemicals.
[5]USEPA,1985. Part Ⅱ, Toxic substances control act test guidelines, final rules, federal register.
[6]蔡道基,1999. 农药环境毒理学研究[M]. 北京:中国环境科学出版社.

本部分负责起草单位:农业部农药检定所、环境保护部南京环境科学研究所。
本部分主要起草人:姜辉、宋伟华、袁善奎、单正军、邱立红、刘贤进、查金苗、吴声敢。

中华人民共和国国家标准

化学农药环境安全评价试验准则 第13部分：溞类急性活动抑制试验

GB/T 31270.13—2014

Test guidelines on environmental safety assessment for chemical pesticides—Part 13:*Daphnia* sp. acute immobilisation test

1 范围

本部分规定了溞类急性活动抑制试验的材料、条件、操作、质量控制、数据处理、试验报告等的基本要求。

本部分适用于为化学农药登记而进行的溞类急性活动抑制试验，其他类型的农药可参照使用。

本部分不适用于易挥发和难溶解的化学农药。

2 术语和定义

下列术语和定义适用于本文件。

2.1

半数抑制浓度 median effective concentration

在急性活动抑制试验中，引起50%供试生物活动受抑制时的供试物浓度，用EC_{50}表示。

注：单位为毫克有效成分每升(mg a.i./L)。

2.2

活动抑制 immobilisation

轻晃试验容器，溞在15 s内不能游动视为活动抑制，但允许附肢微弱活动。

2.3

供试物 test substance

试验中需要测试的物质。

2.4

化学农药 chemical pesticide

利用化学物质人工合成的农药。其中有些以天然产品中的活性物质为母体，进行仿制、结构改造，创新而成，为仿生合成农药。

同义词：有机合成农药 synthetic organic pesticide。

[NY/T 1667.1—2008，定义2.3.1]

2.5

原药 technical material

在制造过程中得到的有效成分及杂质组成的最终产品，不能含有可见的外来物质和任何添加物，必

中华人民共和国国家质量监督检验检疫总局
中国国家标准化管理委员会 2014-10-10发布 2015-03-11实施

要时可加入少量的稳定剂。

[NY/T 1667.2—2008,定义2.5.1]

2.6

制剂 formulation product

由农药原药(或母药)和助剂制成使用状态稳定的产品。

[NY/T 1667.2—2008,定义2.4]

2.7

有效成分 active ingredient(a.i.)

农药产品中具有生物活性的特定化学结构成分。

[NY/T 1667.2—2008,定义3.1]

2.8

参比物质 reference substances

在测试中为证实或否定供试物的某种特性或判断测试系统有效性而使用的化学物质或混合物。

3 试验概述

用供试物配制一系列不同浓度的试验药液,然后将试验用溞转移至试验药液中,连续48 h观察试验用溞的中毒症状与活动受抑制情况,并求出48 h的EC_{50}值以及95%置信限。

4 试验方法

4.1 材料和条件

4.1.1 供试生物

推荐使用大型溞(*Daphnia magna* Straus),保持良好的培养条件,使大型溞的繁殖处于孤雌生殖状态。选用实验室条件下培养3代以上、出生24 h内的非头胎溞。试验用溞应来源于同一母系的健康溞,即未表现任何受胁迫现象(如死亡率高、出现雄溞和冬卵、头胎延迟、体色异常等)。

4.1.2 供试物

供试物应使用农药制剂、原药或纯品。对难溶于水的农药,可用少量对溞类低毒的有机溶剂助溶,有机溶剂用量一般不得超过0.1 mL(g)/L。

4.1.3 参比物质

参比物质为重铬酸钾(分析纯以上)。

4.1.4 主要仪器设备

主要仪器设备如下:

——溶解氧测定仪;

——pH计;

——水质硬度测定仪;

——电子天平;

——移液器;

——玻璃或其他化学惰性材料制成的容器等。

4.1.5 试验用水

溞类的培养、驯化及试验推荐使用重组水,若选择其他水应符合附录A规定。重组水推荐使用ISO标准稀释水、Elendt M4培养液和Elendt M7培养液,配制方法参见附录B。Elendt M4和Elendt M7培养液不能用于含有金属受试物的测试。试验期间水质应保持稳定,满足pH为6.0~9.0,溶解氧≥3.0 mg/L。对大型溞的水质硬度(以$CaCO_3$计)为140 mg/L~250 mg/L,对于其他溞类可适当降低水质硬度。

4.1.6 试验条件

试验水温18℃~22℃,同一试验中,温度变化应控制在±1℃之内;光照周期(光暗比)为16 h∶8 h,或全黑暗条件(尤其对光不稳定的供试物)。试验期间,试验容器中不应充气和调节pH,不得喂食受试溞。

4.2 试验操作

4.2.1 预试验

按正式试验的条件,先将溞类暴露于较大范围浓度系列的试验药液中48 h,每一浓度放5只幼溞,可不设重复,以确定正式试验的浓度范围。

4.2.2 正式试验

在预试验确定的浓度范围内按一定比例间距(几何级差应控制在2.2倍以内)设置至少5个浓度组,并设空白对照组,如使用溶剂助溶应设溶剂对照组。每个浓度和对照均设4个重复,每个重复至少5只试验用溞,承载量为每只溞不小于2 mL。如果试验浓度少于5个,应在报告中给予合理解释。试验开始后24 h、48 h定时观察、记录每个容器中试验用溞活动受抑制数和任何异常症状或表现。

4.2.3 限度试验

设置上限浓度100 mg a.i./L,即在供试物达100 mg a.i./L时受试溞抑制率不超过10%,则无需继续试验;否则,需进行正式试验。如供试物溶解度小于100 mg a.i./L,则采用最大溶解度作为上限浓度。

4.2.4 参比物质试验

为检验实验室的设备、条件、方法及供试生物的质量是否合乎要求,设置参比物质作方法学上的可靠性检验。应定期(至少每季度一次)进行参比物质试验。参比物质为重铬酸钾。

4.2.5 操作要求

试验操作及试验过程中溞不能离开水,转移时要用玻璃滴管。

4.3 数据处理

4.3.1 统计分析方法的选择

可采用寇氏法、直线内插法或概率单位图解法计算每一观察时间(24 h、48 h)的溞类半抑制浓度EC_{50},也可采用相关统计学软件进行数据分析和计算。

4.3.2 寇氏法

用寇氏法可求出溞类在24 h和48 h的EC_{50}值及95%置信限。

EC_{50}的计算见式(1)。

$$\log EC_{50} = X_m - i(\sum P - 0.5) \quad (1)$$

式中:

X_m ——最高浓度的对数;

i ——相邻浓度比值的对数;

$\sum P$ ——各组抑制率的总和(以小数表示)。

95%置信限的计算见式(2)。

$$95\%\ \text{置信限} = \log EC_{50} \pm 1.96 S\log EC_{50} \quad (2)$$

式中:

S——标准误。

标准误的计算见式(3)。

$$S\log EC_{50} = i\sqrt{\sum \frac{pq}{n}} \quad (3)$$

式中：

p ——1个组的抑制率，单位为百分率(%)；

q ——$1-p$，单位为百分率(%)；

n ——各浓度组溞的数量。

4.3.3 直线内插法

采用线性刻度坐标，绘制抑制百分率对试验物质浓度的曲线，求出50%活动抑制时的EC_{50}值。

4.3.4 概率单位图解法

用半对数值，以浓度对数为横坐标、抑制百分率对应的概率单位为纵坐标绘图。将各实测值在图上用目测法画一条相关直线，从直线中读出活动抑制50%的浓度对数，估算出EC_{50}值。

4.4 质量控制

质量控制条件包括：

——对照组试验受抑制溞数不超过10%；

——试验过程中供试物浓度不低于初始浓度的80%；

——在20℃条件下，参比物质重铬酸钾对大型溞EC_{50}(24 h)应处于0.6 mg/L～2.1 mg/L；

——试验结束时对照组和试验组的溶解氧浓度不小于3.0 mg/L。

5 试验报告

试验报告至少应包括下列内容：

——供试物的信息，包括供试农药的通用名、化学名称、结构式、CAS号、纯度、基本理化性质、来源等；

——供试生物的名称、来源、大小及饲养情况；

——试验条件，包括水温、光照、溶解氧、pH及水质硬度等；

——试验药液的浓度，试验开始后24 h、48 h的EC_{50}值及95%置信限及中毒症状，并给出所采用的计算方法；

——试验质量控制条件描述；

——对溞的毒性等级划分参见附录C。

附 录 A
（资料性附录）
合格试验用水的部分化学特性

合格试验用水的部分化学特性见表 A.1。

表 A.1 合格试验用水的部分化学特性

物 质	浓 度
颗粒物	<20 mg/L
总有机碳（TOC）	<2 mg/L
游离氨	<1 μg/L
残留氯	<10 μg/L
总有机磷农药	<50 ng/L
总有机氯农药与多氯联苯（PCB）	<50 ng/L
总有机氯	<25 ng/L

附　录　B
(资料性附录)
重组水的配制

表B.1给出了ISO标准稀释水的配制方法。

表B.1　ISO标准稀释水

储备液(单一物质)		每升ISO标准稀释水中储备液的加入量 mL
物质	浓度,mg/L	
$CaCl_2 \cdot 2H_2O$	11 760	25
$MgSO_4 \cdot 7H_2O$	4 930	25
$NaHCO_3$	2 590	25
KCl	230	25
注:配制用水为纯水,如去离子水、蒸馏水或反向渗透水,其电导率<10 μS/cm。		

表B.2和表B.3给出了Elendt M4和ElendtM7培养液的配制方法。用去离子水、蒸馏水或反向渗透水(以下均简称水)分别配制储备液Ⅰ、储备液Ⅱ、常量营养储备液和混合维生素储备液。制备Elendt M4和ElendtM7培养液时,用储备液Ⅰ制备储备液Ⅱ,在使用前最后加入常量营养储备液和混合维生素储备液。

表B.2　Elendt M4培养液和ElendtM7培养液的储备液Ⅰ、储备液Ⅱ的配制

储备液Ⅰ (单一物质)	浓度, mg/L	与Elendt M4培养液的浓度关系	为制备储备液Ⅱ将储备液Ⅰ加入到水中的量,mL/L	
			M4	M7
H_3BO_3	57 190	20 000倍	1.0	0.25
$MnCl_2 \cdot 4H_2O$	7 210	20 000倍	1.0	0.25
$LiCl \cdot H_2O$	6 120	20 000倍	1.0	0.25
RbCl	1 420	20 000倍	1.0	0.25
$SrCl_2 \cdot 6H_2O$	3 040	20 000倍	1.0	0.25
NaBr	320	20 000倍	1.0	0.25
$Na_2MoO_4 \cdot 2H_2O$	1 260	20 000倍	1.0	0.25
$CuCl_2 \cdot 2H_2O$	335	20 000倍	1.0	0.25
$ZnCl_2$	260	20 000倍	1.0	1.0
$CoCl_2 \cdot 6H_2O$	200	20 000倍	1.0	1.0
KI	65	20 000倍	1.0	1.0
Na_2SeO_3	43.8	20 000倍	1.0	1.0
NH_4VO_3	11.5	20 000倍	1.0	1.0
$Na_2EDTA \cdot 2H_2O$	5 000	2 000倍	—	—
$FeSO_4 \cdot 7H_2O$	1 991	2 000倍	—	—
2L Fe-EDTA溶液	—	1 000倍	20.0	5.0
注:Na_2EDTA和$FeSO_4$两者单独制备,混在一起后立即灭菌。				

表 B.3 Elendt M4 和 Elendt M7 培养液的配制

组分		浓度,mg/L	与 Elendt M4 培养液的浓度关系	为制备 Elendt M4 培养液和 Elendt M7 培养液,水中加入各组分的量,mL/L	
				M4	M7
储备液Ⅱ		—	20 倍	50	50
常量营养储备液(单一物质)	$CaCl_2 \cdot 2H_2O$	293 800	1 000 倍	1.0	1.0
	$MgSO_4 \cdot 7H_2O$	246 600	2 000 倍	0.5	0.5
	KCl	58 000	10 000 倍	0.1	0.1
	$NaHCO_3$	64 800	1 000 倍	1.0	1.0
	$Na_2SiO_3 \cdot 9H_2O$	50 000	5 000 倍	0.2	0.2
	$NaNO_3$	2 740	10 000 倍	0.1	0.1
	KH_2PO_4	1 430	10 000 倍	0.1	0.1
	K_2HPO_4	1 840	10 000 倍	0.1	0.1
混合维生素储备液[a]		—	10 000 倍	0.1	0.1

注:为了避免盐沉淀,应将适量的储备液加入到 500 mL～800 mL 水中,然后定容至 1 L。

[a] 混合维生素储备液是由盐酸硫胺(维生素 B_1)、氰钴胺(维生素 B_{12})和钙长石(维生素 H)配制而成,浓度分别为 750 mg/L、10 mg/L 和 7.5 mg/L。混合维生素储备液应以较小分装冷藏保存。

附 录 C
(资料性附录)
农药对溞类毒性等级划分

按对溞类活动的半数抑制浓度 EC_{50}(48 h),将农药对溞类的急性毒性分为 4 个等级,见表 C.1。

表 C.1 农药对溞类的毒性等级划分

毒性等级	EC_{50}(48 h),mg a.i./L
剧毒	$EC_{50} \leqslant 0.1$
高毒	$0.1 < EC_{50} \leqslant 1.0$
中毒	$1.0 < EC_{50} \leqslant 10$
低毒	$EC_{50} > 10$

参 考 文 献

[1]NY/T 1667.1 2008 农药登记管理术语 第1部分:基本术语.

[2]NY/T 1667.2—2008 农药登记管理术语 第2部分:产品化学.

[3]FAO,1989. Guidelines on environmental criteria for the registration of pesticides. Food and Agriculture Organization of the United Nations.

[4]OECD,2004. Guideline 202: *Daphnia* sp., acute immobilisation test. OECD guidelines for the testing of chemicals.

[5]Guidance document on aquatic toxicity testing of difficult substances and mixtures. OECD environmental health and safety publication. Series on testing and assessment. No. 23. Paris 2000.

[6]US EPA,1996. Aquatic invertebrate acute toxicity test, freshwater daphnids (OCSPP 850.1010). Ecological effects test guidelines.

[7]蔡道基,1999. 农药环境毒理学研究[M]. 北京:中国环境科学出版社.

本部分负责起草单位:农业部农药检定所、环境保护部南京环境科学研究所。

本部分主要起草人:蔡磊明、王晓军、陈丽萍、卜元卿、姜辉、王成菊、查金苗、安雪花。

中华人民共和国国家标准

化学农药环境安全评价试验准则 第14部分：藻类生长抑制试验

GB/T 31270.14—2014

Test guidelines on environmental safety assessment for chemical pesticides—
Part 14: Alga growth inhibition test

1 范围

本部分规定了藻类生长抑制试验的材料、条件、操作、质量控制、数据处理、试验报告等的基本要求。

本部分适用于为化学农药登记而进行的藻类生长抑制试验，其他类型的农药可参照使用。

本部分不适用于易挥发和难溶解的化学农药。

2 术语和定义

下列术语和定义适用于本文件。

2.1

半效应浓度　median effective concentration

在生长抑制试验中，使供试生物生物量增长或者生长率比对照下降50%时的供试物浓度，用EC_{50}表示。在本部分中，通过藻类生物量增长的抑制百分率计算而得到的半效应浓度用E_yC_{50}表示，通过藻类生长率的抑制百分率计算而得的半效应浓度用E_rC_{50}表示。

注：单位为毫克有效成分每升(mg a.i./L)。

2.2

平均生长率　average growth rate

一定暴露时间内藻类单位生物量增长的对数值，在本部分中用μ表示。

2.3

生物量增长　yield

一段暴露时间内藻类单位生物量的增加量，即暴露结束时的单位生物量减去暴露开始时的单位生物量，在本部分中用Y表示。

2.4

供试物　test substance

试验中需要测试的物质。

2.5

化学农药　chemical pesticide

利用化学物质人工合成的农药。其中有些以天然产品中的活性物质为母体，进行仿制、结构改造，创新而成，为仿生合成农药。

中华人民共和国国家质量监督检验检疫总局
中国国家标准化管理委员会　2014-10-10发布　2015-03-11实施

同义词:有机合成农药 synthetic organic pesticide。

[NY/T 1667.1—2008,定义 2.3.1]

2.6

原药 technical material

在制造过程中得到的有效成分及杂质组成的最终产品,不能含有可见的外来物质和任何添加物,必要时可加入少量的稳定剂。

[NY/T 1667.2—2008,定义 2.5.1]

2.7

制剂 formulation product

由农药原药(或母药)和助剂制成使用状态稳定的产品。

[NY/T 1667.2—2008,定义 3.1]

2.8

有效成分 active ingredient(a. i.)

农药产品中具有生物活性的特定化学结构成分。

[NY/T 1667.2—2008,定义 3.1]

2.9

参比物质 reference substances

在测试中为证实或否定供试物的某种特性或判断测试系统有效性而使用的化学物质或混合物。

3 试验概述

本试验用供试物配制一系列不同浓度的试验药液,然后将试验药液与藻液混合后,连续 72 h 观察试验用藻的生长抑制情况,并求出半效应浓度 EC_{50}(72 h)值以及 95%置信限。

4 试验方法

4.1 材料和条件

4.1.1 供试生物

试验用藻推荐采用普通小球藻(*Chlorella vulgaris*)、斜生栅列藻(*Scenedesmus obliquus*)或羊角月芽藻(*Pseudokirchneriella subcapitata*)等。

4.1.2 供试物

农药制剂、原药或纯品。对难溶于水的农药,可用少量对藻毒性小的有机溶剂、乳化剂或分散剂助溶,用量不得超过 0.1 mL(g)/L。

4.1.3 主要仪器设备

主要仪器设备如下:

——酸度计;

——血球计数板;

——分光光度计;

——显微镜;

——人工气候箱;

——高压蒸汽灭菌锅;

——玻璃器皿等。

4.1.4 培养基

推荐选择水生 4 号培养基培养斜生栅列藻,选择 BG11 培养基培养羊角月芽藻,选择 BG11 培养基或 SE 培养基培养普通小球藻，上述培养基配方参见附录 A。若使用其他培养基应同时提供培养基名称和配方等信息；若使用其他藻种，应选择适宜的培养基，并同时提供培养基名称和配方等信息。

4.1.5 试验条件

试验环境温度 21℃～24℃（单次试验温度控制在±2℃）；连续均匀光照，光照强度差异应保持在±15%范围内，光强 4 440 lx～8 880 lx。

4.2 试验操作

4.2.1 试验用藻的预培养

按无菌操作法将试验用藻接种到装有培养基的三角瓶内，在 4.1.5 的条件下培养。每隔 96 h 接种一次，反复接种 2 次～3 次，使藻基本达到同步生长阶段，以此作为试验用藻。每次接种时在显微镜下观察，检查藻种的生长情况。

4.2.2 预试验

按正式试验的条件，以较大的间距设置若干组浓度，求出供试物使试验用藻生长受抑制的最低浓度和不受抑制的最高浓度，在此范围内设置正式试验的浓度。

4.2.3 正式试验

在预试验确定的浓度范围内以一定比例间距（几何级差应控制在 3.2 倍以内）设置 5 个～7 个浓度组，并设一个空白对照组，使用助溶剂的还须增设溶剂对照组，每个浓度组设 3 个重复。试验观察期为 72 h，每隔 24 h 取样，在显微镜下用血球计数板准确计数藻细胞数，或用分光光度计直接测定藻的吸光率。用血球计数板计数时，同一样品至少计数 2 次，如计数结果相差大于 15%，应予重复计数。依据试验物质性质选择合适的技术方法。

4.2.4 限度试验

设置上限浓度为 100 mg a. i. /L，即在供试物达 100 mg a. i. /L 时，未对藻产生影响。若供试物溶解度小于 100 mg a. i. /L，则采用其溶解度上限作为试验浓度。对照组和处理组至少设置 6 个重复，并且对浓度组和对照组进行差异显著性分析（比如 t 检验）。

4.2.5 参比物质试验

为检验实验室的设备、条件、方法及供试生物的质量是否合乎要求，设置参比物质作方法学上的可靠性检验。使用参比物质（每年至少 2 次）对绿藻进行检测，推荐使用 3,5-二氯苯酚和重铬酸钾。

4.3 数据处理

4.3.1 生物量增长的抑制百分率

处理组藻类生物量增长的抑制百分率按式(1)计算。

$$I_y = \frac{Y_c - Y_t}{Y_c} \times 100 \quad \cdots\cdots (1)$$

式中：

I_y ——处理组生物量增长的抑制百分率，单位为百分率（%）；

Y_c ——空白对照组测定的藻类单位生物量，用细胞数表示时单位为个每毫升（个/mL）；

Y_t ——处理组测定的藻类单位生物量，用细胞数表示时单位为个每毫升（个/mL）。

4.3.2 生长率的抑制百分率

处理组藻类生长率的抑制百分率按式(2)计算。

$$I_r = \frac{\mu_c - \mu_t}{\mu_c} \times 100 \quad \cdots\cdots (2)$$

式中：

I_r ——处理组藻类生长率的抑制百分率，单位为百分率（%）；

μ_c ——空白对照组生长率的平均值；

μ_t ——处理组生长率平均值。

其中，μ 按式(3)计算。

$$\mu_{j-i}=\frac{\ln X_j-\ln X_i}{t_j-t_i} \quad \cdots\cdots(3)$$

式中：

μ_{j-i}——在时间点 i 到时间点 j 之间的平均生长率；

X_i ——在时间点 i 时的藻类单位生物量，用细胞数表示时单位为个每毫升(个/mL)；

X_j ——在时间点 j 时的藻类单位生物量，用细胞数表示时单位为个每毫升(个/mL)。

4.3.3 半效应浓度

4.3.3.1 统计分析方法的选择

按藻类生物量增长的抑制百分率和藻类生长率的抑制百分率分别计算半效应浓度 E_yC_{50} 和 E_rC_{50}。采用合适的统计学软件分析藻类数据，计算得到每一观察时间(24 h、48 h、72 h)的半效应浓度和95%置信限。

4.3.3.2 寇氏法

用寇氏法可求出藻类在 24 h、48 h 和 72 h 的 EC_{50} 值及 95%置信限。

EC_{50}的计算见式(4)。

$$\log EC_{50}=X_m-i(\sum P-0.5) \quad \cdots\cdots(4)$$

式中：

X_m ——最高浓度的对数；

i ——相邻浓度比值的对数；

$\sum P$ ——各组抑制率的总和(以小数表示)。

95%置信限的计算见式(5)。

$$95\%\ 置信限=\log EC_{50}\pm 1.96 S\log EC_{50} \quad \cdots\cdots(5)$$

式中：

S——标准误。

标准误的计算见式(6)。

$$S\log EC_{50}=i\sqrt{\sum\frac{pq}{n}} \quad \cdots\cdots(6)$$

式中：

p ——1个组的抑制率，单位为百分率(%)；

q ——$1-p$，单位为百分率(%)；

n ——各浓度组的生长率或生物量增长。

4.3.3.3 直线内插法

采用线性刻度坐标，绘制抑制百分率对试验物质浓度的曲线，求出50%活动抑制时的 EC_{50} 值。

4.3.3.4 概率单位图解法

用半对数值，以浓度对数为横坐标、抑制百分率对应的概率单位为纵坐标绘图。将各实测值在图上用目测法画一条相关直线，从直线中读出活动抑制50%的浓度对数，估算出 EC_{50} 值。

4.4 质量控制

质量控制条件包括：

——供试生物必须是处于对数生长期的纯种藻；

——对照组和各浓度组的试验温度、光照等环境条件应按要求完全一致；

——试验起始斜生栅列藻浓度应控制在 2.0×10^3 个/mL～5.0×10^3 个/mL，羊角月芽藻应控制在

5.0×10^{3} 个/mL～5.0×10^{4} 个/mL，普通小球藻应控制在 1.0×10^{4} 个/mL～2.0×10^{4} 个/mL；

——试验开始后 72 h 内，对照组藻细胞浓度应至少增加 16 倍。

5 试验报告

试验报告应包括下列内容：

——供试物的信息，包括供试农药的通用名、化学名称、结构式、CAS 号、纯度、基本理化性质、来源等；

——供试生物名称、来源、培养基及培养方法；

——试验条件，包括试验持续时间、温度、光照（光强和光周期）、试验容器（容量、型号、密闭方法）、静置、振荡或通气方式、测试液体积、pH、溶剂及其浓度、藻类生长的测定方法等；

——供试物的浓度与抑制曲线图，得出的 E_rC_{50}、E_yC_{50} 值并注明计算方法；

——观察到的效应：细胞颜色、形态和大小变化；粘连或聚结情况；死亡、抑藻或杀藻效应情况等；

——试验质量控制条件描述；

——对藻的毒性等级划分参见附录 B。

附 录 A
(资料性附录)
培养基配方

水生 4 号、BG11、SE 培养基的配方分别见表 A.1、表 A.2、表 A.3。

表 A.1 水生 4 号培养基配方

序号	组分	用量
1	硫酸铵 $(NH_4)_2SO_4$	2.00 g
2	过磷酸钙饱和液[$Ca(H_2PO_4)_2 \cdot H_2O \cdot (CaSO_4 \cdot H_2O)$]	10.0 mL
3	硫酸镁 $MgSO_4 \cdot 7H_2O$	0.80 g
4	碳酸氢钠 $NaHCO_3$	1.00 g
5	氯化钾 KCl	0.25 g
6	三氯化铁 1% 溶液 $FeCl_3$	1.50 mL
7	土壤提取液[a]	5.00 mL
以上成分用蒸馏水溶解并定容至 1 000 mL，经高压灭菌(121℃，15 min)，密封并贴好标签，4℃冰箱保存，有效期 2 个月。该培养基用经高压灭菌(121℃，15 min)的蒸馏水稀释 10 倍后即可使用。		
[a] 取未施过肥的花园土 200 g 置于烧杯或锥形瓶中，加入蒸馏水 1 000 mL，瓶口用透气塞封口，在水浴中沸水加热 3 h，冷却，沉淀 24 h，此过程连续进行 3 次，然后过滤，取上清液，于高压灭菌锅中灭菌后于 4℃冰箱中保存备用。		

表 A.2 BG11 培养基配方

<table>
<tr><th>序号</th><th colspan="2">组分</th><th>母液浓度</th><th>母液用量</th></tr>
<tr><td>1</td><td colspan="2">硝酸钠 $NaNO_3$</td><td>15 g/100 mL 蒸馏水</td><td>10 mL</td></tr>
<tr><td>2</td><td colspan="2">磷酸氢二钾 K_2HPO_4</td><td>2 g/500 mL 蒸馏水</td><td>10 mL</td></tr>
<tr><td>3</td><td colspan="2">七水硫酸镁 $MgSO_4 \cdot 7H_2O$</td><td>3.75 g/500 mL 蒸馏水</td><td>10 mL</td></tr>
<tr><td>4</td><td colspan="2">二水氯化钙 $CaCl_2 \cdot 2H_2O$</td><td>1.8 g/500 mL 蒸馏水</td><td>10 mL</td></tr>
<tr><td>5</td><td colspan="2">柠檬酸 $C_6H_8O_7$</td><td>0.3 g/500 mL 蒸馏水</td><td>10 mL</td></tr>
<tr><td>6</td><td colspan="2">柠檬酸酸铁铵 $FeC_6H_5O_7 \cdot NH_4OH$</td><td>0.3 g/500 mL 蒸馏水</td><td>10 mL</td></tr>
<tr><td>7</td><td colspan="2">EDTA 钠盐 $EDTANa_2$</td><td>0.05 g/500 mL 蒸馏水</td><td>10 mL</td></tr>
<tr><td>8</td><td colspan="2">碳酸钠 Na_2CO_3</td><td>1.0 g/500 mL 蒸馏水</td><td>10 mL</td></tr>
<tr><td rowspan="6">9</td><td rowspan="6">A5(Trace mental solution)
1 mL/L</td><td>硼酸 H_3BO_3</td><td>2.86 g/L 蒸馏水</td><td rowspan="6">1 mL</td></tr>
<tr><td>四水氯化锰 $MnCl_2 \cdot 4H_2O$</td><td>1.86 g/L 蒸馏水</td></tr>
<tr><td>七水硫酸锌 $ZnSO_4 \cdot 7H_2O$</td><td>0.22 g/L 蒸馏水</td></tr>
<tr><td>二水钼酸钠 $Na_2MoO_4 \cdot 2H_2O$</td><td>0.39 g/L 蒸馏水</td></tr>
<tr><td>五水硫酸铜 $CuSO_4 \cdot 5H_2O$</td><td>0.08 g/L 蒸馏水</td></tr>
<tr><td>六水硝酸钴 $Co(NO_3)_2 \cdot 6H_2O$</td><td>0.05 g/L 蒸馏水</td></tr>
<tr><td colspan="5">将以上各成分配制成相应母液浓度，并按照标明顺序依次将相应母液用量转移至 1 000 mL 容量瓶中，定容，经高压灭菌(121℃，15 min)，密封并贴好标签，4℃冰箱保存，有效期 2 个月。该培养基用经高压灭菌(121℃，15 min)的蒸馏水稀释 10 倍后即可使用。</td></tr>
</table>

表 A.3 SE 培养基配方

序号	组分	母液浓度	母液用量
1	硝酸钠 $NaNO_3$	25 g/100 mL 蒸馏水	1 mL
2	磷酸氢二钾 K_2HPO_4	7.5 g/100 mL 蒸馏水	1 mL

表 A.3（续）

<table>
<tr><th>序号</th><th colspan="2">组分</th><th>母液浓度</th><th>母液用量</th></tr>
<tr><td>3</td><td colspan="2">七水硫酸镁 $MgSO_4 \cdot 7H_2O$</td><td>7.5 g/100 mL 蒸馏水</td><td>1 mL</td></tr>
<tr><td>4</td><td colspan="2">二水氯化钙 $CaCl_2 \cdot 2H_2O$</td><td>2.5 g/100 mL 蒸馏水</td><td>1 mL</td></tr>
<tr><td>5</td><td colspan="2">磷酸二氢钾 KH_2PO_4</td><td>17.5 g/100 mL 蒸馏水</td><td>1 mL</td></tr>
<tr><td>6</td><td colspan="2">氯化钠 NaCl</td><td>2.5 g/100 mL 蒸馏水</td><td>1 mL</td></tr>
<tr><td>7</td><td colspan="2">六水氯化铁 $FeCl_3 \cdot 6H_2O$</td><td>0.5 g/100 mL 蒸馏水</td><td>1 mL</td></tr>
<tr><td>8</td><td colspan="2">EDTA 铁盐 EDTA-Fe[a]</td><td>—</td><td>1 mL</td></tr>
<tr><td rowspan="6">9</td><td rowspan="6">A5(Trace mental solution)
1 mL/L</td><td>硼酸 H_3BO_3</td><td>2.86 g/L 蒸馏水</td><td rowspan="6">1 mL</td></tr>
<tr><td>四水氯化锰 $MnCl_2 \cdot 4H_2O$</td><td>1.86 g/L 蒸馏水</td></tr>
<tr><td>七水硫酸锌 $ZnSO_4 \cdot 7H_2O$</td><td>0.22 g/L 蒸馏水</td></tr>
<tr><td>二水钼酸钠 $Na_2MoO_4 \cdot 2H_2O$</td><td>0.39 g/L 蒸馏水</td></tr>
<tr><td>五水硫酸铜 $CuSO_4 \cdot 5H_2O$</td><td>0.08 g/L 蒸馏水</td></tr>
<tr><td>六水硝酸钴 $Co(NO_3)_2 \cdot 6H_2O$</td><td>0.05 g/L 蒸馏水</td></tr>
<tr><td>10</td><td colspan="2">土壤提取液[b]</td><td>—</td><td>40 mL</td></tr>
<tr><td colspan="5">将以上各成分配制成相应母液浓度，并按照标明顺序依次将相应母液用量转移至 1 000 mL 容量瓶中，定容，经高压灭菌(121℃，15 min)，密封并贴好标签，4℃冰箱保存，有效期 2 个月。该培养基用经高压灭菌(121℃，15 min)的蒸馏水稀释 10 倍后即可使用。</td></tr>
<tr><td colspan="5">[a] 1 mol/L HCl：取 4.1 mL 浓盐酸用蒸馏水稀释至 50 mL。称取 0.1 mol/L EDTA-Na_2 0.930 6 溶解至 50 mL 蒸馏水中。称取 $FeCl_3 \cdot 6H_2O$ 0.901 g 溶于 10 mL 以上步骤已经配制完成的 1 mol/L HCl 中，然后 与 10 mL 已经配制完成的 0.1 mol/L EDTA-Na_2 混合，加入蒸馏水稀释至 1 000 mL。
[b] 取未施过肥的花园土 200 g 置于烧杯或锥形瓶中，加入蒸馏水 1 000 mL，瓶口用透气塞封口，在水浴中沸水加热3 h，冷却，沉淀 24 h，此过程连续进行 3 次，然后过滤，取上清液，于高压灭菌锅中灭菌后于 4℃冰箱中保存备用。</td></tr>
</table>

附　录　B
（资料性附录）
农药对藻类毒性等级划分

按藻类生长抑制半效应浓度 EC_{50}(72 h)值，将农药对藻类毒性等级划分为 3 级，见表 B.1。

表 B.1　农药对藻类的毒性等级划分

毒性等级	EC_{50}(72 h)，mg a.i./L
高毒	$EC_{50} \leqslant 0.3$
中毒	$0.3 < EC_{50} \leqslant 3.0$
低毒	$EC_{50} > 3.0$

参 考 文 献

[1]NY/T 1667.1—2008 农药登记管理术语 第1部分:基本术语.
[2]NY/T 1667.2—2008 农药登记管理术语 第2部分:产品化学.
[3]FAO,1989. Guidelines on environmental criteria for the registration of pesticides. Food and Agriculture Organization of the United Nations.
[4]OECD,2011. Guideline 201: freshwater alga and cyanobacteria,growth inhibition test. OECD guidelines for the testing of chemicals.
[5]US EPA,1985. Part Ⅱ, toxic substances control act test guidelines, final rules, federal register.
[6]蔡道基,1999. 农药环境毒理学研究[M]. 北京:中国环境科学出版社.

本部分负责起草单位:农业部农药检定所、环境保护部南京环境科学研究所。
本部分主要起草人:曲甍甍、杨亚哲、瞿唯钢、周军英、李学锋、查金苗、严海娟。

中华人民共和国国家标准

化学农药环境安全评价试验准则 GB/T 31270.15—2014

第15部分：蚯蚓急性毒性试验

Test guidelines on environmental safety assessment for chemical pesticides—Part 15: Earthworm acute toxicity test

1 范围

本部分规定了蚯蚓急性毒性试验的材料、条件、操作、质量控制、数据处理、试验报告等的基本要求。

本部分适用于为化学农药登记而进行的蚯蚓急性毒性试验，其他类型的农药可参照使用。

本部分不适用于易挥发和难溶解的化学农药。

2 术语和定义

下列术语和定义适用于本文件。

2.1

生殖带 clitellum

蚯蚓身体前端表皮上的一种腺体，为鞍状或环带状，通常可通过颜色与蚯蚓身体其他部分区分开。

2.2

成蚓 adult worm

身体前端呈现出生殖带的蚯蚓。

2.3

半致死浓度 median lethal concentration

在急性毒性试验中，引起50%供试生物死亡时的供试物浓度，用LC_{50}表示。

注：单位为毫克有效成分每千克干土($mg\ a.i./kg_{干土}$)。

2.4

供试物 test substance

试验中需要测试的物质。

2.5

化学农药 chemical pesticide

利用化学物质人工合成的农药。其中有些以天然产品中的活性物质为母体，进行仿制、结构改造，创新而成，为仿生合成农药。

同义词：有机合成农药 synthetic organic pesticide。

[NY/T 1667.1—2008，定义2.3.1]

中华人民共和国国家质量监督检验检疫总局
中国国家标准化管理委员会 2014-10-10 发布 2015-03-11 实施

2.6

原药 technical material

在制造过程中得到的有效成分及杂质组成的最终产品，不能含有可见的外来物质和任何添加物，必要时可加入少量的稳定剂。

[NY/T 1667.2—2008，定义 2.5.1]

2.7

制剂 formulation product

由农药原药（或母药）和助剂制成使用状态稳定的产品。

[NY/T 1667.2—2008，定义 2.4]

2.8

有效成分 active ingredient(a. i.)

农药产品中具有生物活性的特定化学结构成分。

[NY/T 1667.2—2008，定义 3.1]

2.9

参比物质 reference substances

在测试中为证实或否定供试物的某种特性或判断测试系统有效性而使用的化学物质或混合物。

3 试验概述

在适量人工土壤加入农药溶液并充分拌匀，每个处理放入 10 条蚯蚓，在适宜条件下培养 2 周。在第 7 d 和第 14 d 观察记录蚯蚓的中毒症状和死亡数，求出农药对蚯蚓的半致死浓度 LC_{50} 值及 95％置信限。

4 试验方法

4.1 材料和条件

4.1.1 供试生物

推荐选择赤子爱胜蚯蚓（*Eisenia foetida*）成蚓进行试验，体重在 0.30 g～0.60 g。

4.1.2 供试土壤

人工土壤（配方参见附录 A）。

4.1.3 供试物

供试物应使用农药制剂、原药或纯品。难溶于水的可用少量对蚯蚓毒性小的有机溶剂助溶，有机溶剂用量一般不得超过 0.1 mL(g)/L。

4.1.4 主要仪器设备

主要仪器设备如下：

——培养箱；

——标本瓶；

——容量瓶等。

4.1.5 试验条件

试验温度为(20±2)℃，相对湿度为 70％～90％，光照强度 400 lx～800 lx。

4.2 试验操作

4.2.1 预试验

按正式试验的条件，以较大的间距设若干组浓度，求出供试物对蚯蚓全致死的最低浓度和全存活的最高浓度，在此范围内设置正式试验的浓度。

4.2.2 正式试验

在预试验确定的浓度范围内按一定级差设置5个～7个浓度组，并设一个空白对照组，使用助溶剂的还须增设溶剂对照组，并设一组不加农药的空白对照，每个浓度组均设3个重复。在标本瓶中放500 g土(标本瓶中土壤厚度不低于8 cm)，加入农药溶液后充分拌匀(如用有机溶剂助溶时，需将有机溶剂挥发净)，加适量蒸馏水调节土壤含水量，占土壤干重的30%～35%。每个处理放入蚯蚓10条，用纱布扎好瓶口，将标本瓶置于(20±2)℃、湿度70%～90%、光照强度400 lx～800 lx的培养箱中。试验历时2周，于第7 d和第14 d倒出瓶内土壤，观察记录蚯蚓的中毒症状和死亡数(用针轻触蚯蚓尾部，蚯蚓无反应则为死亡)，及时清除死蚯蚓。根据蚯蚓7 d和14 d的死亡率，求出农药对蚯蚓的毒性LC_{50}值及95%置信限。

4.2.3 限度试验

设置上限浓度100 mg a. i. /$kg_{干土}$，若未见蚯蚓死亡，则无需继续进行试验。

4.2.4 参比物质试验

为检验实验室的设备、条件、方法、供试生物、供试土壤的质量是否合乎要求，应设置参比物质作方法学上的可靠性检验。参比物质为分析纯氯乙酰胺。

4.3 数据处理

4.3.1 统计分析方法的选择

可采用寇氏法、直线内插法或概率单位图解法计算得到每一观察时间(7 d、14 d)的LC_{50}和95%置信限，也可应用有关毒性数据计算软件进行分析和计算。

4.3.2 寇氏法

用寇氏法可求出蚯蚓在7 d和14 d的LC_{50}值及95%置信限。

LC_{50}的计算见式(1)。

$$\log LD_{50} = X_m - i(\sum P - 0.5) \qquad (1)$$

式中：

X_m ——最高浓度的对数；

i ——相邻浓度比值的对数；

$\sum P$——各组死亡率的总和(以小数表示)。

95%置信限的计算见式(2)。

$$95\%\ 置信限 = \log LD_{50} \pm 1.96 S\log LD_{50} \qquad (2)$$

式中：

S——标准误。

标准误的计算见式(3)。

$$S\log LD_{50} = i\sqrt{\sum \frac{pq}{n}} \qquad (3)$$

式中：

p ——1个组的死亡率，单位为百分率(%)；

q ——存活率($1-p$)，单位为百分率(%)；

n ——各浓度组蚯蚓的数量。

4.3.3 直线内插法

采用线性刻度坐标，绘制死亡百分率对试验物质浓度的曲线，求出50%死亡时的LC_{50}值。

4.3.4 概率单位图解法

用半对数值，以浓度对数为横坐标、死亡百分率对应的概率单位为纵坐标绘图。将各实测值在图上用目测法画一条相关直线，从直线中读出致死50%的浓度对数，估算出LC_{50}值。

4.4 质量控制

质量控制的条件包括：

——空白对照组死亡率不超过10%；

——参比物质试验中氯乙酰胺对蚯蚓14 d LC_{50}应在20 mg a. i. /$kg_{干土}$～80 mg a. i. /$kg_{干土}$。

5 试验报告

试验报告至少应包括下列内容：

——供试物的信息，包括供试农药的通用名、化学名称、结构式、CAS号、纯度、基本理化性质、来源等；

——供试生物的名称、来源、大小及健康情况；

——试验条件，包括试验温度、光照等；

——供试土壤中的供试物浓度及试验开始后7 d及14 d的LC_{50}值和95%置信限，并给出所采用的计算方法；

——对照组蚯蚓的死亡率、行为反应异常的比例；

——注明人工土壤配方与配制方法；

——对蚯蚓的毒性等级划分参见附录B。

附　录　A
（资料性附录）
人工土壤成分及配比

人工土壤成分及配比见表 A.1。

表 A.1　人工土壤组成成分及配比

成分	含量，%	说明
泥炭藓	10	pH 5.5～6.0
高岭土	20	高岭石含量大于 30%
工业沙	68	50 μm～200 μm 颗粒含量大于 50%
碳酸钙	2	调节人工土壤 pH 至 6.0±0.5

附　录　B
（资料性附录）
农药对蚯蚓毒性等级划分

按农药对蚯蚓半致死浓度 LC_{50}，将农药对蚯蚓的急性毒性分为 4 级，见表 B.1。

表 B.1　农药对蚯蚓的毒性等级划分

毒性等级	LC_{50}(14 d)，mg a. i. /$kg_{干土}$
剧毒	$LC_{50} \leqslant 0.1$
高毒	$0.1 < LC_{50} \leqslant 1.0$
中毒	$1.0 < LC_{50} \leqslant 10$
低毒	$LC_{50} > 10$

参 考 文 献

[1]NY/T 1667.1 2008 农药登记管理术语 第1部分:基本术语.

[2]NY/T 1667.2—2008 农药登记管理术语 第2部分:产品化学.

[3]FAO,1989. Guidelines on environmental criteria for the registration of pesticides. Food and Agriculture Organization of the United Nations.

[4]OECD,1984. Guideline 207: earthworm, acute oral toxicity test, OECD guidelines for the testing of chemicals.

[5]USEPA,1985. Part II, toxic substances control act test guidelines, final rules, federal register.

[6]US EPA,2012. Earthworm subchronic toxicity test (OCSPP 850.3100). Ecological effects test guidelines. EPA 712-C-024, Washington DC, United States of America.

[7]ISO,1993. Soil quality-effects of pollutants on earthworms (*Eisenia foetida*)-Part 1: Determination of accte toxicity using artificial soil substrate(ISO-11268-1-1993).

[8]蔡道基,1999. 农药环境毒理学研究[M]. 北京:中国环境科学出版社.

本部分负责起草单位:农业部农药检定所、环境保护部南京环境科学研究所。

本部分主要起草人:卜元卿、徐晖、金怡、程燕、杨海荣、魏方林、慕卫。

中华人民共和国国家标准

化学农药环境安全评价试验准则 第16部分：土壤微生物毒性试验

GB/T 31270.16—2014

Test guidelines on environmental safety assessment for chemical pesticides—Part 16: Soil microorganism toxicity test

1 范围

本部分规定了 CO_2 吸收法和氮转化法测定化学农药对土壤微生物毒性的材料、条件、操作、质量控制、数据处理、试验报告等的基本要求。

本部分适用于为化学农药登记而进行的土壤微生物毒性试验，其他类型的农药可参照使用。

本部分不适用于易挥发和难溶解的化学农药。

2 术语和定义

下列术语和定义适用于本文件。

2.1

化学农药 chemical pesticide

利用化学物质人工合成的农药。其中有些以天然产品中的活性物质为母体，进行仿制、结构改造，创新而成，为仿生合成农药。

同义词：有机合成农药 synthetic organic pesticide。

[NY/T 1667.1—2008，定义2.2.1]

2.2

原药 technical material

在制造过程中得到的有效成分及杂质组成的最终产品，不能含有可见的外来物质和任何添加物，必要时可加入少量的稳定剂。

[NY/T 1667.2—2008，定义2.5.1]

2.3

制剂 formulation product

由农药原药(或母药)和助剂组成、使用状态稳定的产品。

[NY/T 1667.2—2008，定义2.4]

2.4

有效成分 active ingredient (a. i.)

农药产品中具有生物活性的特定化学结构成分。

[NY/T 1667.2—2008，定义2.1]

中华人民共和国国家质量监督检验检疫总局
中国国家标准化管理委员会 2014-10-10发布 2015-03-11实施

2.5

供试物　test substance

试验中需要测试的物质。

2.6

影响率　effect ratio

供试物对土壤微生物呼吸强度的影响程度，包括抑制率和促进率，供试物处理土壤呼吸强度低于对照土壤时，表现为抑制；供试物处理土壤呼吸强度高于对照土壤时，表现为促进。

2.7

氮转化　nitrogen transformation

微生物通过氨化和硝化作用，将含氮有机物最终降解为无机终产物硝酸盐的过程。

3　试验概述

3.1　方法概述

土壤微生物毒性试验包括 CO_2 吸收法和氮转化法，根据农药登记管理法规及其他规定选择相关方法进行试验。

3.2　CO_2 吸收法

在标本瓶内放置 2 只小烧杯，其中一只盛放土壤，另一只盛放碱液（如 NaOH 溶液）用于吸收土壤微生物呼吸所释放的 CO_2。以模拟农药常用量、10 倍常用量、100 倍常用量时土壤表层 10 cm 土壤中的农药含量设 3 种不同处理浓度，将标本瓶密闭并置于(25±1)℃、黑暗条件下培养，并保持土壤含水量为最大田间持水量的 40%～60%，于试验开始后的第 1 d，第 2 d、第 4 d、第 7 d、第 11 d、第 15 d 更换出密闭瓶中的碱液，测定吸收的 CO_2 量。评价供试物对土壤微生物活性的影响。

3.3　氮转化法

过筛的土壤与适量有机底物混合后用供试物处理，同时设置一组不加供试物的对照。试验至少需设置 2 个测试浓度，可参考供试物田间最大施用量设置。将土壤置于黑暗、(20±2)℃的条件下培养，并保持土壤含水量为最大田间持水量的 40%～60%，在培养 0 d、7 d、14 d 和 28 d 后，从处理组和对照组中取出一定量的土壤样品，用合适的溶剂浸提并测定提取液中硝酸盐的含量。比较处理组与对照组的硝酸盐形成率，计算处理组相对于对照组的百分比差异。试验至少持续 28 d，如果第 28 d 处理组与对照组的差异不小于 25%，则试验需延长，最长至 100 d。

4　试验方法

4.1　材料和条件

4.1.1　供试物

农药制剂、原药或纯品。

4.1.2　试验土壤

4.1.2.1　CO_2 吸收法

选用 3 种具有代表性的、理化性质各异的土壤，试验前先去除土壤中的粗大物块（如石块、植物残体等），然后过 0.85 mm 筛。

4.1.2.2　氮转化法

试验只需一种土壤，对土壤的要求参见附录 A，土壤在用于试验前要先进行处理，先去除土壤中的粗大物块（如石块、植物残体等），然后过筛，使土壤颗粒不大于 2 mm。

两种方法采用的土壤最好都为新鲜土壤，如果需要在实验室储存，则应置于(4±2)℃黑暗处保存，最长保存 3 个月（土壤的采集、储存方法参见附录 B）。经过储存的土壤，在试验前需进行预培养 2 d～

28 d。预培养期间土壤的培养条件应与试验条件一致。此外，氮转化法所用的土壤在试验前还需补充适当的有机底物，例如，苜蓿-青草-青贮谷粉（主要组成部分：紫花苜蓿 *Medicago sativa*），C/N 比在 12/1～16/1 之间。建议苜蓿粉与土壤的比率为每千克土壤（干重）用苜蓿粉 5 g。

4.1.3 主要仪器设备

主要仪器设备如下：

——搅拌器；

——培养箱；

——振荡器；

——离心机；

——滴定仪；

——硝酸盐测定仪；

——标本瓶及其他玻璃器皿等。

4.1.4 试验条件

4.1.4.1 CO_2 吸收法

土壤样品的培养条件为（25±1）℃，黑暗。试验过程中，保持土壤样品含水量在田间最大持水量的 40%～60%，变化范围为±5%。如有需要，可添加蒸馏水和去离子水进行调节。

4.1.4.2 氮转化法

土壤样品的培养条件为（20±2）℃，黑暗。试验过程中，保持土壤样品含水量在田间最大持水量的 40%～60%，变化范围为±5%。如有需要，可添加蒸馏水和去离子水进行调节。

4.2 试验操作

4.2.1 CO_2 吸收法

4.2.1.1 处理与对照的设置

每种土壤设 3 种不同浓度处理，以模拟农药常用量（推荐的最大用量）、10 倍量、100 倍量时土壤表层 10 cm 土壤中的农药含量（计算时假设土壤容重为 1.5 g · cm^3），同时设置一组空白对照，每组至少设置 3 个重复。

4.2.1.2 受试物质的制备

水溶性供试物一般用水溶解制备，避免使用水以外的其他液体，如丙酮、氯仿等有机溶剂，以防止破坏微生物菌群。对于难溶物质，可先用合适的溶剂溶解或悬浮，然后包埋石英砂（粒径：0.1 mm～0.5 mm）等惰性固体，最后等溶剂完全挥发后再将石英砂与土壤混合。为使供试物在土壤中达到一个最佳的分布状态，建议每千克干重土壤中加入砂的比例为 10 g/kg。对照组的土壤样品用等量的水或砂进行处理。混合时，应确保处理组中的供试物在土壤样品中均匀分布，同时要避免土壤压紧或结块。

4.2.1.3 土壤样品的培养

将混合后的土壤装于小烧杯中，与另一个装有标准碱液的小烧杯一起置于密闭瓶中，于（25±1）℃、黑暗条件下培养。试验过程中，保持土壤样品含水量在田间最大持水量的 40%～60%，变化范围为±5%。如有需要，可添加蒸馏水和去离子水进行调节。

4.2.1.4 样品的采集与分析

试验开始后的第 1 d、第 2 d、第 4 d、第 7 d、第 11 d、第 15 d 时更换出密闭瓶中的碱液，用滴定法间接测定吸收的 CO_2 量。

4.2.2 氮转化法

4.2.2.1 处理与对照的设置

试验至少需设置 2 个测试浓度，低浓度应至少能反映实际条件下能到达土壤的最大量（计算时假定供试物与 5 cm 的土壤均匀混合，且土壤容重为 1.5 g · cm^3），而高浓度应是低浓度的倍数。对于直接施用至土壤的农药,应将试验浓度设置为最大预测环境浓度以及 5 倍的该浓度。对于在 1 个季节中多次施入土壤的农药,其较低试验浓度应为最大施用次数与最大预测环境浓度的乘积。但是,试验浓度的上限不应超过最大单次施用量的 10 倍。试验同时还需设置一组空白对照,每组至少设置 3 个重复。

4.2.2.2 受试物质的制备

水溶性供试物一般用水溶解制备,避免使用水以外的其他液体,如丙酮、三氯甲烷等有机溶剂,以防止破坏微生物菌群。对于难溶物质,可先用合适的溶剂溶解或悬浮,然后包埋石英砂(粒径:0.1 mm~0.5 mm)等惰性固体,最后等溶剂完全挥发后再将石英砂与土壤混合。为使供试物在土壤中达到一个最佳的分布状态,建议每千克干重土壤中加入砂的比例为 10 g/kg。对照组的土壤样品用等量的水或砂进行处理。混合时,应确保处理组中的供试物在土壤样品中均匀分布,同时要避免土壤压紧或结块。

4.2.2.3 土壤样品的培养

可以采用 2 种方式培养土壤样品:

——每一个处理组及对照组的土壤各作为一个整体样品;

——将每一个处理组及对照组的土壤分装成一系列单独且等份的子样品。

当土壤以整体形式进行培养时,每个处理组及对照组均需准备大量的土壤样品,试验过程中根据需要取样分析。每个处理组和对照组最初制备的土壤量取决于取样量、样品分析的重复次数及最大取样次数。整体培养的土壤在再次取样前应充分混合。当土壤以系列分装独立的子样品形式进行培养时,每个处理组和对照组的土壤根据需要来分装和使用。所有测试中使用的容器应具有足够的上部空间,以避免产生厌氧状态。

将样品置于(20±2)℃、黑暗条件下培养。试验过程中,保持土壤样品含水量在田间最大持水量的 40%~60%,变化范围为±5%。如有需要,可添加蒸馏水和去离子水进行调节。

4.2.2.4 样品的采集与分析

试验至少持续 28 d,如果第 28 d 时处理组与对照组的差异不小于 25%,则试验需延长,直至该差异等于或小于 25%,但最长不超过 100 d。在试验 0 d、7 d、14 d 和 28 d 取样分析。如需延长试验,则应在 28 d 后每隔 14 d 测定一次。每次取样时,均需测定每个处理组和对照组样品的硝酸盐含量。用合适的提取剂(如 0.1 mol/L 的氯化钾溶液)与土壤样品混合振荡,提取硝酸盐,建议每千克干重土壤中加入氯化钾溶液的比例是 5 mL/g。为优化提取效果,容器中所装的土壤和提取剂不应超过容器体积的一半。混合物在 15.7 r/s 的转速下振荡 60 min。将混合物离心或过滤后取液相分析其硝酸盐含量。

4.3 数据处理

4.3.1 CO_2 吸收法

记录每个平行滴定时消耗的酸的体积,求出所有平行的平均值,用统计学方法计算土壤样品释放出的 CO_2 量以及处理组相对于对照的影响率。

4.3.2 氮转化法

记录每个平行土壤样品形成的硝酸盐量,求出所有平行的平均值,用统计学方法计算氮转化率。形成的硝酸盐量以每天每千克干重土壤产生硝酸盐的毫克数表示,单位为 mg/(kg·d)。比较每个处理组和对照组中土壤样品的硝酸盐形成速率,并计算出处理组偏离对照组的百分率。

4.4 质量控制

质量控制条件包括:

——各处理土壤中,供试物的加入量、供试物在土壤中的均匀度要保持一致(2 种方法均适用);

——培养期间,各标本瓶要保持密闭(适用于 CO_2 吸收法);

——滴定操作时,对滴定终点的判断要准确一致(适用于 CO_2 吸收法);

——对照组重复之间的差异应小于±15%(适用于氮转化法)。

5 试验报告

试验报告应包括以下内容：

a) 完整的试验土壤信息(2 种方法均适用)

完整的试验土壤信息包括：

1) 取样点的地理位置和背景信息；
2) 取样深度(cm)；
3) 土壤理化性质(颗粒组成、pH、有机碳含量、氮含量、初始硝酸盐浓度、阳离子交换量、微生物生物量等)；
4) 土壤采集和保存情况；
5) 土壤预培养的细节。

b) 供试物信息(2 种方法均适用)

包括供试农药的通用名、化学名称、结构式、CAS 号、纯度、基本理化性质、来源等。

c) 底物(适用于氮转化法)

底物信息包括：

1) 来源；
2) 组成；
3) 碳、氮含量。

d) 试验条件

试验条件包括：

1) 试验设置浓度及组数；
2) 向土壤中施入供试物的详细步骤；
3) 培养温度；
4) 稀释水；
5) 试验期间各处理土壤中加水的频率和方法；
6) 试验开始时和试验过程中的土壤湿度；
7) 土壤的培养方式；
8) 取样次数；
9) 土壤 CO_2 释放量测定方法(适用于 CO_2 吸收法)；
10) 从土壤中浸提硝酸盐的方法(适用于氮转化法)；
11) 用于分析测定硝酸盐含量的方法和仪器(适用于氮转化法)。

e) 结果

结果包括：

1) 数据分析方法、土壤 CO_2 释放量随时间变化的曲线图、农药对对土壤微生物呼吸强度的影响率(适用于 CO_2 吸收法)；
2) 各组各平行的硝酸盐含量，处理组和对照组之间的差异(适用于氮转化法)；
3) 有助于解释结果的全部信息和观察资料；
4) 对土壤微生物的毒性等级划分参见附录 C。

附 录 A
(资料性附录)
氮转化法对土壤的要求

氮转化法对土壤的要求见表A.1。

表A.1 氮转化法试验土壤应具备的特征

要素	特征值
沙粒含量	50%～75%
pH	5.5～7.5
有机碳含量	0.5%～1.5%
微生物生物量	碳含量≥土壤总有机碳含量的1%

附 录 B
（资料性附录）
试验土壤的采集与储存

B.1 土壤的采集

选择的土壤采集点应能长期使用，需了解土壤采集点的详细背景信息，包括地点，植被覆盖情况，农药、肥料等的施用情况。要求采样地点在采样前至少一年内未施用过农药，至少 6 个月内未施用过有机肥。如果在必需的情况下施用了无机肥，则应在施肥至少 3 个月后才能采集土壤。

应避免在长时间干旱或水涝期间（超过 30 d）采样，或在此期后立即采样。在耕地，采样的深度为 0 cm～20 cm；在长期没有耕作（至少一个生长季节）的草场牧地或其他类型的土壤中采样时，最大深度可略超过 20 cm。

运输土壤样品时应使用合适的容器，并保持适宜的温度以确保土壤的性质不会发生显著的改变。

B.2 土壤的储存

土壤风干后应置于（4±2）℃黑暗处保存，最长可保存 3 个月。土壤在储存期间应保持有氧条件。如果采样地区每年至少有 3 个月冰冻期，则采集的土壤可在－22℃～－18℃条件下储存 6 个月。用于氮转化试验的土壤，在每次试验前应测定土壤微生物的生物量，其碳含量应至少占土壤有机碳含量的 1％。

附 录 C
(资料性附录)
农药对土壤微生物毒性的毒性等级划分

C.1 CO_2 吸收法

CO_2 吸收法中,农药对土壤微生物的毒性分成 3 个等级:土壤中农药加量为常量,在 15 d 内对土壤微生物呼吸强度抑制达 50%作为高毒;土壤中农药加量为常量 10 倍,能达到上述抑制水平的划分为中毒;土壤中农药加量为常量 100 倍,能达到上述抑制水平的划分为低毒;若 3 种处理均达不到上述抑制水平,则同样划分为低毒。

C.2 氮转化法

在试验 28 d 后的任何时间所取样品,若测定其低浓度处理组和对照组的硝酸盐形成速率的差异不大于 25%,则可认为该农药对土壤中的氮转化没有长期影响。

参 考 文 献

[1]NY/T 1667.1—2008 农药登记管理术语 第1部分:基本术语.
[2]NY/T 1667.2—2008 农药登记管理术语 第2部分:产品化学.
[3]OECD,2000. Guideline 216: soil microorganisms: nitrogen transformation test, OECD guidelines for the testing of chemicals.
[4]蔡道基,1999. 农药环境毒理学研究[M]. 北京:中国环境科学出版社.

本部分负责起草单位:农业部农药检定所、环境保护部南京环境科学研究所。
本部分主要起草人:程燕、范继巧、王娜、韩志华、赵玉艳、王彦华、李少男、蔡道基。

中华人民共和国国家标准

化学农药环境安全评价试验准则 GB/T 31270.17—2014

第17部分：天敌赤眼蜂急性毒性试验

Test guidelines on environmental safety assessment for chemical pesticides—
Part 17: *Trichogramma acute* toxicity test

1 范围

本部分规定了化学农药对赤眼蜂成蜂急性毒性试验的材料、条件、操作、质量控制、数据处理、试验报告等的基本要求。

本部分适用于为化学农药登记而进行的赤眼蜂成蜂急性毒性试验，其他类型的农药可参照使用。

本部分不适用于易挥发和难溶解的化学农药。

2 术语和定义

下列术语和定义适用于本文件。

2.1

半致死用量 median lethal rate

在急性毒性试验中，引起50%供试生物死亡时的供试物使用量，用LR_{50}表示。

注：mg a. i. / cm^2，即单位面积上所附着的供试物有效成分的量。

2.2

安全系数 safety factor

赤眼蜂的半致死用量LR_{50}与供试农药的田间推荐施用浓度的比值，可用式(1)表示。

$$安全系数=\frac{药物对灵眼蜂的\ LR_{50}(mg\ a.i./cm^2)}{该药物的田间推荐施用浓度(mg\ a.i./cm^2)} \quad \cdots\cdots (1)$$

2.3

供试物 test substance

试验中需要测试的物质。

2.4

化学农药 chemical pesticide

利用化学物质人工合成的农药。其中有些以天然产品中的活性物质为母体，进行仿制、结构改造，创新而成，为仿生合成农药。

同义词：有机合成农药 synthetic organic pesticide。

[NY/T 1667.1—2008，定义2.3.1]

中华人民共和国国家质量监督检验检疫总局
中国国家标准化管理委员会 2014-10-10发布 2015-03-11实施

2.5

原药　technical material

在制造过程中得到的有效成分及杂质组成的最终产品，不能含有可见的外来物质和任何添加物，必要时可加入少量的稳定剂。

[NY/T 1667.2—2008，定义 2.5.1]

2.6

制剂　formulation product

由农药原药（或母药）和助剂制成使用状态稳定的产品。

[NY/T 1667.2—2008，定义 2.4]

2.7

有效成分　active ingredient(a. i.)

农药产品中具有生物活性的特定化学结构成分。

[NY/T 1667.2—2008，定义 3.1]

3　试验概述

将供试物用丙酮等溶剂配制成系列不同浓度的稀释液，定量加入指形管中滚吸成药膜管，然后将试验用赤眼蜂放入其中爬行 1 h 后转入无药指形管，24 h 后调查管中的死亡和存活蜂数。求出农药对赤眼蜂的 LR_{50} 值和 95% 置信限。

4　试验方法

4.1　材料和条件

4.1.1　供试生物

选择松毛虫赤眼蜂（*Trichogramma dendrolimi*）、玉米螟赤眼蜂（*Trichogramma ostriniae*）、稻螟赤眼蜂（*Trichogramma japonicum*）、广赤眼蜂（*Trichogramma evanescens*）、拟澳洲赤眼蜂（*Trichogramma confusum*）或舟蛾赤眼蜂（*Trichogramma closterae*）等的其中一种进行试验。

4.1.2　供试寄主生物

柞蚕（*Antheraea pernyi*）卵或米蛾（*Corcyra cephalonica*）卵。

4.1.3　供试物

农药制剂、原药或纯品。制剂用蒸馏水溶解，原药或纯品用丙酮等溶剂溶解。

4.1.4　主要仪器设备

主要仪器设备如下：

——指形管；

——人工气候箱；

——移液器；

——容量瓶等。

4.1.5　试验条件

试验应在温度(25±2)℃，相对湿度 70%～80%，避光条件下进行。

4.2　试验操作

4.2.1　试验用成蜂的预培养

将被寄生的寄主卵置于温度(25±2)℃，相对湿度 50%～80%，避光条件下培养，羽化出的成蜂用于急性毒性试验。试验成蜂应来源于同一时间同一批次的寄生卵。大量出蜂一般在开始羽化后的 24 h 左右，试验应使用开始羽化后 48 h 内羽化的成蜂。

4.2.2 预试验

按正式试验的条件,以较大的间距设置4个～5个浓度组,求出试验用赤眼蜂最高全存活剂量与最低全致死剂量,以确定正式试验的用药剂量范围。

4.2.3 正式试验

根据预试验结果正式试验按等比关系设置至少5个梯度浓度(几何级差应控制在2.2倍以内),并设空白对照组,用溶剂溶解的还需设溶剂对照组,对照组和每个处理组均设3个重复,每个重复(100±10)头赤眼蜂。在指形管中加入定量的供试药液,将药液在指形管中充分滚吸直至晾干制成药膜管,然后将供试赤眼蜂放入药膜管中爬行1 h后转入无药指形管中,饲喂10%蜂蜜水,并封紧管口。对照组的成蜂数量与处理组相同,对照组与处理组应同时进行。在转入无药指形管中24 h后检查并记录管中死亡和存活蜂数。

4.2.4 限度试验

设置上限剂量为供试物田间施用量的10倍。若试验用赤眼蜂在供试物达到上限用量时未出现死亡,则无需继续试验;若供试物溶解度小于田间施用量的10倍时,则采用其最大溶解度作为上限浓度。

4.3 数据处理

4.3.1 统计分析方法的选择

LR_{50}的计算可采用直线内插法、概率单位图解法或机率值法估算,也可应用有关毒性数据计算软件进行分析和计算。

4.3.2 寇氏法

用寇氏法可求出赤眼蜂在24 h的LR_{50}值及95%置信限。LR_{50}的计算见式(2)。

$$\log LR_{50} = X_m - i(\sum P - 0.5) \quad \cdots\cdots (2)$$

式中:

X_m ——最高浓度的对数;

i ——相邻浓度比值的对数;

$\sum P$ ——各组死亡率的总和(以小数表示)。

95%置信限的计算见式(3)。

$$95\% \text{ 置信限} = \log LR_{50} \pm 1.96 S\log LR_{50} \quad \cdots\cdots (3)$$

式中:

S ——标准误。

标准误的计算见式(4)。

$$S\log LR_{50} = i\sqrt{\sum \frac{pq}{n}} \quad \cdots\cdots (4)$$

式中:

p ——1个组的死亡率,单位为百分率(%);

q ——存活率$(1-p)$,单位为百分率(%);

n ——各浓度组赤眼蜂的数量。

4.3.3 直线内插法

采用线性刻度坐标,绘制死亡百分率对试验物质浓度的曲线,求出50%死亡时的LR_{50}值。

4.3.4 概率单位图解法

用半对数值,以浓度对数为横坐标、死亡百分率对应的概率单位为纵坐标绘图。将各实测值在图上用目测法画一条相关直线,从直线中读出致死50%的浓度对数,估算出LR_{50}值。

4.4 质量控制

试验结束时,对照组死亡率不超过10%。

5 试验报告

试验报告至少应包括下列内容：

——供试物的信息，包括供试农药的通用名、化学名称、结构式、CAS 号、纯度、基本理化性质、来源等；

——供试生物的名称、来源、培养方法；

——试验条件，包括试验温度、湿度、光照等；

——试验药液的浓度，LR_{50}(24 h)值和 95%置信限，并给出所采用的计算方法；

——对照组赤眼蜂是否出现死亡及异常反应；

——试验质量控制条件描述；

——农药对赤眼蜂的毒性登记划分参见附录 A。

附 录 A
(资料性附录)
农药对赤眼蜂风险等级划分

按安全系数评价农药对赤眼蜂的安全性,将农药对赤眼蜂的风险分为4级,见表A.1。

表 A.1 农药对赤眼蜂的风险性等级划分

风险性等级	安全系数
极高风险性	安全系数≤0.05
高风险性	0.05<安全系数≤0.5
中等风险性	0.5<安全系数≤5
低风险性	安全系数>5

参 考 文 献

[1]NY/T 1667.1—2008 农药登记管理术语 第1部分:基本术语.
[2]NY/T 1667.2—2008 农药登记管理术语 第2部分:产品化学.
[3]US EPA,2012. Honey bee acute contact toxicity test (OCSPP 850.3020). Ecological effects test guidelines.
[4]OECD,1998. Guideline 214: Honeybees, acute contact toxicity test,OECD guidelines for the testing of chemicals.
[5]蔡道基,1999. 农药环境毒理学研究[M]. 北京:中国环境科学出版社.

本部分负责起草单位:农业部农药检定所、环境保护部南京环境科学研究所。
本部分主要起草人:林荣华、陈红英、王红、韩志华、张燕宁、余向阳、薛明、吴若涵。

中华人民共和国国家标准

化学农药环境安全评价试验准则 第18部分:天敌两栖类急性毒性试验

GB/T 31270.18—2014

Test guidelines on environmental safety assessment for chemical pesticides—Part 18: Amphibian acute toxicity test

1 范围

本部分规定了天敌两栖类急性毒性试验的材料、条件、操作、质量控制、数据处理、试验报告等的基本要求。

本部分适用于为化学农药登记而进行的天敌两栖类急性毒性试验,其他类型的农药可参照使用。

本部分不适用于易挥发和难溶解的化学农药。

2 术语和定义

下列术语和定义适用于本文件。

2.1

半致死浓度 median lethal concentration

在急性毒性试验中,引起50%的供试生物死亡时的供试物浓度,用LC_{50}表示。

注:单位为毫克有效成分每升(mg a. i./L)。

2.2

供试物 test substance

试验中需要测试的物质。

2.3

化学农药 chemical pesticide

利用化学物质人工合成的农药。其中有些以天然产品中的活性物质为母体,进行仿制、结构改造,创新而成,为仿生合成农药。

同义词:有机合成农药 synthetic organic pesticide。

[NY/T 1667.1—2008,定义2.3.1]

2.4

原药 technical material

在制造过程中得到的有效成分及杂质组成的最终产品,不能含有可见的外来物质和任何添加物,必要时可加入少量的稳定剂。

[NY/T 1667.2—2008,定义2.5.1]

中华人民共和国国家质量监督检验检疫总局
中国国家标准化管理委员会 2014-10-10发布 2015-03-11实施

2.5

制剂　formulation product

由农药原药(或母药)和助剂制成使用状态稳定的产品。

[NY/T 1667.2—2008,定义 2.4]

2.6

半静态试验法　semi - static test

试验期间每隔一定时间(如 24 h)更换一次药液,以保持试验药液的浓度不低于初始浓度的 80%。

2.7

静态试验法　static test

试验期间不更换试验药液。

2.8

流水式试验法　flow - through test

试验期间药液连续更新。

3　试验概述

天敌两栖类急性毒性测定方法有静态法、半静态法与流水式试验法 3 种。应根据供试物的性质采用适宜的方法。分别配制不同浓度的供试物药液,于 96 h 的试验期间每天观察并记录蝌蚪的中毒症状和死亡数,并求出 24 h、48 h、72 h 和 96 h 的 LC_{50} 值及 95%置信限。

4　试验方法

4.1　材料和条件

4.1.1　供试生物

推荐使用泽蛙(*Rana Limnocharis*)或非洲爪蟾(*Xenopus laevis*)蝌蚪。具体龄期和适宜水温见附录 A。如果选用其他两栖类作为试验材料,应该采用能够满足其生理要求的相应驯养和试验条件,并加以说明。

试验用蝌蚪应选用健康无病,龄期一致。试验前在室内预养 3 d,试验前 1 d 停止喂食,试验中亦不喂食。

4.1.2　供试物

农药制剂、原药或纯品。对难溶于水的农药,可用少量对蝌蚪低毒的有机溶剂助溶,用量不得超过 0.1 mL(g)/L。

4.1.3　主要仪器设备

主要仪器设备如下:

——溶解氧测定仪;

——温度计;

——酸度计;

——玻璃缸;

——量筒等。

4.1.4　试验用水

试验用水为经活性炭处理、存放并曝气处理 24 h 以上的自来水或能注明配方的稀释水。水质硬度在 10 mg/L～250 mg/L(以 $CaCO_3$ 计),pH 在 6.0～8.5,溶解氧含量不应低于空气饱和值(ASV)的 60%。

4.1.5　承载量

静态和半静态试验系统最大承载量为1.0 g(受试生物)/L,流水式试验系统承载量可高一些。

4.1.6 试验条件

光暗比16 h∶8 h,或者自然光照。

4.2 试验操作

4.2.1 方法的选择

应根据供试物的特性选择静态试验法、半静态试验法或流水式试验法。如使用静态或半静态试验法,应确保试验期间试验药液中供试物浓度不低于初始浓度的80%。如果在试验期间试验药液中供试物浓度发生超过20%的偏离,则应检测试验药液中供试物的实际浓度并以此计算结果,或使用流动试验法进行试验,以稳定试验药液中供试物浓度。

4.2.2 预试验

按正式试验的条件,以较大的间距设置4个~5个浓度组。通过预试验求出蝌蚪最高全存活浓度和最低全致死浓度。

4.2.3 正式试验

在预试验确定的浓度范围内以一定几何级差(不超过2.2)设置5个~7个浓度组,并设一个空白对照组,使用有机溶剂助溶的增设溶剂对照组,每个浓度设3个重复。每缸放入10只蝌蚪,试验开始后6 h内随时观察并记录试验用蝌蚪的中毒症状及死亡率,其后于24 h、48 h、72 h和96 h观察并记录蝌蚪的中毒症状及死亡率,及时清除死蝌蚪。每天测定并记录试液温度、pH及溶解氧。

4.2.4 限度试验

设置上限浓度100 mg a. i. /L,即供试物达100 mg a. i. /L时供试生物死亡率未超过空白对照组,则无需继续进行试验。若供试物溶解度小于100 mg a. i. /L,则采用其溶解度上限作为试验浓度。

4.3 数据处理

4.3.1 统计分析方法的选择

可采用寇氏法、直线内插法或概率单位图解法计算每一观察时间(24 h、48 h、72 h和96 h)的天敌两栖类急性毒性的半致死浓度LC_{50},也可采用数据统计软件进行分析和计算。

4.3.2 寇氏法

用寇氏法可求出天敌两栖类在24 h、48 h、72 h、和96 h的LC_{50}值及95%置信限。

LC_{50}的计算见式(1)。

$$\log LC_{50} = X_m - i(\sum P - 0.5) \quad (1)$$

式中:

X_m ——最高浓度的对数;

i ——相邻浓度比值的对数;

$\sum P$ ——各组死亡率的总和(以小数表示)。

95%置信限的计算见式(2)。

$$95\%\ 置信限 = \log LC_{50} \pm 1.96 S\log LC_{50} \quad (2)$$

式中:

S——标准误。

标准误的计算见式(3)。

$$S\log LC_{50} = i\sqrt{\sum \frac{pq}{n}} \quad (3)$$

式中:

p ——1个组的死亡率,单位为百分率(%);

q ——存活率$(1-p)$，单位为百分率(%)；

n ——各浓度组两栖类的数量。

4.3.3 直线内插法

采用线性刻度坐标，绘制试验物质浓度对死亡百分率的曲线，求出50%死亡时的LC_{50}值。

4.3.4 概率单位图解法

用半对数值，以浓度对数为横坐标、死亡百分率对应的概率单位为纵坐标绘图。将各实测值在图上用目测法画一条相关直线，从直线中读出致死50%的浓度对数，估算出LC_{50}值。

4.4 质量控制

质量控制条件：

——驯养期间死亡率不得超过5%；

——试验期间对照组死亡率不超过10%，且无异常行为出现；

——试验期间，试验溶液的溶解氧含量不应低于空气饱和值(ASV)的60%。

5 试验报告

试验报告至少应包括下列内容：

——供试物的信息，包括供试农药的通用名、化学名称、结构式、CAS号、纯度、基本理化性质、来源等；

——供试生物名称、来源、大小及驯养情况；

——试验条件，包括试验温度、光照等，所采用稀释水的温度、溶解氧浓度及pH等；

——试验药液的浓度及24 h、48 h、72 h和96 h的LC_{50}值和95%置信限，并给出所采用的计算方法；

——对照组蝌蚪是否出现死亡及异常反应；

——观察到的毒性效应，如受试蝌蚪的任何不正常的行为、中毒症状等；

——对天敌两栖类的毒性等级划分参见附录B。

附　录　A
（规范性附录）
供试生物龄期及培养水温要求

试验用蝌蚪的龄期和水温条件见表 A.1。

表 A.1　试验用蝌蚪的龄期和适宜水温

蛙种	龄期	适宜水温
泽蛙	6 d～10 d(Gosner25 期)	20℃～25℃
非洲爪蟾	6 d～10 d(NF46～47 期)	21℃～23℃

附 录 B
(资料性附录)
农药对蝌蚪的急性毒性等级划分

按农药对蝌蚪半致死浓度 LC_{50}(96 h),将农药对蝌蚪的急性毒性等级分为 4 级,见表 B.1。

表 B.1 农药对两栖类的毒性等级划分

毒性等级	LC_{50}(96 h),mg a. i. /L
剧毒	LC_{50}≤0.1
高毒	0.1<LC_{50}≤1.0
中毒	1.0<LC_{50}≤10
低毒	LC_{50}>10

参 考 文 献

[1]NY/T 1667.1—2008 农药登记管理术语 第1部分:基本术语.
[2]NY/T 1667.2—2008 农药登记管理术语 第2部分:产品化学.
[3]OECD,2009. Guideline 231: the amphibian metamorphosis assay, OECD guidelines for the testing of chemicals.
[4]US EPA,1996. Tadpole/Sediment subchronic toxicity test (OPPTS 850.1800). Ecological effects test guidelines.
[5]ASTM,2007. Standard guide for conducting acute toxicity tests on test materials with fishes, macr oinvertebrates, and amphibians. American society for testing and materials, ASTM E729-96.
[6]OECD,1992. Guideline 203: fish, acute toxicity test. OECD guidelines for the testing of chemicals.
[7]蔡道基,1999. 农药环境毒理学研究[M]. 北京:中国环境科学出版社.

本部分负责起草单位:农业部农药检定所、环境保护部南京环境科学研究所。
本部分主要起草人:周军英、曲甍甍、单正军、田丰、俞瑞鲜、郝身伟、陈朗。

中华人民共和国国家标准

化学农药环境安全评价试验准则 第19部分：非靶标植物影响试验

GB/T 31270.19—2014

Test guidelines on environmental safety assessment for chemical pesticides—Part 19:Effects on non-target plants

1 范围

本部分规定了化学农药对非靶标植物影响试验的材料、条件、操作、质量控制、数据处理、试验报告等的基本要求。

本部分适用于为化学农药登记而进行的非靶标植物影响试验，其他类型的农药可参照使用。

本部分不适用于易挥发和难溶解的化学农药。

2 术语和定义

下列术语和定义适用于本文件。

2.1

非靶标植物 non-target plants

农药施用区域以外的植物。

2.2

出苗 emergence

种子播种后，植物的胚芽鞘或子叶露出地面。

2.3

株高 length of plant

从根颈部到顶芽的垂直高度。

2.4

生物量 biomass

试验结束后，收获受试植物地上部分，在60℃条件下烘干至恒重后求得的平均干重。

2.5

半效应浓度 median effect concentration

在非靶标植物影响试验中，试验组与对照相比较产生50%不良反应时的供试物浓度，用EC_{50}表示。

注：单位为毫克有效成分每千克干土（mg a.i./$kg_{干土}$）。

2.6

供试物 test substance

试验中需要测试的物质。

中华人民共和国国家质量监督检验检疫总局
中国国家标准化管理委员会　2014-10-10发布　2015-03-11实施

2.7

化学农药　chemical pesticide

利用化学物质人工合成的农药。其中有些以天然产品中的活性物质为母体，进行仿制、结构改造，创新而成，为仿生合成农药。

同义词：有机合成农药　synthetic organic pesticide。

[NY/T 1667.1—2008，定义 2.3.1]

2.8

原药　technical material

在制造过程中得到的有效成分及杂质组成的最终产品，不能含有可见的外来物质和任何添加物，必要时可加入少量的稳定剂。

[NY/T 1667.2—2008，定义 2.5.1]

2.9

制剂　formulation product

由农药原药（或母药）和助剂制成使用状态稳定的产品。

[NY/T 1667.2—2008，定义 2.4]

2.10

有效成分　active ingredient(a. i.)

农药产品中具有生物活性的特定化学结构成分。

[NY/T 1667.2—2008，定义 3.1]

3　试验概述

土壤用定量的供试物处理后播入种子，在对照组出苗率达到 50%后的第 14 d 观察记录出苗率、生物量、株高及其他不良反应如畸形、发育迟缓等。计算最敏感指标的 25%效应浓度（EC_{25}）、半效应浓度（EC_{50}）及其 95%置信限。

4　试验方法

4.1　材料和条件

4.1.1　供试物

试验应至少使用 3 种不同科植物，供试验植物选择原则为：

——当地直接受影响的具有重要经济、生态价值的植物；

——种子容易获得，出芽率均匀，长势一致；

——在试验条件下易于生长；

——满足试验质量要求。

推荐供试植物参见附录 A。

4.1.2　供试物

农药制剂、原药或纯品。难溶于水的可用少量挥发性有机溶剂助溶。

4.1.3　供试土壤

土壤有机质含量不高于 3%，风干后过 2 mm 筛，土壤的采集储存参见附录 B。

4.1.4　主要仪器设备

主要仪器设备如下：

——人工气候室；

——盆钵。

4.1.5 试验条件

温度 23℃～27℃(光照)，20℃～24℃(黑暗)、湿度 55%～85%、光暗比 16∶8、光照强度 15 000 lx～20 000 lx。

4.2 试验操作

4.2.1 预试验

按正式试验的条件,以较大间距设置 4 个～5 个浓度组。预试验的最高浓度根据受试物的田间最大施用量计算,通过预试验得出供试农药对受试植物的最高效应与最低效应浓度。

4.2.2 正式试验

在预试验确定的浓度范围内按几何级差设置 5 个～7 个浓度组,每个处理设 3 个重复,并设一组空白对照,如使用助溶剂需另设一组溶剂对照。选用合适直径的盆钵,装入厚度不低于 10 cm 的土壤,土壤与供试物充分拌匀后,播入 10 粒种子,种子密度根据其大小达到 3 粒/100 cm^2～10 粒/100 cm^2。将盆钵置于人工气候室中,试验过程中土壤保持湿润,从底部吸湿浇水。对照组出苗率达到 50%后的第 14 d 观察记录出苗率、生物量、株高及其他不良反应。计算最敏感指标的 EC_{25}、EC_{50} 和 95%置信限。

4.2.3 限度试验

田间最大施用浓度的 3 倍作为上限浓度,若该浓度小于 1.0 mg a. i./$kg_{干土}$,则上限浓度为 1.0 mg a. i./$kg_{干土}$。上限浓度未对非靶标植物产生影响,可判定供试物对非靶标植物为低毒,无需继续进行试验。

4.3 数据处理

4.3.1 统计分析方法的选择

可采用直线内插法或概率单位图解法计算第 14 d 对受试植物的 EC_{25} 和 EC_{50},也可采用数据统计软件进行分析和计算。

4.3.2 直线内插法

采用线性刻度坐标,绘制试验物质浓度对应的产生不良影响百分率曲线,求出 EC_{25} 和 EC_{50}。

4.3.3 概率单位图解法

用半对数值,以浓度对数为横坐标、产生不良影响百分率对应的概率单位为纵坐标绘图。将各实测值在图上用目测法画一条相关直线,从直线中读出产生不良影响 25%和 50%的浓度对数,估算出 EC_{25} 和 EC_{50} 值。

4.4 质量控制

质量控制条件包括：

——对照组种子出苗率 70%以上,成活率 90%以上；

——幼苗生长正常,无萎黄、坏死、萎蔫等症状。

5 试验报告

试验报告至少应包括下列内容：

——供试物的信息,包括农药的通用名、化学名称、结构式、CAS 号、基本理化性质、纯度、来源、主要使用情况等；

——供试植物的学名,品种或品系、来源；

——供试土壤的 pH、有机质含量、阳离子代换量等；

——主要仪器设备；

——试验条件,包括温度、湿度、光照度；

——观察到的毒性效应,包括各处理浓度及处理的出苗率、生物量及其他不良影响；

——对非靶植物的毒性等级划分参见附录 C。

附 录 A
(资料性附录)
推荐供试植物

推荐以下供试植物,见表 A.1。

表 A.1 推荐供试植物

双子叶植物		单子叶植物	
通用名	拉丁名	通用名	拉丁名
糖用甜菜	*Beta vulgaris*	燕麦	*Avena sativa*
莴苣	*Lactuca sativa*	大麦	*Hordeum vulgare*
芥菜	*Brassica alba*	多年生黑麦草	*Lolium perenne*
大白菜	*Brassica campestris*	水稻	*Oryza sativa*
油菜	*Brassica napus*	黑麦	*Secale cereale*
甘蓝	*Brassica oleracea*	高粱	*Secale viridis*
芜箐	*Brassica rapa*	野生甘蔗	*Sorghum vulgare*
独行菜	*Lepidium sativum*	小麦	*Triticum aestivum*
萝卜	*Raphanus sativus*	玉米	*Zea mays*
黄瓜	*Cucumis sativus*	洋葱	*Allium cepa*
大豆	*Glycine max*		
绿豆	*Phaseolus aureus*		
豌豆	*Pisum sativum*		
胡芦巴	*Trifolium ornithopodioides*		
红三叶草	*Trifolium pratense*		
野豌豆	*Vicia sativa*		
番茄	*Lycopersicon esculentum*		
胡萝卜	*Daucus carota*		

附 录 B
（资料性附录）
试验土壤的采集与储存

B.1 土壤的采集

选择的土壤采集点应能长期使用，需了解土壤采集点的详细背景信息，包括地点，植被覆盖情况，农药、肥料等的施用情况。要求采样地点在采样前至少一年内未施用过农药，至少6个月内未施用过有机肥。如果在必需的情况下施用了无机肥，则应在施肥至少3个月后才能采集土壤。

应避免在长时间干旱或水涝期间（超过30 d）采样，或在此期后立即采样。在耕地，采样的深度为0 cm～20 cm；在长期没有耕作（至少一个生长季节）的草场牧地或其他类型的土壤中采样时，最大深度可略超过20 cm。

运输土壤样品时应使用合适的容器，并保持适宜的温度以确保土壤的性质不会发生显著的改变。

B.2 土壤的储存

土壤风干后应置于（4±2）℃黑暗处保存，最长可保存3个月。土壤在储存期间应保持有氧条件。如果采样地区每年至少有3个月冰冻期，则采集的土壤可在－22℃～－18℃条件下储存6个月。

附　录　C
（资料性附录）
农药对非靶标植物毒性评价标准

按农药对非靶标植物生长抑制半数效应浓度 EC_{50} 值，将农药对非靶标植物毒性划分为 4 级，见表 C.1。

表 C.1　农药对非靶标植物的毒性等级划分

毒性等级	EC_{50}，mg a. i. /$kg_{干土}$
剧毒	$EC_{50} \leqslant 0.01$
高毒	$0.01 < EC_{50} \leqslant 0.1$
中毒	$0.1 < EC_{50} \leqslant 1.0$
低毒	$EC_{50} > 1.0$

参 考 文 献

[1]NY/T 1667.1—2008 农药登记管理术语 第1部分:基本术语.
[2]NY/T 1667.2—2008 农药登记管理术语 第2部分:产品化学.
[3]OECD,2006. Guidelines 208: terrestrial plant test: seedling emergence and seedling growth test, OECD guidelines for the testing of chemicals.
[4]US EPA,2012. Seedling emergence and seedling growth(OCSPP 850.4100), ecological effects test guidelines.
[5]NY/T 1155.6—2006. 农药室内生物测定试验准则 除草剂 第6部分:对作物的安全性试验 土壤喷雾法.
[6]蔡道基,1999. 农药环境毒理学研究[M]. 北京:中国环境科学出版社.

本部分负责起草单位:农业部农药检定所、环境保护部南京环境科学研究所。
本部分主要起草人:单正军、李义方、卜元卿、续卫利、韩先国、张兰、李岗。

中华人民共和国国家标准

化学农药环境安全评价试验准则 第20部分：家畜短期饲喂毒性试验

GB/T 31270.20—2014

Test guidelines on environmental safety assessment for chemical pesticides—Part 20: Livestock short-term dietary toxicity test

1 范围

本部分规定了化学农药对家畜短期饲喂毒性试验的材料、条件、操作、质量控制、数据处理、试验报告等的基本要求。

本部分适用于为满足化学农药登记管理要求而进行的家畜短期饲喂毒性试验，其他类型的农药可参照使用。

本部分不适用于易挥发的化学农药。

2 术语和定义

2.1

半致死浓度 median lethal concentration

在家畜短期饲喂毒性试验中，引起50%试验用家畜死亡的饲料中供试物浓度，用LC_{50}表示。

2.2

无可观察效应浓度 no observed effect concentration

在家畜短期饲喂毒性试验中，没有引起家畜产生可观察症状的最高浓度，用NOEC表示。

2.3

供试物 test substance

试验中需要测试的物质。

2.4

化学农药 chemical pesticide

利用化学物质人工合成的农药。其中有些以天然产品中的活性物质为母体，进行仿制、结构改造，创新而成，为仿生合成农药。

同义词：有机合成农药 synthetic organic pesticide。

[NY/T 1667.1—2008，定义2.3.1]

2.5

原药 technical material

在制造过程中得到的有效成分及杂质组成的最终产品，不能含有可见的外来物质和任何添加物，必要时可加入少量的稳定剂。

中华人民共和国国家质量监督检验检疫总局
中国国家标准化管理委员会　2014-10-10发布　2015-03-11实施

[NY/T 1667.2—2008,定义 2.5.1]

2.6

制剂 formulation product

由农药原药(或母药)和助剂制成使用状态稳定的产品。

[NY/T 1667.2—2008,定义 2.4]

2.7

有效成分 active ingredient(a. i.)

农药产品中具有生物活性的特定化学结构成分。

[NY/T 1667.2—2008,定义 3.1]

2.8

牛羊棚圈 housing for cattle and sheep

用于饲养牛、羊的建议畜舍建筑,包括凉棚、开放舍、半开放舍、暖棚等建筑形式。

[NY/T 1178—2006,定义 3.1]

2.9

凉棚 sun shade, shelter

只有棚、四面无墙的畜舍建设,主要起到遮阳、避雨的作用。

[NY/T 1178—2006,定义 3.2]

2.10

开放舍 open front housing

墙体一面活两面敞开的畜舍建筑,主要起遮阳、挡风、避雨的作用。

[NY/T 1178—2006,定义 3.3]

3 试验概述

用含有供试物的饲料饲喂家畜 5 d,从第 6 d 开始,以不含供试物的饲料至少饲喂 28 d,每天观察记录家畜的中毒与死亡情况,并求出 28 d 半致死浓度(28 d - LC_{50}值)。

4 试验方法

4.1 材料和条件

4.1.1 供试生物

试验采用羊、牛等家畜。要求身体健康、未生育过的性成熟动物。试验开始前受试动物要在与实验条件相似的安静环境中驯养至少 14 d 并进行身体生理观察,未出现疾病和死亡现象后方可用于试验。

4.1.2 供试牛羊棚圈

4.1.2.1 棚址选择

应选择地势较高、向阳、背风、干燥、水源充足、水质良好、地势平坦且排水良好之处,应避开冬季风口、低洼易涝、泥流冲积的地形,并要考虑饲草(料)运送条件和方便管理。

4.1.2.2 棚圈所需面积

应根据牛、羊饲养量和每头(只)所占饲养面积确定,一般以成年牛每头 7.5 m^2~8.5 m^2,成年羊羔每只 1.1 m^2~1.5 m^2 为宜。棚圈南侧设运动场,运动场面积以棚圈建筑面积的 2 倍~3 倍为宜。

4.1.3 供试物

供试物为农药制剂或原药,试验时与饲料均匀混合,配制过程中尽量不使用助溶剂。若必须使用助溶剂,则所使用助溶剂的重量不应超过试验组饲料重量的 2%,同时设助溶剂对照组。

4.1.4 试验条件

驯养和试验环境条件要适合家畜正常的生理和行为要求。

4.2 试验操作

4.2.1 试验分组

试验开始时各试验组动物随机分组，每组 3 只～5 只，若仅有一组处理组，则设 5 只～8 只，不分雌雄。

4.2.2 预试验

按正式试验的环境条件进行预试验，设 3 个～5 个剂量来确定正式试验的浓度范围。

4.2.3 正式试验

将所确定的浓度范围按一定几何级差设定不少于 5 个剂量组(几何级差应控制在 1.67 以内)，每个剂量组中应分别有 2 个剂量的致死率高于和低于 50%，最低剂量的浓度不应有致死效应和可观察症状(若所需浓度间的几何级差大于 1.67，则所设剂量中至少应有 3 组浓度有致死效应)，同时设空白对照组。按设定剂量将配置好的饲料对动物进行饲喂，连续饲喂 5 d，观察时间为 28 d。给药第 1 d 至少观察 3 次，第 2 d 至第 14 d 每天至少观察 2 次，以后应每天至少观察 1 次。观察时，要记录各剂量组动物的死亡时间、数量和中毒症状的发生、缓解、消失时间及运动功能和精神状态等的变化，直至第 28 d 结束。若 28 d 后仍出现中毒症状或死亡，则需延长试验时间，直到连续 2 d 没有出现死亡和有 1 d 没有毒性症状为止。

试验开始时，称量并记录试验组和对照组的平均体重，给药结束后再记录一次平均体重，给药期间每天称量记录各剂量组动物的饲料消耗量，之后每 3 d 称量记录各剂量组的饲料消耗量和平均体重，观察期间要得出供试物对试验动物的无可观察效应浓度(NOEC)值。如果试验需要延时，则在延长期内每 2 d 称量记录 1 次动物的平均体重和饲料消耗量。

4.2.4 供试物浓度分析

试验开始前对受试物的理化性质进行确认，如果供试物在饲料中的稳定性不能维持则应在试验结果中解释说明，并且注明结果的不可重复性。

4.2.5 限度试验

若给药剂量超过 5 000 mL/kg 饲料或 5 000 mg/kg 饲料时，供试生物仍未见死亡和任何可见病理学症状，则无需继续进行试验，可判定供试物对家畜的短期饲喂毒性为低毒。

4.3 数据处理

4.3.1 统计分析方法的选择

可采用寇氏法、直线内插法或概率单位图解法计算 28 d 的 LC_{50} 值，也可采用数据统计软件进行分析和计算。

4.3.2 寇氏法

用寇氏法可求出 LC_{50} 值及 95%置信限。

LC_{50} 的计算见式(1)。

$$\log LC_{50} = X_m - i(\sum P - 0.5) \quad \cdots\cdots (1)$$

式中：

X_m ——最高浓度的对数；

i ——相邻浓度比值的对数；

$\sum P$ ——各组死亡率的总和(以小数表示)。

95%置信限的计算见式(2)。

$$95\%\ 置信限 = \log LC_{50} \pm 1.96 S\log LC_{50} \quad \cdots\cdots (2)$$

式中：

S——标准误。

标准误的计算见式(3)。

$$\text{SlogLD}_{50} = i\sqrt{\sum \frac{pq}{n}} \quad \cdots\cdots (3)$$

式中：

p——1 个组的死亡率，单位为百分率(%)；

q——存活率$(1-p)$，单位为百分率(%)；

n——各浓度组生物的数量。

4.3.3 直线内插法

采用线性刻度坐标，绘制试验物质浓度对死亡百分率对的曲线，求出 50%死亡时的 LC_{50}(28 d)值。

4.3.4 概率单位图解法

用半对数值，以浓度对数为横坐标、死亡百分率对应的概率单位为纵坐标绘图。将各实测值在图上用目测法画一条相关直线，从直线中读出致死 50%的浓度对数，估算出 LC_{50}值。

4.4 质量控制

质量控制条件包括：

——试验结束时，对照组不应出现死亡；

——最低处理浓度，不出现与供试物有关的死亡或其他明显的毒性作用；

——驯养和试验环境条件要适合家畜正常的生理和行为要求。

5 试验报告

试验报告至少应包括下列内容：

——供试生物的年龄、体重及试验开始、期间和给药结束时动物的平均体重及死亡动物的体重；

——饲料的营养成分及饲养环境的描述包括笼具的种类、尺寸、驯养室的温度、湿度；

——供试物的名称、来源、主要组成成分及物理化学性质；

——剂量组的设定：每个剂量组浓度的设定；各剂量组和对照组的供试生物数；

——试验时间及观察时间和次数：详细描述各剂量组中行为异常和昏迷状态动物的数量及持续、死亡时间；

——各剂量组的饲料消耗量；

——供试物对供试生物 LC_{50}值和 95%置信区间、统计方法的选择和使用、试验过程中发生的背离及相关情况。

——对家畜的毒性等级划分参见附录 A。

附　录　A
（资料性附录）
农药对家畜的毒性等级划分

按对家畜 28 d 半致死浓度 LC_{50}（28 d）值，将农药对家畜的短期饲喂毒性分为 4 个等级，见表 A.1。

表 A.1　农药对家畜短期饲喂毒性等级划分

毒性等级	LC_{50}（28 d），mg/kg 饲料
剧毒	$LC_{50} \leqslant 50$
高毒	$50 < LC_{50} \leqslant 500$
中毒	$500 < LC_{50} \leqslant 2\ 000$
低毒	$LC_{50} > 2\ 000$

参 考 文 献

[1]NY/T 1667.1—2008 农药登记管理术语 第1部分:基本术语.
[2]NY/T 1667.2—2008 农药登记管理术语 第2部分:产品化学.
[3]NY/T 1178—2006 牧区牛羊棚圈建设技术规范.

本部分负责起草单位:农业部农药检定所、环境保护部南京环境科学研究所。
本部分主要起草人:蔡翔、蔡磊明、姜辉、汤保华、韩志华、吴长兴、赵榆。

中华人民共和国国家标准

GB/T 31270.21—2014

化学农药环境安全评价试验准则 第21部分:大型甲壳类生物毒性试验

Guidelines on environmental safety assessment for chemical pesticides—Part 21:Macro-crustacean toxicity test

1 范围

本部分规定了化学农药对大型甲壳类生物(虾、蟹)毒性试验的材料、条件、操作、质量控制、数据处理、试验报告等的基本要求。

本文本适用于为化学农药登记而进行的大型甲壳类生物毒性试验,其他类型的农药可参照使用。

本部分不适用于易挥发和难溶解的化学农药。

2 术语和定义

下列术语和定义适用于本文件。

2.1

半致死浓度 median lethal concentration

在急性毒性试验中,引起50%供试生物死亡时的供试物浓度,用LC_{50}表示。

注:单位为毫克有效成分每升(mg a. i. /L)。

2.2

最大可接受毒物浓度 maximum acceptable toxicant concentration(MATC)

全生命周期或部分生命周期的慢性毒性实验得出的对受试生物不造成有害效应的毒物最大浓度或最大允许毒物浓度,这一数值介于最大无影响浓度(NOEC)和最低有影响浓度(LOEC)之间。

2.3

供试物 test substance

试验中需要测试的物质。

2.4

化学农药 chemical pesticide

利用化学物质人工合成的农药。其中有些以天然产品中的活性物质为母体,进行仿制、结构改造,创新而成,为仿生合成农药。

同义词:有机合成农药 synthetic organic pesticide。

[NY/T 1667.1—2008,定义2.3.1]

2.5

原药 technical material

中华人民共和国国家质量监督检验检疫总局
中国国家标准化管理委员会 2014-10-10发布 2015-03-11实施

在制造过程中得到的有效成分及杂质组成的最终产品,不能含有可见的外来物质和任何添加物,必要时可加入少量的稳定剂。

[NY/T 1667.2—2008,定义 2.5.1]

2.6

制剂 formulation product

由农药原药(或母药)和助剂制成使用状态稳定的产品。

[NY/T 1667.2—2008,定义 2.4]

2.7

有效成分 active ingredient(a. i.)

农药产品中具有生物活性的特定化学结构成分。

[NY/T 1667.2—2008,定义 3.1]

2.8

半静态试验法 semi - static test

试验期间每隔一定时间(如 24 h)更换一次药液,以保持试验药液的浓度不低于初始浓度的 80%。

2.9

静态试验法 static test

试验期间不更换试验药液。

2.10

流水式试验法 flow - through test

试验期间药液连续更新。

3 试验概述

大型甲壳类生物毒性试验包括急性毒性试验和亚慢性毒性试验方法,根据农药登记管理法规及其他规定选择相关方法进行试验。大型甲壳类生物急性毒性测定方法有静态法、半静态法与流水式试验法 3 种。应根据供试物的性质采用适宜的方法。分别配制不同浓度的供试物药液,急性毒性试验在 96 h的试验期间,于试验开始后的 24 h、48 h、72 h 和 96 h 观察并记录试验用虾或蟹的中毒症状和死亡数,并分别求出 48 h 和 96 h 的 LC_{50} 值及 95%置信限;亚慢性毒性试验推荐试验期限不低于 28 d,于 7 d、14 d、21 d 和 28 d 观察并记录记录虾或蟹的中毒症状、死亡率、蜕壳率和蜕壳间期、体重体长,并计算供试物对供试生物的 MATC 范围。

4 试验方法

4.1 材料和条件

4.1.1 供试生物

试验用大型甲壳类生物推荐使用日本沼虾(*Macrobrachium nipponense*)、中华锯齿米虾(*Neocaridina denticulata*)或中华绒螯蟹(*Eriocheir sinensis*)。试验用沼虾的虾龄期为产出后 1 个月左右,大小一致,平均体长(连尾)约 2.5 cm;试验用米虾推荐使用体长(额角尖端至尾柄末端的长度)为 0.5 cm~0.8 cm 的米虾幼苗;试验用蟹的蟹龄约为 5 个月(扣蟹),大小一致,重量约 5 g。试验前,供试生物应在实验室条件下预养 7 d,试验前及试验过程中正常喂食。

4.1.2 供试物

农药制剂、原药或纯品。对难溶于水的农药,可用少量对生物低毒的有机溶剂、乳化剂或分散剂助溶,其用量不得超过 0.1 mL(g)/L。

4.1.3 主要仪器设备

玻璃缸、容量瓶、溶解氧测定仪、pH计、温度计、充气泵、温度控制设备等;如用流水式试验方法,可采用流水式试验装置,但须有供试物储备液连续分配和稀释系统,且该装置应有控温、充气和流量控制等装置。

4.1.4 试验用水

试验用稀释水为经活性炭处理、存放并曝气处理24 h以上的自来水或能注明配方的稀释水。水质硬度在10 mg/L～250 mg/L(以$CaCO_3$计),pH在6.0～8.5,溶解氧不应低于空气饱和值(ASV)的60%。

4.1.5 承载量

静态和半静态试验系统最大承载量为1.0 g(受试生物)/L,流水式试验系统承载量可高一些。

4.1.6 试验条件

试验温度(23±1)℃,每日光照与黑暗时间比为14 h∶10 h。

4.1.7 试验期限

急性毒性试验期限一般为96 h(根据供试物特性可适当延长观察期),亚慢性毒性试验期限不低于28 d。

4.2 试验操作

4.2.1 急性毒性试验方法

4.2.1.1 方法的选择

应根据农药的特性选择静态试验法、半静态试验法或流水式试验法。如使用静态或半静态试验法,应确保试验期间试验药液中供试物浓度不低于初始浓度的80%。如果在试验期间试验药液中供试物浓度发生超过20%的偏离,则应检测试验药液中供试物的实际浓度并以此计算结果,或使用流动试验法进行试验,以稳定试验药液中供试物浓度。

4.2.1.2 预试验

一般选择静态试验法,按正式试验的条件,以较大的间距设若干组浓度(如1 mg a. i. /L、10 mg a. i. /L、100 mg a. i. /L),每处理组放入虾10尾或蟹10只,不设重复,观察并记录受试虾或蟹48 h和96 h的死亡情况和中毒症状。通过预试验求出受试虾或蟹最高全存活浓度及最低全致死浓度,为正式试验确定浓度范围。

4.2.1.3 正式试验

在预试验确定的浓度范围内以一定几何级差间距(1.5～2.0)设置5个～7个浓度组,并设一个稀释水对照组,使用有机溶剂助溶的增设溶剂对照组,每个浓度组设3个重复。每缸放入虾10尾或蟹10只,试验开始后6 h内随时观察并记录受试虾或蟹的中毒症状及死亡率,其后于24 h、48 h、72 h和96 h观察并记录受试虾、蟹的中毒症状及死亡数,及时清除死虾或蟹。每天测定并记录试液温度、pH及溶解氧。

4.2.1.4 限度试验

以供试物的最大水溶解度为限度试验浓度(当供试物的最大水溶解度大于100 mg a. i. /L时,以100 mg a. i. /L为试验浓度进行试验),如供试生物死亡率未超过空白对照组,可判定供试物对供试生物低毒,则无需继续进行试验。试验结果以LC_{50}(96 h)大于该物质的最大水溶解度或大于100 mg a. i. /L表示。

4.2.2 亚慢性毒性试验方法

4.2.2.1 方法的选择

应根据农药的特性选择半静态试验法或流水式试验法。如使用半静态试验法,应确保试验期间试验药液中供试物浓度不低于初始浓度的80%。如果在试验期间试验药液中供试物浓度发生超过20%的偏离,则应检测试验药液中供试物的实际浓度并以此计算结果,或使用流动试验法进行试验,以稳定试验药液中供试物浓度。

4.2.2.2 正式试验

根据急性毒性试验结果 LC_{50}(96 h)确定试验浓度范围,一般选择半静态试验法,以一定几何极差间距(1.5～2.0)设置 5 个～7 个浓度组,并设一个稀释水对照组,使用有机溶剂助溶的增设溶剂对照组,每个浓度组重复 3 次。每缸至少放入虾 20 尾或蟹 20 只,试验开始后 7 d、14 d、21 d 和 28 d 观察并记录虾、蟹的中毒症状和死亡率;每日记录蜕壳次数并及时清除蜕壳,计算蜕壳频率和蜕壳间期;试验开始前和结束时分别记录虾或蟹的体重体长,计算体重相对增重率和体长相对增长率;MATC 可以从上述评价终点中的最敏感指标来确定。试验期间及时清除死虾、蟹。每天测定并记录试液温度、pH 及溶解氧。

4.3 数据处理

4.3.1 统计分析方法的选择

可采用寇氏法、直线内插法或概率单位图解法计算每一观察时间的大型甲壳类生物的半致死浓度 LC_{50} 和 95%置信限,也可采用数据统计软件进行分析和计算;最大可接受毒物浓度(MATC)范围可选择死亡率、蜕壳频率、蜕壳间期、体重相对增重率和体长相对增长率等指标中的最敏感指标来确定,计算方法参见 A.1。死亡率、蜕壳频率、蜕壳间期、体重相对增重率和体长相对增长率等指标计算方法参见 A.2。

4.3.2 寇氏法

用寇氏法可求出大型甲壳类生物 24 h 和 48 h 的 LD_{50} 值及 95%置信限。

LD_{50} 的计算见式(1)。

$$\log LD_{50}(LC_{50}) = X_m - i(\sum P - 0.5) \tag{1}$$

式中:

X_m ——最高浓度的对数;

i ——相邻浓度比值的对数;

$\sum P$ ——各组死亡率的总和(以小数表示)。

95%置信限的计算见式(2)。

$$95\%\ 置信限 = \log LD_{50}(LC_{50}) \pm 1.96 S\log LD_{50}(LC_{50}) \tag{2}$$

式中:

S——标准误。

标准误的计算见式(3)。

$$S\log LD_{50}(LC_{50}) = i\sqrt{\sum \frac{pq}{n}} \tag{3}$$

式中:

p ——1 个组的死亡率,单位为百分率(%);

q——存活率($1-p$),单位为百分率(%);

n ——各浓度组生物的数量。

4.3.3 直线内插法

采用线性刻度坐标,绘制试验物质浓度对死亡百分率的曲线,求出 50%死亡时的 LD_{50} 值。

4.3.4 概率单位图解法

用半对数值,以浓度对数为横坐标、死亡百分率对应的概率单位为纵坐标绘图。将各实测值在图上用目测法画一条相关直线,从直线中读出致死 50%的浓度对数,估算出 LD_{50} 值。

4.4 质量控制

质量控制条件包括:

——预养期间，供试生物的死亡率不得超过20%；
——急性毒性试验期间，对照组死亡率不超过10%，且无异常行为出现；
——亚慢性毒性试验期间，对照组死亡率不超过20%，且无异常行为出现；
——试验期间，试验溶液的溶解氧含量不应低于空气饱和值(ASV)的60%。

5 试验报告

试验报告至少应包括下列内容：

——供试物的信息，包括供试农药的通用名、化学名称、结构式、CAS号、纯度、基本理化性质、来源等。
——供试生物名称、来源、大小及驯养情况；
——试验条件，包括试验温度、光照等，定期记录所采用稀释水的温度、溶解氧浓度及pH等；
——试验液的浓度及急性毒性试验中LC_{50}(48 h)、LC_{50}(96 h)值和95%置信限，亚慢性毒性试验中7 d、14 d、21 d、28 d的LC_{50}、蜕壳频率、蜕壳间期、体重相对增重率和体长相对增长率，最敏感指标的MATC范围，并给出所采用的计算方法；
——对照组虾、蟹是否出现死亡及异常反应；
——对大型甲壳类生物的急性毒性等级划分参见附录B。

附 录 A
(资料性附录)
毒性计算方法

A.1 MATC范围计算方法

大型甲壳类生物慢性毒性试验的MATC范围计算可选择死亡率、蜕壳频率、体重和体长等指标中的最敏感指标来确定，通过选择合适的统计检验方法比较低供试物浓度和最高供试物浓度下评价终点的平均值间的显著性差异($p<0.05$)来确定MATC范围。参数选择标准可考虑最短暴露期内，与空白对照组相比出现显著性差异的最低供试物浓度值。MATC数值介于最大无影响浓度(NOEC)和最低有影响浓度(LOEC)之间。

A.2 亚慢性毒性试验其他参数计算方法

试验进行28 d后对所有虾或蟹称重，试验参数的计算公式见式(A.1)～式(A.5)。

$$死亡率 = 100\% \times (N_0 - N_t)/N_0 \quad \cdots\cdots (A.1)$$

式中：

N_0 ——试验开始前受试生物的数量；

N_t ——试验结束时受试生物的数量。

$$M_T = 100\% \times (N_m/N_s) \quad \cdots\cdots (A.2)$$

式中：

M_T ——蜕壳频率，单位为百分率(%)；

N_m ——每日每个水族箱的蜕壳总次数；

N_s ——每日每个水族箱的初始受试生物数量。

$$IP = \sum T/N_m \quad \cdots\cdots (A.3)$$

式中：

IP ——蜕壳间期，单位为天(d)；

T ——试验持续时间，单位为天(d)。

$$体重相对增重率 = 100\% \times (W_t - W_0)/W_0 \quad \cdots\cdots (A.4)$$

式中：

W_t ——试验开始前时受试生物的体重；

W_0 ——试验结束时受试生物的体重。

$$体长相对增长率 = 100\% \times (L_t - L_0)/L_0 \quad \cdots\cdots (A.5)$$

式中：

L_t ——试验开始前受试生物的体长；

L_0 ——试验结束时受试生物的体长。

附 录 B
(资料性附录)
农药对大型甲壳类生物急性毒性划分

按大型甲壳类生物半致死浓度 LC_{50}(96 h)值,将农药对甲壳类生物急性毒性划分为 4 个等级,见表 B.1。

表 B.1 农药对大型甲壳类急性毒性的毒性等级划分标准

毒性等级	LC_{50}(96 h),mg a. i. /L
剧毒	$LC_{50} \leqslant 0.1$
高毒	$0.1 < LC_{50} \leqslant 1.0$
中毒	$1.0 < LC_{50} \leqslant 10$
低毒	$LC_{50} > 10$

参 考 文 献

[1]NY/T 1667.1—2008 农药登记管理术语 第1部分:基本术语.
[2]NY/T 1667.2—2008 农药登记管理术语 第2部分:产品化学.
[3]US EPA ,1996. Mysid acute toxicity test (OCSPP 850.1035). Ecological effects test. Guidelines. US EPA (2002). Methods for measuring the acute toxicity of effluents and receiving waters to freshwater and marine organisms. EPA-821-R-02-012, Washington DC, United States of America.
[4]OECD,1992. Guideline 203: fish, acute toxicity test, OECD guidelines for the testing of chemicals.
[5]OECD,2004. Guideline 202: *Daphnia* sp., acute immobilisation, OECD guidelines for the testing of chemicals.
[6]OECD,2012. Guideline 211: *Daphnia magna* reproduction, OECD guidelines for the testing of chemicals.
[7]蔡道基,1999. 农药环境毒理学研究[M]. 北京:中国环境科学出版社.

本部分起草单位:农业部农药检定所、环境保护部南京环境科学研究所。
本部分主要起草人:姜锦林、张燕、续卫利、田丰、刘勇、查金苗、刘茜。

中华人民共和国农业行业标准

NY/T 3085—2017

化学农药　意大利蜜蜂幼虫毒性试验准则

Chemical pesticide—Guideline on honeybee(*Apis mellifera* L.)larval toxicity test

1　范围

本标准规定了意大利蜜蜂幼虫毒性试验的术语和定义、试验方法、数据处理、质量控制、试验报告的基本要求。

本标准适用于测试和评价化学农药对蜜蜂幼虫毒性试验，其他类型的农药可参照使用。

本标准不适用于易挥发和难溶解的化学农药。

2　规范性引用文件

下列文件对于本文件的应用是必不可少的。凡是注日期的引用文件，仅注日期的版本适用于本文件。凡是不注日期的引用文件，其最新版本(包括所有的修改单)适用于本文件。

GB/T 31270.10—2014　化学农药环境安全评价试验准则　第10部分：蜜蜂急性毒性试验

3　术语和定义

下列术语和定义适用于本文件。

3.1

校正死亡率　corrected mortality

经空白对照组自然死亡率加以校正的药剂处理组的死亡率。

3.2

半致死剂量　median lethal dose

一定试验观察时间内，引起50%供试生物死亡时的供试物剂量，用 LD_{50} 表示。

注：单位为微克有效成分每幼虫(μg a. i./幼虫)。

3.3

半效应剂量　median effective dose

一定试验观察时间内，引起50%供试生物出现某种效应的供试物剂量，用 ED_{50} 表示。

注：单位为微克有效成分每幼虫(μg a. i./幼虫)。

3.4

半效应浓度　median effective concentration

一定试验观察时间内，引起50%供试生物出现某种效应的供试物浓度，用 EC_{50} 表示。

注：单位为毫克有效成分每千克饲料(mg a. i./kg 饲料)。

3.5

无可见效应剂量　no-observed effect dose

在一定时间内，与对照组相比，对供试生物无显著影响($P>0.05$)的供试物最高剂量，用 NOED 表示。

中华人民共和国农业部 2017-06-12 发布　　2017-10-01 实施

注:单位为微克有效成分每幼虫(μg a. i. /幼虫)。

3.6

无可见效应浓度　no-observed effect concentration

在一定时间内,与对照组相比,对供试生物无显著影响($P>0.05$)的供试物最高浓度,用NOEC表示。

注:单位为毫克有效成分每千克饲料(mg a. i. /kg 饲料)。

3.7

蜜蜂幼虫　larva of honeybee

蜜蜂卵孵化后至变态化蛹前的虫态。

3.8

预蛹　prepupa

蜜蜂老熟幼虫停止取食至蜕皮成蛹之前的发育阶段。

3.9

蛹　pupa

蜜蜂老熟幼虫停止取食后至成虫羽化前的一个发育阶段。化蛹时,幼虫结构解体,成虫结构形成,初次出现翅。

3.10

羽化　emergence

蜜蜂由蛹经过蜕皮,变化为成蜂的过程。

3.11

鲜蜂王浆　fresh royal jelly

在试验开始前12个月内从蜂巢内收集并一直在≤−18℃条件下储存的蜂王浆。

4　试验概述

4.1　方法概述

蜜蜂幼虫毒性试验包括蜜蜂幼虫急性毒性试验和蜜蜂幼虫慢性毒性试验,根据供试物性质及试验目的选择相应方法进行试验。

4.2　蜜蜂幼虫急性毒性试验

在蜜蜂繁殖期,从蜂群中移取1日龄蜜蜂幼虫至育王台基,将育王台基放入48孔细胞培养板,人工标准化饲养至试验结束。当幼虫达4日龄时,将相应剂量的供试物与人工饲料混合,一次性投喂给幼虫。观察并记录24 h、48 h和72 h蜜蜂幼虫的中毒症状、其他异常行为和死亡数,求出染毒后72 h的半致死剂量(LD_{50})及95%置信限。

4.3　蜜蜂幼虫慢性毒性试验

在蜜蜂繁殖期,从蜂群中移取1日龄蜜蜂幼虫至育王台基,将育王台基放入48孔细胞培养板,人工标准化饲养至羽化成蜂。在幼虫达3日龄时始至6日龄止,每天投喂含有相应剂量供试物的人工饲料。第4 d至第8 d每天观察并记录幼虫的中毒症状、死亡数及其他异常行为,第15 d观察并记录蛹及未化蛹幼虫的死亡数,第22 d观察并记录蛹的死亡数及羽化数。计算幼虫死亡率、蛹死亡率、羽化率,通过对供试物处理组和空白对照组的羽化率进行差异显著性分析,确定无可见效应浓度或无可见效应剂量(NOEC或NOED)。如可能,计算半效应浓度或半效应剂量(EC_{50}或ED_{50})及95%置信限。

5　试验方法

5.1　材料和条件

5.1.1　供试生物

5.1.1.1 供试生物及来源

供试生物为意大利蜜蜂(*Apis mellifera* L.)幼虫,来自饲料充足、健康、无疾病和寄生虫、4周内未接受抗生素和抗螨虫药物治疗的蜂群。

5.1.1.2 蜜蜂幼虫的获取

试验用蜜蜂幼虫应来自3个不同的蜂群,分别作为各剂量处理的不同重复组。在蜜蜂繁殖期,试验前将蜂王限制在蜂箱中放置有空巢脾的蜂王产卵控制器内(参见附录A),该控制器应避免放置在蜂箱边缘。翌日检查新卵产出情况,并从产卵控制器中移出蜂王,避免在试验蜂脾上再次产卵,蜂王的隔离时间最多不超过30 h。移虫前将移虫针、人工育王台基浸没在70%酒精(体积比)或其他消毒液中至少30 min进行消毒后,晾干待用。产卵3 d后用移虫针将1日龄的幼虫随机转移至育王台基中(移虫环境温度不低于20℃),每个台基放入1头幼虫,在试验条件下,用人工饲料饲养。

5.1.2 人工饲料

5.1.2.1 人工饲料的组成

人工饲料由酵母提取物、葡萄糖、果糖、无菌水和鲜蜂王浆配制而成。不同日龄蜜蜂幼虫使用的3种不同饲料配方如下(均为重量比):

饲料A:酵母提取物∶葡萄糖∶果糖∶无菌水∶鲜蜂王浆=1∶6∶6∶37∶50;

饲料B:酵母提取物∶葡萄糖∶果糖∶无菌水∶鲜蜂王浆=1.5∶7.5∶7.5∶33.5∶50;

饲料C:酵母提取物∶葡萄糖∶果糖∶无菌水∶鲜蜂王浆=2∶9∶9∶30∶50。

5.1.2.2 人工饲料的配制与储存

试验开始前,首先按比例将酵母提取物、葡萄糖、果糖与水完全溶解,取上述水溶液与鲜蜂王浆以重量比1∶1混匀,放置0℃~5℃条件下储存,直至整个试验结束。或将提前配制的饲料放置≤-18℃条件下冷冻储存,试验时按需取出解冻使用,解冻后的剩余饲料不宜再次使用。

5.1.2.3 含供试物饲料的配制

用水或有机溶剂将供试物溶解并稀释至不同浓度,将不同浓度供试物溶液分别与人工饲料混合制成含供试物饲料。

5.1.3 蜜蜂幼虫的室内饲养

将育王台基分别放入48孔细胞培养板中,为便于试验操作,每孔中可添加一段医用牙科棉或脱脂棉用于垫高育王台基(参见附录B)。将蜜蜂幼虫转接入育王台基底部,所有幼虫每天定时(±0.5 h)投喂一次(除第2 d),投喂前将饲料预热至20℃以上,但不得高于35℃。第1 d每头幼虫投喂20 μL饲料A后,将细胞培养板转移至试验条件中,第2 d不需要投喂,第3 d每头幼虫投喂20 μL饲料B,第4 d、第5 d、第6 d每头幼虫分别投喂30 μL、40 μL、50 μL饲料C(参见附录C)。投喂时避免饲料淹没幼虫,应沿着台基壁将饲料放至幼虫边上。每次投喂饲料前,如育王台基中有剩余饲料,则用一次性吸管或移液器吸除。第8 d将幼虫或预蛹转移至经消毒处理且底部加垫干燥无菌擦镜纸的化蛹板(可选用48孔细胞培养板)中。第15 d将化蛹板放入含有糖浆饲喂器的孵化盒或孵化箱中至试验结束(参见附录D)。

5.1.4 供试物

供试物应使用化学农药制剂或原药。对于难溶于水的农药可使用溶剂助溶,推荐溶剂为丙酮。

5.1.5 主要仪器设备

——蜂王产卵控制器;

——移虫针;

——洁净工作台;

——聚苯乙烯或聚丙烯材质的育王台基;

——48孔细胞培养板;

——化蛹板;

——含有糖水饲喂器的孵化盒或孵化箱；
——移液器；
——温度、湿度控制设施；
——温湿度记录仪；
——电子天平。

5.1.6 试验条件

试验在温度(34.5±0.5)℃，黑暗的条件下进行。在幼虫或预蛹转至化蛹板之前，保持相对湿度(95±5)%(推荐幼虫饲养孔板置于底部盛有硫酸钾饱和溶液的密闭容器内)；幼虫或预蛹转至化蛹板之后至化蛹板放入孵化盒或孵化箱之前，保持相对湿度(80±5)%(推荐幼虫饲养孔板置于底部盛有氯化钠饱和溶液的密闭容器内)，化蛹板放入孵化盒或孵化箱之后至试验结束，保持相对湿度50%～70%。

整个试验过程中允许温度出现一定偏差，但不低于23℃或高于40℃，每24 h内出现偏差次数不超过一次，且不超过15 min。

5.2 试验操作

5.2.1 蜜蜂幼虫急性毒性试验

5.2.1.1 暴露途径

蜜蜂幼虫达到4日龄(即附录C第4 d)当天，每头幼虫投喂30 μL含有相应剂量供试物的饲料C。染毒后24 h、48 h每头幼虫分别投喂40 μL、50 μL不含供试物溶液的饲料C。每次投喂饲料前，如育王台基中有剩余饲料，则用一次性吸管或移液器吸除并记录剩余量。如果使用水溶解供试物，则投喂的含供试物饲料中供试物溶液的体积应≤10%。如果使用有机溶剂溶解，其使用量应尽可能降到最低，并且投喂的含供试物饲料中供试物溶液的体积应≤5%，实际添加供试物溶液的量需根据供试物的溶解度、有机溶剂的毒性综合考虑而定。

5.2.1.2 预备试验

在进行正式试验之前按正式试验的条件，以较大间距设置系列剂量组，通过预试验明确正式试验所需的合适剂量范围。

5.2.1.3 正式试验

根据预备试验确定的剂量范围，按一定比例间距(几何级差应≤3倍)设置不少于5个剂量组。同时设空白对照组，当使用助溶剂时，增加设置溶剂对照组，对照组及各处理组均设3个重复，每个重复至少12头幼虫。染毒后观察蜜蜂幼虫的中毒症状和其他异常行为，身体僵硬不动或轻微触碰无反应的幼虫判定为死亡，分别记录染毒后24 h、48 h、72 h的死亡数，同时将死亡的幼虫取出。统计染毒结束及试验结束时饲料的剩余情况。

5.2.1.4 限度试验

设置上限剂量为100 μg a.i./幼虫，即在供试物达100 μg a.i./幼虫时与空白对照组无显著差异，则无需继续试验。若因供试物溶解度限制，最高处理剂量无法达到100 μg a.i./幼虫时，则采用最大溶解度用于计算上限剂量。

5.2.1.5 参比物质试验

每次正式试验时增加参比物质处理组，推荐参比物质为乐果，设置剂量为(8.8±0.5) μg a.i./幼虫。

5.2.2 蜜蜂幼虫慢性毒性试验

5.2.2.1 暴露途径

于蜜蜂幼虫3日龄(即附录D第3 d)、4日龄、5日龄、6日龄当天，每天投喂含有相应剂量供试物的饲料，分别为20 μL饲料B、30 μL饲料C、40 μL饲料C、50 μL饲料C。每次投喂饲料前，如育王台基中有剩余饲料，则用一次性吸管或移液器吸除并记录剩余量。如果使用水溶解的供试物，则投喂的含供试物饲料中供试物溶液的体积应≤10%。如果使用有机溶剂溶解，其使用量应尽可能降到最低，并且投喂的含供试物饲料中供试物溶液的体积应≤2%，实际添加供试物溶液的量需根据供试物的溶解度、有机溶剂的毒性综合考虑而定。

5.2.2.2 预备试验

在进行正式试验之前按正式试验的条件，以较大间距设置系列浓度组进行预备试验，以明确正式试验所要求的合适试验浓度范围。

5.2.2.3 正式试验

根据预备试验确定的浓度范围，按一定比例间距（几何级差应≤3 倍）设置不少于 5 个剂量组。同时设空白对照组，当使用助溶剂时，增加设置溶剂对照组，对照组及各处理组均设 3 个重复，每个重复至少 12 头幼虫。于第 4 d 至第 8 d 每天观察并记录幼虫死亡数、其他异常情况及染毒结束时饲料剩余情况，第 15 d 观察并记录幼虫和蛹的死亡数，此时未化蛹的幼虫判定为死亡，同时将死亡的幼虫和蛹去除。第 22 d 观察并记录蛹死亡数、羽化数（分别记录羽化后成活数与死亡数）及其他异常情况。

5.2.2.4 限度试验

设置上限剂量为 100 μg a. i. /幼虫，即在供试物达 100 μg a. i. /幼虫时对蜜蜂羽化影响与空白对照组无显著差异，则无需继续试验。若因供试物溶解度限制，最高处理剂量无法达到 100 μg a. i. /幼虫时，则采用最大溶解度用于计算上限剂量。

5.2.2.5 参比物质试验

每次正式试验时增加参比物质处理组，推荐参比物质为乐果和苯氧威。乐果设置浓度为 40 mg a. i. /kg 饲料，苯氧威设置浓度为 0.25 mg a. i. /kg 饲料。

6 数据处理

6.1 蜜蜂幼虫急性毒性试验

蜜蜂幼虫急性毒性试验以死亡率为主要评价指标。可按照 GB/T 31270.10—2014 的规定，采用寇氏法、直线内插法或概率单位图解法计算供试物处理后 72 h 蜜蜂幼虫的 LD_{50} 及 95%置信限，也可采用有关毒性数据统计软件进行分析和计算。

6.2 蜜蜂幼虫慢性毒性试验

蜜蜂幼虫慢性毒性试验以羽化率为主要评价指标。计算蜜蜂发育的幼虫死亡率、蛹死亡率、羽化率，对各个浓度处理组与对照组进行差异显著性分析（$P>0.05$），获得供试物对蜜蜂羽化影响的 NOEC 或 NOED。如可能，采用适宜的统计学软件分析蜜蜂的羽化数据，计算 EC_{50} 或 ED_{50} 及 95%置信限。

7 质量控制

a） 蜜蜂幼虫急性毒性试验有效性的质量控制应同时满足以下条件：
   1） 试验结束时，对照组幼虫累计死亡率≤15%；
   2） 参比物质处理组的幼虫 72 h 累计校正死亡率≥50%。

b） 蜜蜂幼虫慢性毒性试验有效性的质量控制应同时满足以下条件：
   1） 第 4 d 至第 8 d，对照组幼虫累计死亡率≤15%，参比物质乐果处理组幼虫累计校正死亡率≥50%；
   2） 第 22 d，对照组羽化率≥70%，参比物质苯氧威处理组羽化率≤20%。

8 试验报告

试验报告应至少包括以下内容：

a） 供试物信息：
   1） 供试物的化学名称、结构式、CAS 号、纯度、来源等；

2） 供试物的相关理化特性(水溶解性、溶剂中溶解性、蒸汽压等)。

b） 供试生物：

1） 供试生物的种属、学名、来源、种群的健康情况；

2） 供试生物的日龄、饲养情况。

c） 试验条件：

1） 孵化温度(平均值、标准偏差、最大值和最小值)、相对湿度及试验方法；

2） 试验系统描述：所用的台基、孔板、化蛹板的类型，处理组和对照组各重复所用幼虫的数量，所用溶剂及其浓度(如有使用)，供试物的试验浓度；

3） 详细的饲喂信息(饲料各组分信息及来源、饲喂量和频率)。

d） 结果：

1） 空白对照组及参比物质组满足试验有效性标准的证据；

2） 蜜蜂幼虫急性毒性试验中处理组、对照组、参比物质组(乐果)死亡数；蜜蜂幼虫慢性毒性试验中处理组、对照组的死亡数及羽化数，参比物质组(乐果)的死亡数，参比物质组(苯氧威)的羽化数；

3） 数据的处理方法，蜜蜂幼虫急性毒性试验染毒后 72 h 的 LD_{50} 及 95%置信限或蜜蜂幼虫慢性毒性试验第 22 d 对蜜蜂羽化影响的 NOEC/NOED，如可能，还包括 EC_{50}/ED_{50} 及 95%置信限；

4） 相对准则的偏离及对试验结果的潜在影响；

5） 其他观察到的现象，包括幼虫停止取食后饲料的剩余情况。

附　录　A
（资料性附录）
蜂王产卵控制器示意图

蜂王产卵控制器示意图见图 A. 1。

图 A. 1　蜂王产卵控制器示意图

附 录 B
(资料性附录)
饲养单元孔示意图

蜜蜂幼虫毒性试验人工饲养单元孔构成见图 B.1。

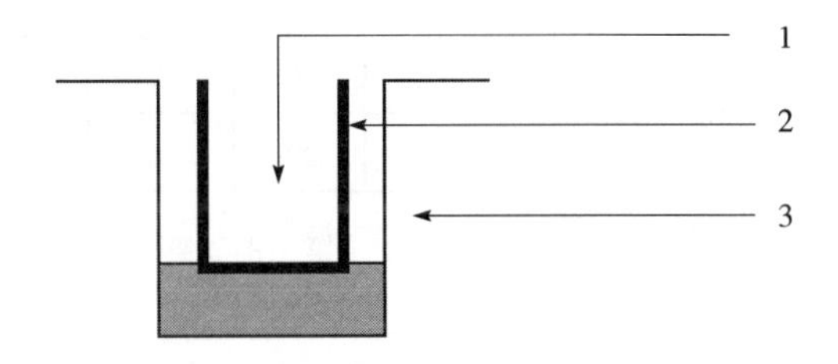

说明:
1——幼虫+饲料;
2——育王台基;
3——细胞培养板单孔。

图 B.1 蜜蜂幼虫毒性试验饲养单元孔示意图

附 录 C
(资料性附录)
蜜蜂幼虫急性毒性试验重要步骤示意图

蜜蜂幼虫急性毒性试验重要步骤的时间安排见图 C.1。

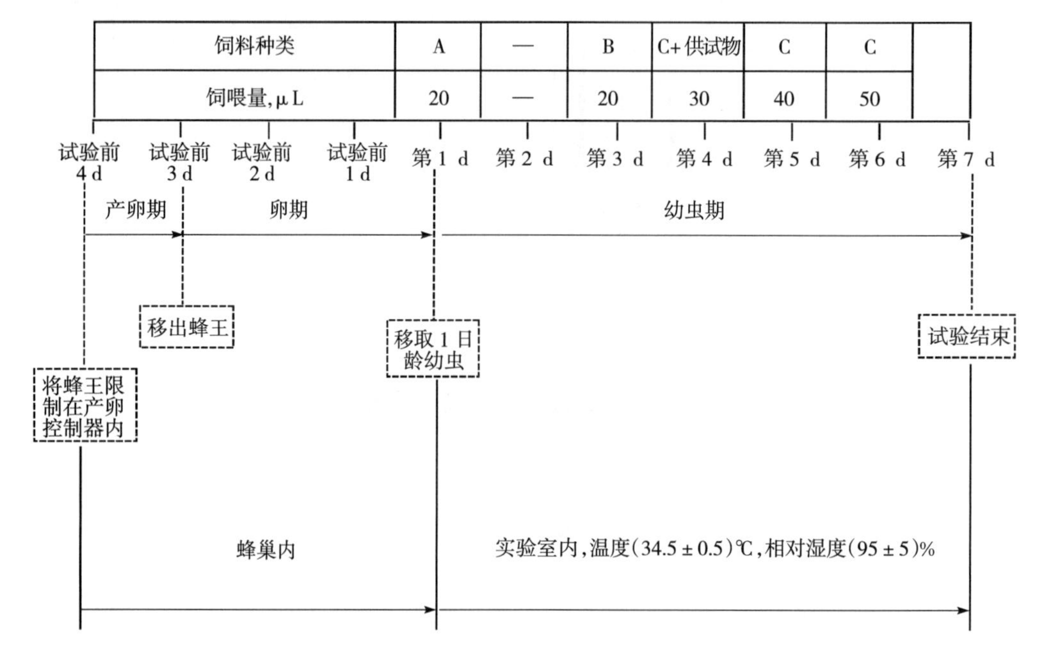

图 C.1　蜜蜂幼虫急性毒性试验重要步骤示意图

附　录　D
(资料性附录)
蜜蜂幼虫慢性毒性试验重要步骤示意图

蜜蜂幼虫慢性毒性试验重要步骤的时间安排见图 D.1。

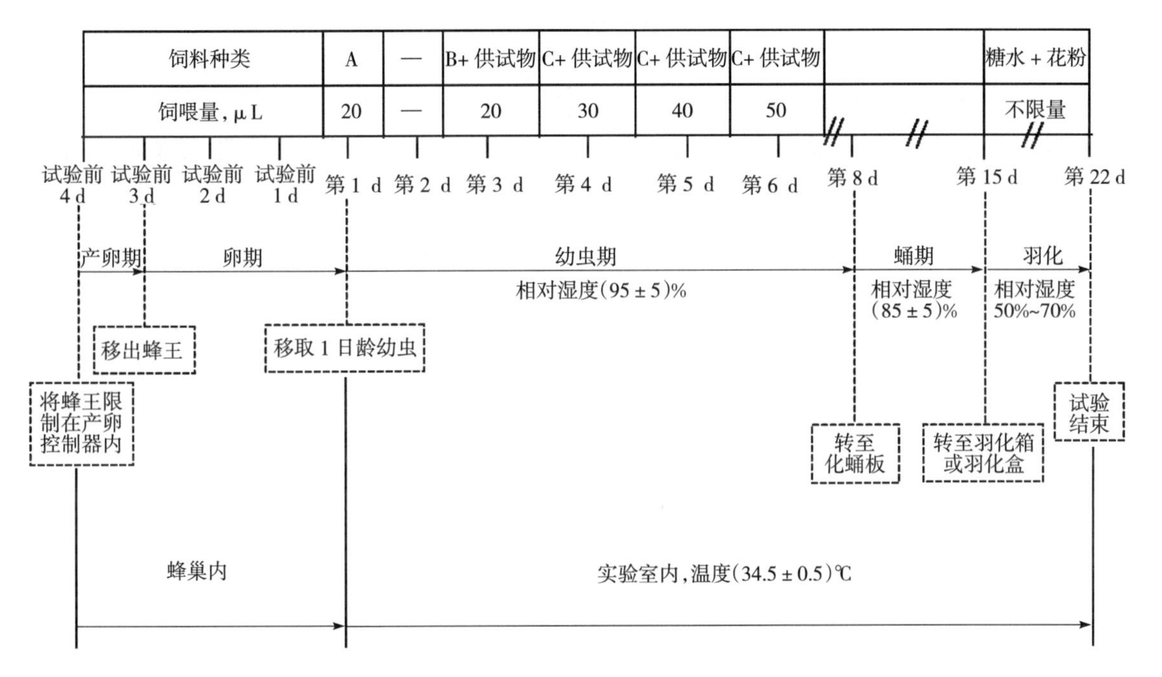

图 D.1　蜜蜂幼虫慢性毒性试验重要步骤示意图

参 考 文 献

[1]Vandenberg J D, Shimanuki H. ,1987. Technique for rearing worker honeybees in the laboratory[J]. Journal of Apicultural Research, 26(2):90 - 97.

[2]Aupinel P, Fortini D, Dufour H, et al,2005. Improvement of artificial feeding in a standard in *vitro* method for rearing *Apis mellifera* larvae[J]. Bulletin of Insectology, 58 (2): 107 - 111.

[3]Aupinel P, Barth M, Chauzat M P, et al,2015. Draft Validation Report Results of the international ring test related to the honey bee (*Apis mellifera*) larval toxicity test, repeated exposure[R]. OECD,17 April.

本标准起草单位:浙江省农业科学院农产品质量标准研究所。

本标准主要起草人:苍涛、陈丽萍、吴长兴、赵学平、吴迟、吴声敢、汤涛、徐明飞、蔡磊明、王强、胡秀卿、俞瑞鲜。

中华人民共和国农业行业标准

NY/T 3087—2017

化学农药　家蚕慢性毒性试验准则

Chemical pesticide—Guideline for silkworm chronic toxicity test

1　范围

本标准规定了化学农药对家蚕慢性毒性试验的材料、条件、方法、质量控制和试验报告的基本要求。

本标准适用于为化学农药登记而进行的家蚕慢性毒性试验,其他类型的农药可参照使用。

本标准不适用于易挥发和难溶解的化学农药。

2　规范性引用文件

下列文件对于本文件的应用是必不可少的。凡是注日期的引用文件,仅注日期的版本适用于本文件。凡是不注日期的引用文件,其最新版本(包括所有的修改单)适用于本文件。

GB/T 31270.11　化学农药环境安全评价试验准则　第11部分:家蚕急性毒性试验

3　术语和定义

下列术语和定义适用于本文件。

3.1

半致死浓度　median lethal concentration

在急性饲喂毒性试验中,引起50%供试家蚕死亡时桑叶中的供试物浓度,用 LC_{50} 表示。

注:单位为毫克有效成分每千克桑叶(mg a. i./kg 桑叶)。

3.2

最低可观察效应浓度　lowest observed effect concentration

在一定暴露期内,与对照相比,对家蚕产生显著影响($P<0.05$)的最低供试物浓度,用 LOEC 表示。

注:单位为毫克有效成分每千克桑叶(mg a. i./kg 桑叶)。

3.3

无可观察效应浓度　no-observed effect concentration

在一定暴露期内,与对照组相比,对家蚕无明显影响的供试物浓度,即仅低于 LOEC 的供试物浓度,用 NOEC 表示。

注:单位为毫克有效成分每千克桑叶(mg a. i./kg 桑叶)。

3.4

供试物　test substance

试验中需要测试的物质。

3.5

发育历期　developmental duration

家蚕从孵化到成为熟蚕的时间,包括5个龄期,每一龄期为起蚕到眠蚕的时间。

中华人民共和国农业部 2017-06-12 发布　　2017-10-01 实施

3.6

结茧率　percentage of cocooning

结茧家蚕数占饲养家蚕总数的百分率。

注:结茧以形成茧层为准,只吐浮丝或结平板茧个体不做结茧蚕统计。

3.7

茧层量　cocoon shell weight

家蚕所结茧茧层的重量。

3.8

全茧量　total cocoon weight

茧层、蛹体和蜕皮的总重量。

3.9

茧层率　percentage of cocoon shell

茧层量占光茧全茧量的百分率。

3.10

化蛹率　percentage of pupation

化蛹家蚕数占结茧家蚕数的百分率。

3.11

死笼率　percentage of dead worm cocoon

死笼茧占结茧总数的百分率。

注:凡茧内的死蚕、死蛹、病蚕、病蛹、半蜕皮蛹(包住胸部或尾部2个以上环节)、不蜕皮蛹、尾部3个环节呈黑色的蛹和虽然健康但未化蛹的毛脚蚕,均记为死笼茧。

4　试验概述

将不同浓度的药液喷于桑叶上以供蚕食用。以二龄起蚕饲喂处理桑叶,48 h后转至干净培养装置中并饲喂无毒桑叶至熟蚕期,测定和观察农药对家蚕产茧量及部分生物学指标的影响,并确定对家蚕茧层量影响的无可观察效应浓度(NOEC)和最低可观察效应浓度(LOEC)。

5　试验方法

5.1　材料和条件

5.1.1　供试生物

试验用家蚕(*Bombyx mori*)品系采用春蕾×镇珠。以二龄起蚕为供试生物。

5.1.2　供试物

农药原药或制剂。难溶于水的可用少量对家蚕毒性小的有机溶剂、乳化剂或分散剂等助溶。

5.1.3　主要仪器设备

——喷雾设备(需喷雾均匀,可定量计算);

——人工气候室;

——通风式昆虫毒性试验培养装置(参见附录A);

——通风泵;

——分析天平(精确到0.000 1 g);

——移液器。

5.1.4　试验条件

5.1.4.1　温度

1龄～2龄家蚕饲养的最适温度应为(27±1)℃，试验期间每增长1龄，最适温度应降低1℃，直到上蔟结茧，蔟中温度应为(24±1)℃。

5.1.4.2 湿度

试验期间相对湿度应为70%～85%，蔟中相对湿度应为60%～75%。

5.1.4.3 光照

光照周期(光暗比)应为16 h∶8 h，光照强度应为1 000 lx～3 000 lx。

5.2 试验操作

5.2.1 预试验

5.2.1.1 浓度组设置

参考家蚕急性毒性试验得出的LC_{50}值，以较大的间距设置4个～5个浓度组，并设空白对照。供试物使用溶剂助溶时，还需设溶剂对照。对照组和每浓度处理组均设2个重复，每重复20头二龄起蚕。

按照GB/T 31270.11规定的试验方法获得LC_{50}值，或按照附录B中规定的方法获得LC_{50}值。当使用按照GB/T 31270.11方法得出的LC_{50}时，须用桑叶浸渍修正系数对LC_{50}进行修正后，方可用于本标准中试验浓度设定。修正系数默认值为0.46 L/kg桑叶。

5.2.1.2 染毒

采用饲喂毒叶法，选取桑树顶端新鲜有光泽的嫩叶，同次试验选取桑叶大小和重量应尽量一致，每片叶重范围为2.0 g～3.0 g。采用喷雾设备将试验药液喷于桑叶的背面。喷药前称量桑叶的重量，喷药后立即再次称量桑叶重量，以测定每片桑叶上喷施供试物的准确量。待桑叶晾干后，将叶子的叶柄插入装有10%琼脂培养基的离心管中，以保持叶片新鲜，每个装置2片叶。

选择健康、大小一致的二龄起蚕，随机移入通风式昆虫毒性试验培养装置中的桑叶上。48 h后，将家蚕转移至干净饲养装置中并饲喂无毒桑叶至熟蚕期。待家蚕发育成熟后，及时捉蚕上蔟，整个试验饲养至结茧、化蛹为止。

5.2.1.3 观察与记录

试验过程中，观察并记录家蚕各龄期的发育历期、眠蚕体重及其他异常行为。上蔟后第8 d采茧削茧测定全茧量、茧层量、蛹重，雌雄分别进行统计。

5.2.1.4 数据处理

以茧层量为主要评价指标，采用方差分析对各个浓度处理组与对照组间的差异进行显著性分析，求出供试物对家蚕茧层量与对照有显著差异的最低浓度(LOEC)和茧层量与对照无显著差异的最高浓度(NOEC)。

5.2.2 正式试验

5.2.2.1 浓度组设置

根据预试验确定的浓度范围按一定比例间距(几何级差应控制在3.2以内)设置5个～7个浓度组，并设空白对照。供试物使用溶剂助溶时，还需设溶剂对照。对照组和每浓度处理组均设3个重复，每重复20头二龄起蚕。

5.2.2.2 染毒

按5.2.1.2的规定进行。

5.2.2.3 观察与记录

按5.2.1.3的规定进行。同时统计良蛹数量，计算茧层率、死笼率和化蛹率。

5.2.2.4 数据处理

以茧层量为主要评价指标，采用方差分析对各个浓度处理组与对照组间的差异进行显著性分析，最终获得供试物对家蚕茧层量影响的NOEC和LOEC，并获得供试物对家蚕的发育历期、眠蚕体重、蛹重、茧层率、结茧率、化蛹率、死笼率等生物学指标影响情况。

5.2.3 限度试验

参考家蚕急性毒性试验得出的 LC_{50} 值，设置 1/10 LC_{50} 为上限浓度，进行限度试验。当限度试验证明供试物对家蚕茧层量影响的 NOEC 比限度试验浓度高，可判定供试物对家蚕茧层量无显著影响，则无需继续进行慢性毒性试验。限度试验中，对照组和处理组至少设置 6 个重复。

5.3 质量控制

质量控制条件包括：

——试验结束时，对照组死亡率不超过 20%；

——试验中所设置的浓度中应至少包括与对照组有显著差异和无显著差异的浓度各 1 个。

6 试验报告

试验报告应至少包括下列内容：

a) 供试物的信息，包括：
  1) 供试物的物理状态及相关理化特性，包括通用名、化学名称、结构式、水溶解度等；
  2) 化学鉴定数据(如 CAS 号)、纯度(杂质)。

b) 供试生物：品系名称、来源、大小及饲养情况。

c) 试验条件，包括：
  1) 试验期间的环境温度、湿度和光照；
  2) 采用的试验方法；
  3) 试验设计描述，包括喷雾设备(型号、喷雾压力、喷雾体积、沉降时间)、试验容器(大小)、试验重复数、每重复蚕数；
  4) 母液和试验药液的制备方法，包括任何溶剂或分散剂的使用；
  5) 试验持续时间。

d) 结果，包括：
  1) 原始数据：家蚕各龄期的发育历期、眠蚕体重，结茧后全茧量，茧层量、蛹重、茧层率、结茧率、化蛹率、死笼率等；
  2) 对茧层量影响的 NOEC、LOEC，并给出所采用的统计分析方法；
  3) 对照组家蚕是否出现死亡及异常反应；
  4) 观察到的供试物对家蚕慢性毒性效应，如受试家蚕的发育历期缩短或延长、结茧率是否降低等；
  5) 试验质量控制条件描述。

附 录 A
(资料性附录)
通风式昆虫毒性试验培养装置

玻璃材质通风暴露装置(见图 A.1),直径 20 cm,高 15 cm。装置连接一个小型空气泵用来保证空气流通。试验时在装置的瓶底铺一层 2 mm～4 mm 的琼脂,用以减缓桑叶萎蔫的速度。

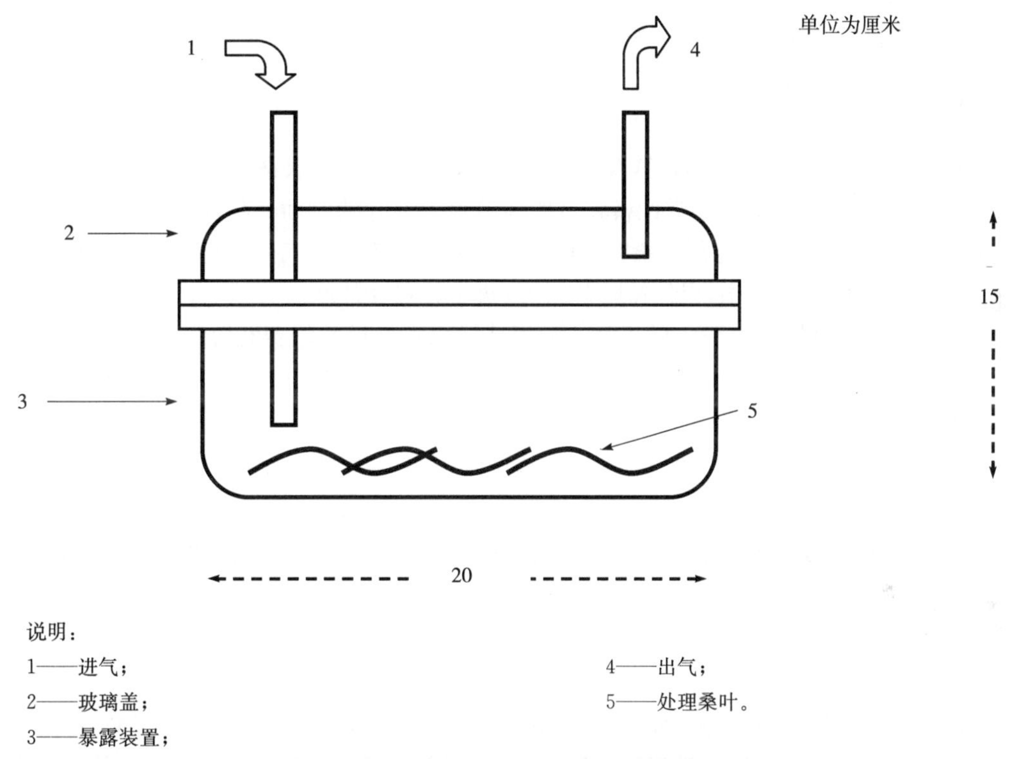

说明:
1——进气;
2——玻璃盖;
3——暴露装置;
4——出气;
5——处理桑叶。

图 A.1 通风式昆虫毒性试验培养装置示意图

附　录　B
（规范性附录）
农药家蚕急性毒性试验——喷雾法

B.1　预试验

B.1.1　浓度组设置

以较大的间距设置 4 个～5 个浓度组，并设空白对照。供试物使用溶剂助溶时，还需设溶剂对照。对照组和每浓度处理组均设 2 个重复，每重复 20 头二龄起蚕。

B.1.2　染毒

采用饲喂毒叶法，选取桑树顶端新鲜有光泽的嫩叶，同次试验选取桑叶大小和重量应尽量一致，每片叶重范围为 2.0g～3.0g。采用喷雾设备将试验药液喷于桑叶的背面。喷药前称量桑叶的重量，喷药后立即再次称量桑叶重量，以测定每片桑叶上喷施供试物的准确量。待桑叶晾干后，将叶子的叶柄插入装有 10％琼脂培养基的离心管中，以保持叶片新鲜，每个装置 3 片叶。

选择健康、大小一致的二龄起蚕，随机移入通风式昆虫毒性试验培养装置中的桑叶上。染毒时间为 96 h。

B.1.3　症状观察与数据记录

于药剂处理后 24 h、48 h、72 h 和 96 h 观察并记录家蚕中毒症状及死亡数。

B.1.4　数据处理

计算 96 h 各处理浓度对家蚕的死亡率，求出供试物对家蚕的最高全存活浓度和最低全致死浓度。

B.2　正式试验

B.2.1　浓度组设置

根据预试验确定的浓度范围按一定比例间距（几何级差应控制在 2.2 以内）设置 5 个～7 个浓度组，并设空白对照，供试物使用溶剂助溶时，还需设溶剂对照。对照组和每浓度处理组均设 3 个重复，每个重复 20 头二龄起蚕。

B.2.2　染毒

按 B.1.2 的方法进行。

B.2.3　症状观察与数据记录

按 B.1.3 的要求进行。

B.2.4　数据处理

计算供试物对家蚕 24 h、48 h、72 h 和 96 h 的 LC_{50} 及其 95％置信限。

参 考 文 献

[1]Xingyou Sun, Harold Van Der Valk, Hui Jing, et al,2012. Development of a standard acute dietary toxicity test for the silkworm(*Bombyx mori* L.)[J]. Crop Protection(42):260 - 267.
[2]蔡道基,1999. 农药环境毒理学研究[M]. 北京:中国环境科学出版社.
[3]华德公,2002. 山东蚕桑[M]. 北京:中国农业出版社.
[4]张香萍,2008. 栽桑养蚕新技术[M]. 郑州:中原农民出版社.
[5]浙江农业大学,1980. 养蚕学[M]. 北京:中国农业出版社.
[6]NY/T 1154.9—2008 农药室内生物测定试验准则 杀虫剂 第9部分:喷雾法.

本标准起草单位:农业部农药检定所、山东农业大学。
本标准主要起草人:张燕、姜辉、王开运、乔康、赵旭、柳新菊、俞瑞鲜。

中华人民共和国农业行业标准

NY/T 3088—2017

化学农药　天敌(瓢虫)急性接触毒性试验准则

Chemical pesticide—Guideline for natural enemy(ladybird beetles) acute contact toxicity test

1　范围

本标准规定了天敌瓢虫急性接触毒性试验的材料、条件、方法、质量控制、试验报告的基本要求。

本标准适用于为化学农药登记而进行的天敌瓢虫急性接触毒性试验,其他类型农药可参照使用。

本标准不适用于易挥发和难溶解的化学农药。

2　术语和定义

下列术语和定义适用于本文件。

2.1

半致死用量　median lethal application rate

一定试验周期内,引起50%供试生物死亡时单位面积的供试物使用量,用 LR_{50} 表示。

注:单位为克有效成分每公顷(g a.i./hm²)。

2.2

供试物　test substance

试验中需要测试的物质。

2.3

限度试验　limit test

当供试物在农田内推荐最大使用剂量下对瓢虫的毒性非常低,或者无法获得一个可靠的 LR_{50} 值时,需在供试物最大田间推荐使用剂量乘以多次施药因子条件下,测试供试物对瓢虫的毒性效应。

2.4

多次施药因子　multiple application factor

多次施药时,农药最后一次施药的初始浓度与单次施药后初始浓度的比值,用 MAF 表示。MAF 主要取决于该化合物的半衰期、施药的间隔以及施用的次数。

3　试验概述

采用药膜法处理瓢虫幼虫。将供试物用水或其他有机溶剂配制成一系列不同浓度的稀释液,定量均匀施入一定面积的玻璃容器中的玻璃板(盘)或叶片表面,然后将试验用瓢虫幼虫放入其中(上)胁迫暴露一定时间,每天观察和记录容器中(上)瓢虫的中毒症状和死亡数,直至各浓度处理组死亡率稳定或至成虫羽化。计算出 LR_{50} 值及其95%置信限。本标准药膜染毒可使用指形管或玻璃板(盘)2种器具。

4　试验方法

4.1　材料和条件

中华人民共和国农业部 2017-06-12 发布　　2017-10-01 实施

4.1.1 供试生物

选择七星瓢虫(*Coccinella septempunctata*),试验幼虫采用孵化 3 d～4 d 的二龄幼虫。

4.1.2 供试物

农药原药或制剂。难溶于水的可用少量对瓢虫毒性小的有机溶剂、乳化剂或分散剂等助溶,助溶剂用量不应超过 0.1 mL(g)/L。

4.1.3 主要仪器设备

——智能人工气候箱;

——分析天平(精确到 0.000 1 g);

——指形管;

——喷雾装置(适用玻璃板药膜法);

——玻璃板(盘)试验装置(适用玻璃板药膜法);

——环状防护罩(适用玻璃板药膜法);

——瓢虫饲养装置等。

4.1.4 试验条件

4.1.4.1 温度

瓢虫的饲养温度范围应在 23℃～27℃。

4.1.4.2 湿度

相对湿度应在 60%～90%。

4.1.4.3 光照

光照周期(光暗比)应为 16 h∶8 h,光照强度不低于 1 000 lx。

4.2 试验操作

4.2.1 预试验

4.2.1.1 浓度设置

将供试物用蒸馏水或有机溶剂配制成 4 个～5 个较大间距不同浓度的稀释液,并设空白对照。供试物使用溶剂助溶时,还需设溶剂对照。除此之外,为了验证瓢虫的敏感性,需设立一个参比物质,推荐用乐果(Dimethoate)。

4.2.1.2 染毒

染毒方式为药膜法,包括玻璃药膜和叶片药膜两种染毒方式。其中玻璃药膜的介质可为指形管或玻璃板。

4.2.1.2.1 指形管染毒

在玻璃指形管中定量加入配置好的各浓度供试药液,将药液在指形管中充分滚动,直至晾干制成均匀药膜管,然后将供试瓢虫幼虫单头接入药膜管中,饲喂足量的活蚜虫供瓢虫取食,并以纱布封紧管口,以后每天饲喂充足的活蚜虫作为食物,饲喂蚜虫前需将残余的蚜虫清理干净,以保证瓢虫充分接触药膜。对照组的瓢虫数量与处理组相同,并与处理组同时进行。指形管应平放,保证瓢虫能够自由爬行减少重力对其的不利影响。

4.2.1.2.2 玻璃板(盘)或植物叶片染毒

在一定尺寸(长×宽=40 cm×18 cm)的玻璃板(盘)或植物叶片上均匀涂布或喷洒配置好的各浓度供试药液,并立即精确计算玻璃板(盘或叶片)上的着药量,然后自然晾干或冷风吹干待用。取预先制备好的圆柱形玻璃环(直径 5 cm,高 4 cm),将距底部 3 mm 之上的玻璃环内部均匀涂布滑石粉或聚四氟乙烯(防止试虫沿着玻璃环内壁上爬,且避免对试虫生长造成不利影响),置于晾干的玻璃药膜板(盘或叶片)上,保持玻璃环与板(盘)面或叶片间尽量无缝隙并做适当固定,每环单头接入受试瓢虫幼虫并盖封,按 4.2.1.2.1 的方法进行喂食。试验装置参见附录 A。

玻璃药膜板(盘或叶片)需保持干净,制备需使用适宜的涂布或喷洒装置,装置应使供试物药液均匀地涂布或喷洒在玻璃板(盘或叶片)上。涂布或喷洒使用药液量为 200 L/hm²。涂布或喷洒前需测试药液沉降的均匀性,以满足在玻璃板(盘)或叶片上药液着药量为(2±0.2) μL/cm²。此过程可使用清水重复测试至少 3 次,每次涂布或喷洒前后都应迅速对玻璃板(盘)或叶片称重,计算预计的着药量(重复间的平均误差应控制在预计着药量的 10%以下),同时记录涂布或喷洒装置的各种信息(如型号、喷嘴类型及孔径、喷洒压力等)。重复施药操作前,涂布或喷洒装置应用清水清洗、校正。

4.2.1.3 观察与记录

每天观察并记录玻璃管(环、叶片)中(上)瓢虫的中毒症状和死亡数,将死亡的幼虫、蛹与行为异常的瓢虫一起记录(如活动不灵活的、抽搐的)直至化蛹。化蛹后,蛹继续保持在药膜管内观察至成虫羽化,计算成虫羽化率,未羽化成虫均计入死亡虫数。当幼虫或蛹的减少是由于操作失误(例如,幼虫逃走或在饲养、清洁过程中被杀死),受试瓢虫幼虫初始数量应减去减少的幼虫数量。

4.2.2 正式试验

4.2.2.1 浓度设置

根据预试验确定的浓度范围按一定比例间距设置 5 个~7 个浓度组,相邻浓度的级差不能超过 2.2。并设空白对照,供试物使用溶剂助溶时,还需设溶剂对照。对照组和每浓度处理组均设 3 个重复,每重复不少于 10 头二龄瓢虫幼虫。

4.2.2.2 染毒

按 4.2.1.2 的方法进行。

4.2.2.3 观察与记录

按 4.2.1.3 的要求进行。

4.2.3 限度试验

限度试验的上限剂量设置为供试物田间最大推荐有效剂量乘以多次施药因子(MAF)。当受试瓢虫在供试物达到上限剂量时未出现死亡,则无需继续试验;当供试物在水或其他有机溶剂的溶解度小于田间最大推荐有效剂量时,则采用其最大溶解度作为上限剂量,对于一些特殊的药剂也可采用相应的制剂进行试验。

MAF 按式(1)计算,当缺少任何数据时,MAF 可选取默认值 3。

$$MAF=\frac{1-e^{-n\times k\times i}}{1-e^{-k\times i}} \qquad (1)$$

式中:

k ——农药在植株表面的降解速率常数;

n ——施药次数,单位为次;

i ——施药间隔,单位为天(d)。

降解速率常数 k 按式(2)计算。

$$k=\frac{\ln 2}{DT_{50}} \qquad (2)$$

式中:

DT_{50}——农药在植株表面的降解半衰期,单位为天(d)。当缺少 DT_{50} 的实测数据时,应采用默认值 10 d。

5 数据处理

LR_{50} 的计算可采用机率值法估算,也可应用有关毒性数据计算软件进行分析和计算。如寇氏法可用于计算瓢虫在不同观察周期的 LR_{50} 值及 95%置信限。当对照组受试生物出现死亡时,各处理组的死亡率计算应根据对照组死亡率用 Abbott 公式进行修正。

LR_{50}按式(3)计算。

$$\log LR_{50} = X_m - j(\sum P - 0.5) \quad \cdots\cdots (3)$$

式中：

X_m ——最高浓度的对数；

j ——相邻浓度比值的对数；

$\sum P$ ——各组死亡率的总和(以小数表示)。

95%置信限按式(4)计算。

$$95\%\text{置信限} = \log LR_{50} \pm 1.96 S\log LR_{50} \quad \cdots\cdots (4)$$

标准误 S 按式(5)计算。

$$S\log LR_{50} = j\sqrt{\sum \frac{p(1-p)}{N}} \quad \cdots\cdots (5)$$

式中：

p ——1个组的死亡率，单位为百分率(%)；

N——各浓度组瓢虫的数量，单位为个。

6 质量控制

质量控制条件包括：

a) 对照组死亡率不超过20%；

b) 整个试验过程要保证提供足够的蚜虫作为瓢虫食物；

c) 药膜制备保证均匀；

d) 所选测试瓢虫幼虫对参比物质乐果在0.20 g/hm^2 剂量下，其死亡率在40%～80%，则该种群可进行试验；

e) 试验期间，应保护试验室条件正常，如出现各种原因的故障，须重新试验。

7 试验报告

试验报告应至少包括下列内容：

a) 供试物的信息，包括供试农药的通用名、化学名称、结构式、CAS号、纯度、基本理化性质、来源等；

b) 供试生物名称、来源、培养方法；

c) 试验条件，包括试验温湿度、光照条件等；

d) 试验方法，包括浓度设置、药膜制备、所用装置等；

e) 试验结果，一定试验周期的LR_{50}值和95%置信限，并给出所采用的计算方法；

f) 对照组及处理组是否出现死亡及异常反应；

g) 试验质量控制条件描述；

h) 试验结果及毒性评价。

附　录　A
（资料性附录）
玻璃板（盘）药膜法试验装置示意图

玻璃板（盘）药膜法试验装置见图 A. 1、图 A. 2、图 A. 3。

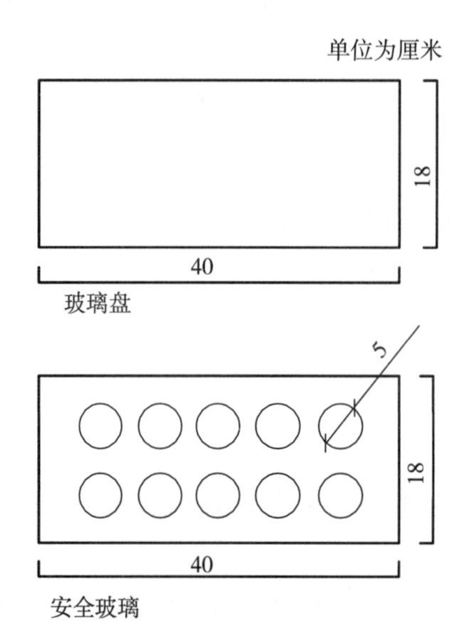

图 A. 1　两层玻璃板平面图

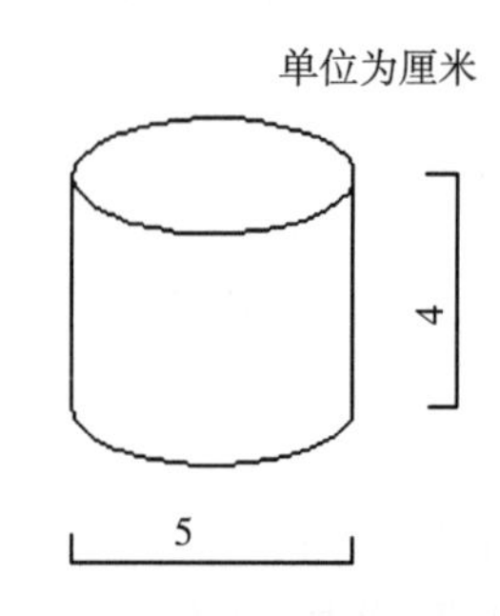

图 A. 2　小圆柱立体图

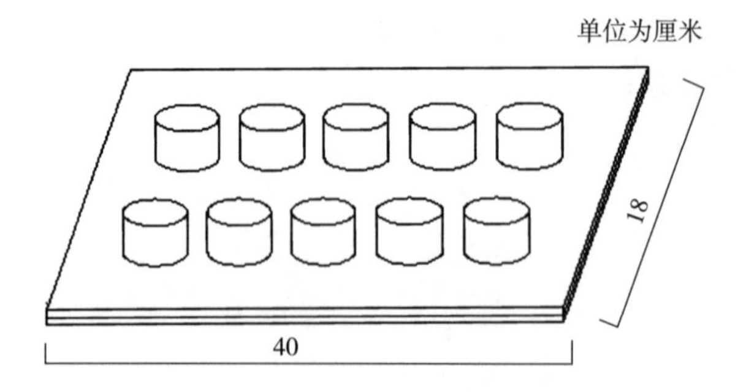

图 A. 3　药膜试验装置侧面图

参 考 文 献

[1]Schmuck R,Candolfi M P,Kleiner R,et al,1998. Two-step test system using the plant-dwelling non-target insect Coccinella septempunctata to generate data for registration of pesticides[M]//Haskell P T,McEwen P,Ecotoxicology-Pesticides and beneficial organisms. Springer Science+Business Media B. V.

[2]Schmuck R,Candolfi M P,Kleiner R,et al,2000. A laboratory test system for assessing effects of plant protection products on the plant dwelling insect *Coccinella septempunctata* L. (Coleoptera: Coccinellidae)[M]//M P Candolfi,S Blümel,R Forster,et al. Guidelines to evaluate side-effects of plant protection products to non-target arthropods. IOBC/WPRS,Gent.

[3]Bailer A J,Oris T,1996. Implications of defining test acceptability in terms of control-group survival in two-group survival studies[J]. Environmental Toxicology and Chemistry(15):1242-1244.

[4]US EPA,2012. Honey bee acute contact toxicity test (OCSPP 850. 3020). Ecological effects test guidelines[R]. EPA 712-C-95-147,Washington DC,United States of America.

[5]OECD,1998. Guideline 214: Honeybees,acute contact toxicity test,OECD guidelines for test of chemicals.

[6]蔡道基,1999. 农药环境毒理学研究[M]. 北京:中国环境科学出版社.

[7]吴红波,等,2007. 几种常用杀虫剂对异色瓢虫的敏感性测定[J]. 中国生物防治,23(3):213-217.

[8]冀禄禄,等,2011. 四种杀虫剂对七星瓢虫成虫的室内毒力测定[J]. 山东农业科学(5):74-75.

本标准起草单位:农业部农药检定所、中国矿业大学(北京)。

本标准主要起草人:于彩虹、林荣华、薛明明、王晓军、程沈航、姜辉、隋靖怡。

中华人民共和国农业行业标准

NY/T 3090—2017

化学农药　浮萍生长抑制试验准则

Chemical pesticide—Guideline for *Lemna* sp. growth inhibition test

1　范围

本标准规定了浮萍生长抑制试验的试验原理、材料与条件、方法、质量控制、试验报告等基本要求。

本标准适用于为化学农药登记而进行的浮萍生长抑制试验，其他类型的农药可参照使用。

本标准不适用于易挥发和难溶解的化学农药。

2　术语和定义

下列术语和定义适用于本文件。

2.1

生物量　biomass

一个生物种群中活体材料的干重。本标准中，生物量指标包括浮萍叶状体数量、叶面积、干重或鲜重。

2.2

供试物　test substance

试验中需要测试的物质。

2.3

供试生物　test species

根据试验目的，用于测试供试物的一种或多种生物受体。

2.4

变色　chlorosis

浮萍叶片组织颜色改变，如变黄。

2.5

无性繁殖体　clone

通过无性繁殖产生的生物体或细胞，来自同一个无性繁殖体的个体有遗传同一性。

2.6

无性繁殖群　colony

互相连着的母体和后代叶状体(通常 2 片～4 片)的集合体，或是整个植株。

2.7

半效应浓度　median effective concentration

在生长抑制试验中，使供试生物生物量增长或者生长率比对照下降 50%时的供试物浓度，用 EC_{50} 表示。在本标准中，指在一定暴露期内，通过浮萍生物量增长的抑制百分率计算而得到的半效应浓度用 E_yC_{50} 表示，通过浮萍生长率的抑制百分率计算而得的半效应浓度用 E_rC_{50} 表示。

中华人民共和国农业部 2017 - 06 - 12 发布　　　　2017 - 10 - 01 实施

注:单位为毫克有效成分每升(mg a.i./L)。

2.8

叶状体　frond

浮萍植株的单个“叶状结构”,是最小单位,即个体,有繁殖能力。

2.9

突起　gibbosity

浮萍叶片的凸起或小包。

2.10

生长　growth

试验期间浮萍测量变量如叶状体数量、叶面积、干重或鲜重的增加过程。

2.11

平均特定生长率　average specific growth rate

试验期间浮萍生物量的对数增长率,用 μ 表示,单位为百分率(%)。

2.12

测量变量　measurement variables

任何类型的可被测量的变量。本标准中指叶状体数量、叶面积、鲜重或干重等。

2.13

单一培育　monoculture

一个植物种的培养。

2.14

坏死　necrosis

死亡(即发白或水浸状)叶片组织。

2.15

产量　yield

试验期间浮萍叶状体数量、叶面积、干重或鲜重的变化,即一定试验周期内(如 7 d)最终测量值与初始测量值之差。

2.16

响应变量　response variable

用于估计毒性的变量。本标准中指平均特定生长率和产量。

2.17

静态试验法　static test

试验期间不更换试验药液。

2.18

半静态试验法　semi-static test

试验期间每隔一定时间(如 24 h)更换一次药液,以保持试验药液的浓度不低于初始添加浓度的一定百分比水平。

2.19

流水式试验法　flow-through test

试验期间药液连续更新。

2.20

试验培养基　test medium

人工配制的生长介质,供试品通常溶于试验培养基中。

3 试验概述

将供试物按等比配制一系列不同浓度的试验药液，然后将不同浓度试验药液与试验培养基混合，接入浮萍，连续培养 7 d 后，测定试验用浮萍叶状体数量、叶面积、干重或鲜重，求出半效应浓度 E_yC_{50} 和 E_rC_{50}(7 d)值以及 95%置信限，以评价受试物对浮萍可能产生的影响。

4 试验方法

4.1 材料和条件

4.1.1 供试生物

本标准的供试生物可使用圆瘤浮萍(*Lemna gibba*)、小浮萍(*Lemna minor*)、紫背浮萍(*Spirodela polyrrhiza*)，具体描述参见附录 A。

试验用浮萍可实验室培养或田间采集获得，如果从田间采集，采集地点应未受各种明显污染，并应在试验开始前将采集到的植株在试验用培养基中培养至少 8 周；如果从其他实验室培养获得，也应同样条件下培养至少 3 周。试验用的植物、种和无性繁殖体的来源均应被详细描述和记录。

4.1.2 供试物

4.1.2.1 农药制剂或原药。对难溶于水的农药，可用少量对浮萍影响小的有机溶剂、乳化剂或分散剂助溶，用量不应超过 0.1 mL(g)/L。

4.1.2.2 供试物信息至少应包括：

a) 化学结构式；
b) 纯度；
c) 水溶性；
d) 水中和光中的稳定性；
e) pK_a值；
f) K_{ow}；
g) 蒸汽压；
h) 生物降解性；
i) 定量分析方法。

4.1.3 参比物质

为检验实验室的设备、条件、方法及供试生物的质量，设置参比物质做方法学上的可靠性检验。本标准推荐使用参比物质 3,5-二氯苯酚(3,5-dichlorophenol)对浮萍进行检测(每年最少 2 次)。

4.1.4 主要仪器设备

a) 结晶皿；
b) 人工气候箱；
c) 高压灭菌锅；
d) 洁净工作台；
e) 酸度计；
f) 温湿度记录仪；
g) 照度计。

所有接触试验培养基的设备应由玻璃或其他化学惰性材料制成，培养和试验所用玻璃器皿应清洗干净，在使用前进行消毒杀菌，且避免化学污染物混入试验药液和培养基。

4.1.5 试验培养基

推荐选择 SIS 培养基用于小浮萍和紫背浮萍的培养和试验；选择 20× AAP 生长培养基用于圆瘤

浮萍的培养和试验;也可使用 Steinberg 培养基培养小浮萍。培养基配方参见附录 B。

4.1.6 培养和试验条件

用连续的暖或冷白荧光灯提供培养光源,光照/黑暗时间比为 16 h∶8 h,在叶与光源同样距离的点测定光合作用辐射(400 nm～700 nm)时,光强度在 6 500 lx～10 000 lx 范围内。培养和试验环境温度应控制在(24±2)℃。试验期间对照培养基的 pH 升高不超过 1.5 个单位。

4.2 试验操作

4.2.1 供试生物的培养

无菌操作条件下将试验用浮萍接种到装有经消毒的试验培养基的培养皿中,在 4.1.6 的条件下培养。为免受如绿藻和原生动物等其他生物的污染,应进行单一物种培养。有被绿藻或其他生物污染的明显迹象时,可对浮萍叶面进行表面消毒,然后转移到新的培养基中。

4.2.2 方法的选择

根据农药的特性选择静态法、半静态法或流水式法进行试验。选择半静态法时,应选择一定的时间间隔(如试验的第 3 d、第 5 d)更换试验药液;当使用静态或半静态法时,应确保试验期间试验药液中供试物浓度不低于初始浓度的 80%。如果在试验期间试验药液中供试物浓度发生超过 20%的偏离,则应检测试验药液中供试物的实际浓度并以此计算结果,或使用流水式法进行试验,以稳定试验药液中供试物浓度。

4.2.3 预试验

按正式试验的环境条件进行预试验,设 3 个～5 个剂量组来确定正式试验的浓度范围。

4.2.4 正式试验

在预试验确定的浓度范围内以一定比例间距(公比应控制在 3.2 倍以内)设置不少于 5 个浓度组,并设空白对照组,使用助溶剂的还应该增设溶剂对照组,每个浓度组设 3 个重复。

4.2.5 限度试验

当预试验结果表明供试物在 100 mg a.i./L 浓度或最大溶解度时没有毒性效应,可直接进行限度试验。限度试验时,对照组和处理组至少设置 6 个重复,且对浓度组和对照组进行差异显著性分析(如 t 检验)。

4.2.6 染毒

在无菌条件下,用经消毒的不锈钢叉或接菌环将有 2 片～4 片可见叶的无性繁殖群从接种培养皿随机转接入试验培养基容器中,每个试验容器中叶状体数量应为 9 片～12 片,并保持试验容器中的叶状体数和无性繁殖群数相同。

试验容器在培养箱中应随机摆放,以降低光强和温度影响导致的空间差异。

如果预先的稳定性试验表明供试物浓度在试验期间(7 d)不能保持稳定(即测定浓度低于初始浓度的 80%),推荐采用半静态试验系统,即应选择一定的时间间隔(如试验的第 3 d、第 5 d)更换试验药液,以保持试验体系中恒定浓度。应根据供试物的水中稳定性决定更换新液的频率,极不稳定或挥发物质要求更高更换频率或采用流水式试验系统。

4.2.7 观测与记录

试验开始时,详细记录各处理组及对照组中浮萍突起和清晰可见的叶状体数量及颜色,观测频率自试验开始每 3 d 观察 1 次(即 7 d 试验期内至少观察 2 次)。记录的基本信息包括植株发育的改变,如叶状体大小及形态、坏死、变色或突起等征兆、无性繁殖群破裂、丧失浮力、根长及形态,试验用培养基的显著特征(如不溶物的存在、浮萍的生长)也应记录。

总叶状体面积、干重和鲜重可按下列方法测定:

a) 总叶状体面积:所有无性繁殖群的总叶状体面积可通过影像分析进行测定。用摄影机将试验容器和植株的剪影拍下来(即将容器放入光盒中),把产生的影像数字化。通过与已知面积的平面形状校准，总叶状体面积可以测定。须小心排除试验容器边缘造成的干扰。或将试验容器和植株影印下来，切下无性繁殖群的剪影，用叶片面积分析仪或方格纸测定面积。也可采用无性繁殖群剪影面积和单位面积的贴纸重量比等技术进行测量。

b) 干重：每个试验容器中的所有无性繁殖群收集起来后，用蒸馏水或去离子水清洗，吸干多余的水后在60℃烘干至恒定重量，所有根的碎片应包括在内，干重精度应精确到0.1 mg。

c) 鲜重：所有无性繁殖群转移到事先称重的聚苯乙烯(或其他惰性材料)圆底管(圆底上有1 mm小孔)，然后将管放入离心机中离心(室温下3 000 r/min离心10 min)，再称重装有无性繁殖群的聚苯乙烯圆底管，减去事先称重空管的重量即得出鲜重。

4.2.8 测定频率和浓度分析

4.2.8.1 光强及温度

试验期间，需至少测定1次生长室、培养箱或房间内离浮萍叶片同样距离的光强。生长室、培养箱或房间内放置的备用培养基的温度需每天测定1次。所有测定均需记录。

4.2.8.2 pH

静态试验：试验开始和试验结束时测定每个处理的pH。

半静态试验：测定每个处理更换药液前后的pH。

流水式试验：试验期间，每天测定每个处理的pH。

4.2.8.3 供试物浓度

应监测供试物浓度，以保持其在试验体系中的稳定性。选择不同试验方法，其浓度测定频率如下：

a) 静态试验至少应在试验开始和结束时测定各组浓度；

b) 半静态试验中，试验培养液的浓度应保持在设计浓度的20%变化率内，需分析测定每次更换时新制备的试验培养液浓度和旧试验培养液浓度。当有充分证据表明初始浓度可重复并且稳定(即保持在初始浓度的80%～120%范围内)，可只对最高浓度组和最低浓度组进行测定。所有情况的旧试验培养液中供试物浓度需测定每个浓度各重复的混合液；

c) 流水式试验的取样方式及测定同半静态试验，包括试验开始、中途和试验结束取样测定，并每天检查稀释液和供试物或供试物母液的流量。

4.2.8.4 结果测定

当整个试验期间，供试物浓度一直保持在设计浓度或测定初始浓度的20%变化率内，结果分析可根据设计或测定的初始浓度值进行；当供试物浓度偏离设计浓度或测定初始浓度的20%变化率外时，结果分析要根据实际测定浓度进行。

5 数据处理与分析

5.1 倍增时间的计算

对照组的叶状体数倍增时间(T_d) 按式(1)计算。

$$T_d = \ln 2/\mu \qquad (1)$$

式中：

μ——平均特定生长率的测定值，单位为百分率(%)。

5.2 响应变量的计算

本标准的目的是测定供试物对浮萍植株的影响，本标准选择以下响应变量来评价试验影响。

5.2.1 平均特定生长率抑制百分率

平均特定生长率抑制百分率是特定时期内每个处理组与空白对照组比较，平均特定生长率的变化百分率(Ir)按式(2)计算。

$$Ir = \frac{\mu c - \mu t}{\mu c} \times 100 \qquad (2)$$

式中：

Ir ——处理组浮萍平均特定生长率抑制率，单位为百分率(%)；

μc ——空白对照组 μ 平均值，单位为百分率(%)；

μt ——处理组 μ 平均值，单位为百分率(%)。

平均特定生长率 μ 按式(3)计算。

$$\mu_{i-j} = \frac{\ln N_j - \ln N_i}{t} \quad \cdots\cdots (3)$$

式中：

μ_{i-j}——从试验开始时间 i 到结束时间 j 的平均特定生长率，单位为百分率(%)；

N_i ——试验开始时处理组或对照组的生物量测量变量；

N_j ——试验结束时处理组或对照组的生物量测量变量；

t ——从 i 到 j 的时间。

5.2.2 产量抑制百分率

计算供试物对浮萍产量的影响。试验开始时的干重或鲜重的测量，应在与试验接种同一批次供试生物培养时(见 4.2.1)的试验培养基中取样测定。每个试验浓度与对照比计算平均生物量抑制百分率和标准差。平均生物量抑制百分率(Iy)按式(4)计算。

$$Iy = \frac{bc - bt}{bc} \times 100 \quad \cdots\cdots (4)$$

式中：

Iy ——平均生物量抑制百分率，单位为百分率(%)；

bc ——对照组生物量，即对照组最终生物量与初始生物量之差，单位为克(g)；

bt ——处理组生物量，即处理组最终生物量与初始生物量之差，单位为克(g)。

5.2.3 浓度-效应曲线图

以响应变量的平均抑制百分率(如 Ir 或 Iy)为纵坐标和以供试物试验浓度对数为横坐标，绘制浓度-效应曲线。

5.2.4 半效应浓度

按浮萍平均特定生长率抑制百分率(Ir)和平均生物量抑制百分率(Iy)分别估算半效应浓度 E_rC_{50} 和 E_yC_{50}，包含以下 EC_{50} 值，即 E_rC_{50}(叶状体数)、E_rC_{50}(总叶面积、干重或鲜重)、E_yC_{50}(叶状体数)和 E_yC_{50}(总叶面积、干重或鲜重)。本标准试验结果统计应优先计算 E_rC_{50}。

5.3 统计方法

通过回归分析获得一个定量的浓度-效应关系，即获得半效应浓度 EC_{50} 值。当效应数据进行线性增长转换后可进行加权线性回归，如概率法、Logit 或 Weibull 法；但当处理不能避免的不规律数据和偏离平滑分布情况时，应选择非线性回归方法；当回归模型或方法均不适合这些数据时，EC_{50} 值和置信限也可以用式(5)进行计算。

5.3.1 寇氏法

用寇氏法可求出 EC_{50} 值及 95%置信限。

EC_{50} 按式(5)计算。

$$\log EC_{50} = X_m - i(\sum P - 0.5) \quad \cdots\cdots (5)$$

式中：

X_m ——最高浓度的对数；

i ——相邻浓度比值的对数；

$\sum P$——各组抑制率的总和(以小数表示)。

95%置信限按式(6)计算。

$$95\%\ 置信限 = \log EC_{50} \pm 1.96 S \log EC_{50} \qquad (6)$$

标准误($S \log EC_{50}$)按式(7)计算。

$$S \log EC_{50} = i\sqrt{\sum \frac{p(1-p)}{n}} \qquad (7)$$

式中：

p ——1 个组的抑制率，单位为百分率(%)；

n ——各浓度组的生长率或生物量增长。

5.3.2 直线内插法

采用线性刻度坐标，绘制抑制百分率对试验物质浓度的曲线，求出 50%活动抑制时的 EC_{50} 值。

5.3.3 概率单位图解法

用半对数纸，以浓度对数为横坐标、抑制百分率对应的概率单位为纵坐标绘图。将各实测值在图上用目测法画一条相关直线，从直线中读出活动抑制 50%的浓度对数，估算出 EC_{50} 值。

6 质量控制

试验期间质量控制包括：

a) 供试生物应是纯种浮萍；
b) 对照组和各处理组的试验温度、光照等环境条件应按要求完全一致；
c) 尽可能维持试验体系恒定条件，如有必要，应使用流水式试验；
d) 供试物的实测浓度应不小于设计浓度的 80%，如果试验期间供试物实测浓度与设计浓度相差 20%，则以供试物实测浓度平均值来确定试验结果；
e) 对照组叶状体数量的倍增时间应在 2.5 d(60 h)内，相当于在 7 d 内应有 7 倍的增长率，并且平均特定生长率为 0.275/d。

7 试验报告

试验报告应至少包括下列内容：

a) 供试物的信息，包括：
   1) 供试农药的物理状态及相关理化特性等(包括通用名、化学名称、结构式、水溶解度等)；
   2) 化学鉴定数据(如 CAS 号)、纯度(杂质)。
b) 供试生物：浮萍学名、无性繁殖体及来源，供试生物的培养基及培养方式。
c) 试验条件，包括：
   1) 试验持续时间及试验周期；
   2) 采用试验方法，如静态、半静态或流水式；
   3) 试验设计描述，包括试验容器(容量、型号、密闭方式、静置、振荡或通气方式)、溶液体积、试验开始每个试验容器无性繁殖群和叶状体数；
   4) 母液和试验液的制备方法，包括任何溶剂、分散剂等的使用；
   5) 试验期间培养条件的温度、光照；
   6) 处理组和对照组的 pH、供试物浓度和浓度定量方法(验证试验、标准偏差或置信限分析)；
   7) 叶状体数和其他测量变量(叶面积、干重或鲜重)测定方法；
   8) 对本标准的偏离。
d) 结果，包括：
   1) 原始数据：每次观察和浓度分析时，每个试验处理组和对照组叶状体数和其他测量变量值；
   2) 每个测量变量的平均值和标准差；

3） 对照组叶状体数倍增时间/生长率；
4） 各处理组平行间的效应变化，平均值和各平行之间变异系数；
5） 浓度/效应曲线，得出的 E_yC_{50}、E_rC_{50} 值，并注明计算方式，确定 EC_{50} 值的统计学方法；
6） 观察到的效应，浮萍颜色、形态和大小的变化；死亡、抑制生长等效应情况；
7） 试验质量控制条件描述，包括任何偏离及偏离是否对试验结果产生影响。

附　录　A
(资料性附录)
供试生物描述

A.1　浮萍物种概述

浮萍属种子植物门,单子叶植物纲,天南星目,浮萍科。该科为世界性广布(除南北极区外),主要生长在静止的淡水及半盐水(河口湾)中,多分布于热带及亚热带至温带地区。浮萍科植物被划分成5个属,分别是水萍属(*Spirodela*)、青萍属(*Lemna*)、微萍属或无根萍属(*Wolffia*)、扁无根萍属(*Wolffiella*)(只分布于美洲和非洲)和紫萍属(*Landoltia*)。全世界浮萍科植物共38种。紫萍属是浮萍科植物中形体最大、相对较原始的类群,具有最多数目的根,这是比较容易鉴定的特点。

A.2　供试生物概述

圆瘤浮萍(*Lemna gibba*)、小浮萍(*Lemna minor*)是温带地区代表种,通常用于毒性试验。紫背浮萍 (*Spirodela polyrrhiza*)在我国分布最广、数量最大、具有优势。这3个种都有漂浮的或没入水中的盘状茎(叶)和从每个叶状体最低的表面伸出的非常细小的根。浮萍很少开花,靠无性繁殖产生新叶进行繁殖。和老叶相比,新叶色淡,有较短的根,由大小不同的2片～3片叶组成。由于浮萍的体形小,结构简单,无性繁殖和世代短,使浮萍属非常适于实验室培养。因为可能存在敏感性的种间变异,所以只有种内的敏感性比较是有效的。

附 录 B
(资料性附录)
培养基制备

B.1 瑞士标准(SIS)培养基

B.1.1 瑞士标准(SIS)培养基的配方见表B.1。储备液A～储备液E需高压锅(120℃,15 min)或过滤膜(约0.2 μm孔径)灭菌。储备液F只需过滤膜(约0.2 μm孔径)灭菌,不需高压灭菌。灭菌后的储备液应冷藏盒黑暗条件保存。储备液A～储备液E可保存6个月,而储备液F只能保存1个月。

表B.1 瑞士标准(SIS)培养基配方

储备液类型	试剂	储备液,g/L	培养液,mg/L
A	$NaNO_3$	8.5	85
	KH_2PO_4	1.34	13.4
B	$MgSO_4 \cdot 7H_2O$	15	75
C	$CaCl_2 \cdot 2H_2O$	7.2	36
D	Na_2CO_3	4	20
E	H_3BO_3	1	1
	$CuSO_4 \cdot 5H_2O$	0.005	0.005
	$ZnSO_4 \cdot 7H_2O$	0.05	0.05
	$MnCl_2 \cdot 4H_2O$	0.2	0.2
	$Na_2MoO_4 \cdot 2H_2O$	0.01	0.01
	$Co(NO_3)_2 \cdot 6H_2O$	0.01	0.01
F	$Na_2EDTA \cdot 2H_2O$	0.28	1.4
	$FeCl_3 \cdot 6H_2O$	0.17	0.84
G	MOPS(buffer)	490	490

B.1.2 制备1 L SIS培养基,在900 mL去离子水中加10 mL储备液A、5 mL储备液B、5 mL储备液C、5 mL储备液D、1 mL储备液E及5 mL储备液F,用0.1 mol/L或1 mol/L HCl或NaOH调pH为6.5±0.2,用去离子水定容至1 L。

需要注意,当试验中需控制pH稳定时(例如,供试物含重金属或易水解),加1 mL储备液G(MOPS buffer)。

B.2 20× AAP生长培养基

20× AAP培养基配方见表B.2。用无菌蒸馏水或去离子水制备储备液。无菌储备液应储存在冷藏和黑暗条件下,可储存6周～8周。要准备5个营养储备液(A1、A2、A3、B和C)制备20× AAP培养基,用试剂纯试剂。每种储备液取20 mL加入约850 mL去离子水配成生长培养基,用0.1 mol/L或1 mol/L HCl或NaOH调节pH为7.5±0.1,用去离子水定容至1 L。然后将培养基过约0.2 μm孔径滤膜装入无菌容器内。用于试验的生长培养基在试验开始前1 d～2 d准备,使pH稳定下来。在使用前应测定培养基pH,如果需要,用0.1 mol/L或1 mol/L HCl或NaOH调pH。

表 B.2　20× AAP 培养基配方

储备液类型	试剂	储备液	培养液
A1	$NaNO_3$	26 g/L	510 mg/L
	$MgCl_2 \cdot 6H_2O$	12 g/L	240 mg/L
	$CaCl_2 \cdot 2H_2O$	4.4 g/L	90 mg/L
A2	$MgSO_4 \cdot 7H_2O$	15 g/L	290 mg/L
A3	$K_2HPO_4 \cdot 3H_2O$	1.4 g/L	30 mg/L
B	H_3BO_3	1.34 g/L	13.4 mg/L
	$MnCl_2 \cdot 4H_2O$	0.42 g/L	8.3 mg/L
	$FeCl_3 \cdot 6H_2O$	0.16 g/L	3.2 mg/L
	$Na_2EDTA \cdot 2H_2O$	0.3 g/L	6 mg/L
	$ZnCl_2$	3.3 mg/L	66 μg/L
	$CoCl_2 \cdot 6H_2O$	1.4 mg/L	29 μg/L
	$Na_2MoO_4 \cdot 2H_2O$	7.3 mg/L	145 μg/L
	$CuCl_2 \cdot 2H_2O$	0.012 mg/L	0.24 μg/L
C	$NaHCO_3$	15 g/L	300 mg/L

B.3　STEINBERG 培养基(ISO20079)

B.3.1　浓度和储备液

改进的 STEINBERG 培养基适用于小浮萍及圆瘤浮萍。制备培养基应使用试剂纯或分析纯化学品和去离子水。STEINBERG 培养基的配方见表 B.3。

表 B.3　pH 稳定的 STEINBERG 培养基配方

物　质		营养培养基	
常量元素	摩尔质量	mg/L	mmol/L
KNO_3	101.12	350.00	3.46
$Ca(NO_3)_2 \cdot 4H_2O$	236.15	295.00	1.25
KH_2PO_4	136.09	90.00	0.66
K_2HPO_4	174.18	12.60	0.072
$MgSO_4 \cdot 7H_2O$	246.37	100.00	0.41
物　质		营养培养基	
微量元素	摩尔质量	μg/L	μmol/L
H_3BO_3	61.83	120.00	1.94
$ZnSO_4 \cdot 7H_2O$	287.43	180.00	0.63
$Na_2MoO_4 \cdot 2H_2O$	241.92	44.00	0.18
$MnCl_2 \cdot 4H_2O$	197.84	180.00	0.91
$FeCl_3 \cdot 6H_2O$	270.21	760.00	2.81
EDTA Disodium-dihydrate	272.24	1 500.00	4.03

B.3.2　STEINBERG 最终浓度培养基的制备

储备液 1、储备液 2 和储备液 3 各 20 mL(见表 B.4)加入 900 mL 去离子水以防产生沉淀,加储备液 4、储备液 5、储备液 6、储备液 7 和储备液 8 各 1.0 mL(见表 B.5),调节 pH 至 5.5±0.2(加最小量的 NaOH 或 HCl 调节),用去离子水定容至 1 L。如果储备液是无菌的,加入无菌的去离子水,最终培养基无需灭菌。如培养基需要灭菌,则储备液 8 应在培养基高压灭菌(121℃,20 min)后加入,培养基 pH(最终酸碱度)应为 5.5±0.2。

表 B.4 储备液(常量元素)

常量元素(50 倍浓缩)		浓度,g/L
储备液 1	KNO_3	17.5
	KH_2PO_4	4.5
	K_2HPO_4	0.63
储备液 2	$MgSO_4 \cdot 7H_2O$	5.00
储备液 3	$Ca(NO_3)_2 \cdot 4H_2O$	14.75

表 B.5 储备液(微量元素)

微量元素(1 000 倍浓缩)		浓度,mg/L
储备液 4	H_3BO_3	120.00
储备液 5	$ZnSO_4 \cdot 7H_2O$	180.00
储备液 6	$Na_2MoO_4 \cdot 2H_2O$	44.00
储备液 7	$MnCl_2 \cdot 4H_2O$	180.00
储备液 8	$FeCl_3 \cdot 6H_2O$	760.00
	EDTA Disodium-dihydrate	1 500.00

为达到更长保存期,储备液在 121℃条件下高压灭菌 20 min 或过无菌滤膜(0.2 μm),推荐储备液 8 过无菌滤膜(0.2 μm)。

参 考 文 献

[1] OECD Guidelines for Testing of Chemicals, Test No. 221, *Lemna* sp. Growth Inhibition Test, Adopted 23 March, 2006.
[2]田延辉,2005. 农药对紫背浮萍的生长抑制试验[D]. 广州:华南农业大学.

本标准起草单位:农业部农药检定所。
本标准主要起草人:周欣欣、张燕、刘学、瞿唯刚、宗照飞、马凌、郝身伟。

中华人民共和国农业行业标准

NY/T 3091—2017

化学农药　蚯蚓繁殖试验准则

Chemical pesticide—Guideline for earthworm reproduction test

1　范围

本标准规定了蚯蚓繁殖试验的术语和定义、供试物信息、试验概述、试验方法、数据处理与分析、质量控制、试验报告等的基本要求。

本标准适用于为化学农药登记而进行的蚯蚓繁殖毒性试验，其他类型的农药可参照使用。

本标准不适用于挥发性的化学农药。

本标准没有考虑供试物在试验期间可能发生的降解。如有必要，可在试验开始和结束时对试验体系中供试物浓度进行分析。

2　规范性引用文件

下列文件对于本文件的应用是必不可少的。凡是注日期的引用文件，仅注日期的版本适用于本文件。凡是不注日期的引用文件，其最新版本(包括所有的修改单)适用于本文件。

GB/T 31270.11—2014　化学农药环境安全评价试验准则　第11部分：蚯蚓急性毒性试验

3　术语和定义

下列术语和定义适用于本文件。

3.1

×%效应浓度　effect concentration for ×% effect

给定的试验期限内，与对照组相比引起受试生物×%某种效应的供试物浓度。比如，半效应浓度(EC_{50})指经过给定的暴露时间，在试验终点时引起受试生物50%某种效应的供试物浓度，用$EC_{\times}$表示。

注：单位为毫克有效成分每千克干土(mg a. i. /kg 干土)。

3.2

无致死浓度　no lethal concentration

给定的试验期限内，对受试生物无任何致死效应的供试物最大浓度，用LC_0表示。

注：单位为毫克有效成分每千克干土(mg a. i. /kg 干土)。

3.3

半致死浓度　median lethal concentration

给定的试验期限内，引起受试生物半数致死的供试物浓度，用LC_{50}表示。

注：单位为毫克有效成分每千克干土(mg a. i. /kg 干土)。

3.4

全致死浓度　totally lethal concentration

给定的试验期限内，引起受试生物全部死亡的最小供试物浓度，用LC_{100}表示。

中华人民共和国农业部 2017-06-12 发布　　2017-10-01 实施

注:单位为毫克有效成分每千克干土(mg a. i. /kg 干土)。

3.5

最低可观察效应浓度 lowest observed effect concentration

给定试验期限内,与空白对照组相比,供试物对受试生物产生具有统计学显著性差异的不利效应(P<0.05)的最低浓度,即供试物对受试生物有不利影响的最低浓度,用 LOEC 表示。

注:单位为毫克有效成分每千克干土(mg a. i. /kg 干土)。

3.6

无可观察效应浓度 no observed effect concentration

给定试验期限内,与空白对照组相比,未观察到供试物对受试生物产生具有统计学显著性差异的不利效应(P<0.05)的供试物最高浓度,一般为仅低于 LOEC 的供试物最高浓度,用 NOEC 表示。

注:单位为毫克有效成分每千克干土(mg a. i. /kg 干土)。

3.7

成蚓 adult worms

身体前部出现生殖带的成年蚯蚓。

3.8

生殖带 clitellum

成蚓前端表皮的一个腺体,呈马鞍形或环状,通常有明显不同的颜色。

3.9

繁殖率 reproduction rate

试验期内每条成蚓生产的幼蚓数量的平均值。

3.10

行为症状 behavioral symptoms

供试物引起蚯蚓中毒后的非正常生物学行为的描述指标。一般包括在土壤表面翻滚、僵硬缩短、伸长并且做脉冲式运动,或者在土壤中停止活动,缩成一团。蚯蚓在测试容器中的每一个可辨别的明显变化。

3.11

死亡 mortality

用细小的针刺供试蚯蚓的前部和尾部,没有明显反应的生物个体。由于蚯蚓死亡后分解很快,在密闭实验容器的土壤中引入活蚯蚓数量的损失也可认定为死亡发生。

4 试验概述

通过不同浓度的供试物溶液与定量的人工配制土壤混合,引入定量健康、具稳定繁殖力的成蚓,并在 4 周内观察试验土壤中成蚓死亡率和生长受影响状况;移出观察到的成蚓,继续暴露 4 周,观察、统计土壤中的子代蚯蚓数量。

供试物浓度范围的选择应包括在 8 周试验期间可能会引起亚致死和致死效应的浓度,目标 $EC_{\times}$ 值也应在该浓度范围内,使得 $EC_{\times}$ 的估算是来自内插法而不是外推法。通过统计分析供试物处理组和空白对照组繁殖率的差异,确定 LOEC 和 NOEC,或通过回归模型来估算 $EC_{\times}$(如 EC_{10} 和 EC_{50})。

5 试验方法

5.1 材料和条件

5.1.1 供试生物

本标准使用赤子爱胜蚓(*Eisenia foetida*)和安德爱胜蚓(*Eisenia andrei*)作为受试生物,选择具有生殖带的两个月至一年大小的成蚓，来自同一生长环境，大小均匀、年龄一致(差别不宜超过 4 周)。试验前，蚯蚓在供试人工土壤环境中驯养至少 1 d，驯养期间使用的食物应和正式试验中的食物保持一致。蚯蚓培养方法参见附录 A。

驯养后的成蚓用去离子水清洗干净，用滤纸吸去多余水分，每 10 条蚯蚓为一组，每组单独称重，每条蚯蚓的重量应控制在 250 mg～600 mg。称重后成蚓在试验开始前随机分配到各试验培养容器中。

5.1.2 供试物

供试物可使用农药制剂、原药。难溶于水的供试物可用少量对蚯蚓低毒的有机溶剂助溶，或直接用适量对蚯蚓低毒有机溶剂(如丙酮)溶解。供试物应至少给出下列信息：

a) 化学结构式；

b) 纯度；

c) 水溶性；

d) 水中和光中的稳定性；

e) 辛醇-水分配系数；

f) 蒸汽压。

5.1.3 参比物质

使用多菌灵(Carbendazim)或苯菌灵(Benomyl)作为参比物质，其对蚯蚓繁殖可观测到的显著抑制效应在 1 mg a. i. / kg 干土～5 mg a. i. / kg 干土，或 250 g a. i. / hm^2～500 g a. i. / hm^2 或25 mg a. i. / m^2～50 mg a. i. / m^2。

5.1.4 供试土壤

人工土壤由 70％的石英砂(具体含量取决于 $CaCO_3$ 的需要量，经 70 目标准筛过滤，50 μm～200 μm 之间颗粒的细砂应超过 50％)、20％的高岭土、10％泥炭藓(土)混合组成，人工土壤初始 pH 应在 6.0±0.5，可通过添加适量的碳酸钙(0.3％～1.0％)进行调节。在通风的地方把土壤中的这些干燥成分进行充分机械混合。实验前，用去离子水或蒸馏水将人工土壤含水量调节为最大持水量(WHC)的 40％～60％，并确保土壤基质放在手里压紧时无水分流出。人工土壤最大持水量测定方法见附录 B，人工土壤 pH 测定方法参见附录 C。

5.1.5 主要仪器设备

5.1.5.1 标本瓶或其他玻璃容器(横截面积宜在 200 cm^2 左右，容积 1 L～2 L。放置 500 g～600 g 试验用人工土壤后，土壤深度宜在 5 cm～6 cm，容器口加盖透气、透光的盖板)。

5.1.5.2 pH 计和光度计。

5.1.5.3 电子天平。

5.1.5.4 温湿度可控的培养箱。

5.1.5.5 容量瓶。

5.1.5.6 镊子、钩或环。

5.1.5.7 水浴锅等。

5.1.6 试验条件

试验温度为(20±2)℃，光照强度 400 lx～800 lx，光暗时间比为 16 h∶8 h。试验期间不向试验容器中充气，但容器盖的设计应允许气体交换，同时还限制水分的过度蒸发。定期称重试验容器(去盖)来监测土壤的含水量。必要时，添加去离子水来补充水量损失，使试验人工土壤含水量变化的范围不超过初始含水量的 10％。

5.2 试验操作

5.2.1 染毒

5.2.1.1 **基本要求**

根据测试目的来选择染毒方式，一般可将供试物溶液与试验人工土壤均匀混合。在设计更细致的染毒试验中，也可直接将供试物施于土壤表面，或与常规农业操作一致(例如：喷洒液体制剂，或使用一些特殊的剂型如颗粒剂和种衣剂时)。当供试物或参比物质染毒过程中使用有机溶剂时，有机溶剂应对蚯蚓低毒，且在试验设计中应以最大溶剂使用量设置溶剂对照组。

5.2.1.2 **土壤混合染毒**

使用均匀混合法染毒时，根据供试物理化特性可按下列3种情况进行：

a) 供试物易溶于水：试验开始前，按设计浓度需要，配制足够的供试物去离子水溶液，使其可以满足一个处理所有重复组的使用量。将各浓度的适量药液加入到人工土壤中，补充去离子水以使土壤最终含水量达到其最大持水量的40%～60%，混合均匀后放入试验容器中待用。

b) 供试物难溶于水：将供试物用少量适宜有机溶剂(如丙酮)溶解，均匀喷洒或混入少量细石英砂中，置于通风橱中至少数分钟，使有机溶剂蒸发。之后将处理过的石英砂与预先湿润的人工土壤配料混合均匀，补充去离子水，使土壤最终含水量达到其最大持水量的40%～60%，混合均匀后放入试验容器中待用。

c) 供试物不溶于水和有机溶剂：将10 g细石英砂与供试物混合，制成均匀混合物，然后将该混合物均匀混入预先湿润的其他人工土壤配料中，补充去离子水以使土壤最终含水量达到其最大持水量的40%～60%，混合均匀后放入试验容器中待用。

5.2.1.3 **土壤表面染毒**

将配置好的人工土壤置于容器中，然后将蚯蚓置于土壤表层。通常健康的蚯蚓会立即钻入土中，若15 min后还未钻入土中的蚯蚓则视为受伤，应予更换，所有更换和被更换的蚯蚓应称重，以确保试验开始时处理组蚯蚓总重和加上容器一起的总重量均为已知。

当加入的蚯蚓均转入土壤后，使用适宜喷洒装置将配置好的供试物各浓度组药液分别定量均匀喷洒在土壤表面，施用前应先移去容器盖子，并向容器内加一个衬里，以避免供试物喷洒到试验容器壁上。上述操作过程应避免蚯蚓与供试物药液直接皮肤接触，且室内温度应保持在(20±2)℃，药液喷施量应控制在600 μL/m²～800 μL/m²。药液喷施量应用适宜方法进行校准。染毒后，试验容器在1 h内勿盖上盖子，以便所用的溶剂蒸发，但应采取有效措施防止蚯蚓爬出逃逸。

5.2.2 **浓度设计**

供试物正式试验的浓度的设计，可通过急性毒性数据和/或浓度范围筛选试验获得，如需进行浓度范围筛选试验，可按几何级数设置较大范围的不同浓度组，如0.1 mg a.i./kg干土、1 mg a.i./kg干土、10 mg a.i./kg干土、100 mg a.i./kg干土和1 000 mg a.i./kg干土，不设重复试验组，2周后检查蚯蚓死亡情况。

参考供试物毒性数据或预实验结果，根据目标毒性参数的不同，可按下列3种方法设计正式试验浓度范围：

a) 当旨在获得NOEC或LOEC，应按一定几何级数设置至少5个处理浓度组。最低处理浓度组与对照组的观察效应不应有显著性差异，否则，应降低试验浓度重新试验；最高处理浓度组与对照组的观测效应应有显著性差异，否则，应提高试验浓度重新试验。每个处理组设置4个重复，空白对照组设置8个重复。浓度间距公比不超过2。

b) 当旨在获得$EC_{\times}$(如EC_{10}和EC_{50})，应设置足够数量的处理浓度组来计算$EC_{\times}$和置信限，其中，应包含至少4个处理组，其各自观测效应的平均值和空白对照组相比应有统计学上的显著性差异。每个浓度处理组≥2个重复，空白对照组≥6个重复。浓度间距公比可基于试验目的灵活设置，例如，在预计产生效应的浓度区间内公比≤2，而对于区间外的低/高浓度，公比可高于2。

c) 当旨在同时获得 $EC_{\times}$ 和 NOEC,应按一定几何级数设置至少 8 个浓度处理组,且每个浓度处理组设置 4 个重复,空白对照组设置 8 个重复。浓度间距公比不超过 2。

5.2.3 正式试验

人工土壤中蚯蚓生物量应控制在每 500 g～600 g 干土放入 10 条成蚓(每 50 g～60 g 土壤 1 条蚯蚓),当采用更多的试验土壤量时,则应按每 50 g～60 g 土壤 1 条蚯蚓增加相应蚯蚓数量。受试蚯蚓在试验前于人工土壤中驯养 24 h,清洗干净、称重后,置于土壤表面,由其自行转入土中。试验用容器应用具孔的塑料板盖好以便透气并防试验土壤失水变干。试验期间,采用燕麦片或牛马粪便作为蚯蚓饲料。使用牛马粪便作为饲料时,应明确粪源动物未使用过生长促进剂或杀线虫剂等兽药,以避免对蚯蚓造成不利影响。试验开始 1 d 后提供饲料,每个容器投放约 5 g 饲料于土壤表面,用去离子水湿润(每个容器 5 mL～6 mL),每 7 d 喂食一次,若饲料未被完全摄食,再次喂食应扣除这部分饲料量。试验进行 4 周移去成蚓后,只需添加一次饲料,剩余 4 周试验期间不再喂食。

5.2.4 观测与记录

第一个 4 周试验开始后第 28 d,观察、记录存活成蚓数量和体重。任何非正常的行为(如不再具备钻入土中的能力或静止不动等),或形态上的变化(如开放性伤口)均应同时记录。观察记录存活成蚓时,可将试验土壤倒至一个干净的托盘中,移除所有成蚓,用去离子水清洗,然后吸去多余水分称重。因成蚓死亡后易分解,所有未见成蚓均可记录为死亡。

试验土壤从容器中倒出,挑出成蚓后,应重新放回容器中(确保所有蚓茧放回容器),在相同条件下继续培养 4 周。

第二个 4 周试验结束后,观察记录每个试验容器中的幼蚓数量和蚓茧数量。幼蚓数计数方法参见附录 D。试验期间所有可能伤害蚯蚓的操作或蚯蚓出现损伤的迹象均需记录。

5.2.5 限度试验

设置 1 000 mg a. i. / kg 干土为限度试验的上限浓度。当限度试验证明供试物对蚯蚓繁殖活性影响的 NOEC 比限度上限浓度高,可判定供试物对蚯蚓繁殖无影响,无需继续进行试验。限度试验中,空白对照组和各处理组均设置 8 个重复组。

5.3 数据处理与分析

5.3.1 基本要求

应采用适宜的统计学软件和方法计算分析蚯蚓的死亡率和繁殖力等观测效应参数数据,计算 LC_{50}、$EC_{\times}$、NOEC、LOEC 和置信限。

5.3.2 结果处理

a) 死亡率结果处理:应采用适宜的剂量反应分析方法,如 Probit,Logit,Weibull 或其他适宜的广义线性模型,计算 LC_{50}及相应置信区间。

b) 其余效应观测参数(如成蚓体重变化和产生的子代数量等繁殖力参数):每个试验容器里的成蚓体重变化和产生的子代幼蚓的数量均需记录下来并报告每组试验浓度的均值和标准方差作为概括统计量。体重变化和繁殖力的参数应表达为 NOEC 和 LOEC。NOEC 的计算流程参见附录 E。当观测效应参数按试验浓度递增呈现单调下降趋势,应该选择 Williams'检验,反之,当试验结果呈现无规律上升或下降趋势,则应使用 Dunnett's 检验。若进行限度试验,且试验结果满足参数检验程序的先决条件(正态分布、方差齐性),则可以使用双样本 Student-*t* 检验,否则使用 Mann-Whitney-U 或者其他合适的非参数检验方法。

若繁殖力观测效应参数呈现出剂量反应关系,应采用适宜的剂量反应分析方法,计算 $EC_{\times}$ 值及其置信区间(可使用原始数据或相对对照组下降百分比进行剂量反应曲线拟合)。多种函数模型可用于剂量反应分析,如 Probit,Logit 和 Weibull 的广义线性及非线性模型,实际操作中则需要按照数据特质选择合适的模型进行拟合以求取 $EC_{\times}$ 值(Ritz et. al. , 2015)。

6 质量控制

质量控制条件包括：

a) 试验结束时对照组每个重复(包含 10 条成蚓)应当产生≥30 条幼蚓；

b) 对照组繁殖的变异系数应当≤30%；

c) 实验开始 4 周后对照组成蚓死亡率应当≤10%。

7 试验报告

试验报告应包括下列内容：

a) 供试物的信息：

1) 供试物的确切描述、批次、批号和 CAS 号、纯度等；

2) 供试物的相关理化特性(如 log K_{ow}、水溶解度、蒸汽压、亨利常数和行为数据)等。

b) 受试生物：

1) 使用生物、种属、学名、来源及培养条件；

2) 受试生物的虫龄、尺寸(重量)范围。

c) 试验条件：

1) 试验土壤的准备细节描述；

2) 土壤的最大持水量；

3) 供试物的染毒方式描述；

4) 供试物添加至土壤中的方法描述；

5) 喷洒设备的校准详细信息；

6) 试验设计和程序的描述；

7) 测试容器的尺寸和土壤体积；

8) 试验条件，包括试验温度、光照强度、光周期等；

9) 驯养方法的描述，试验中所用食物类型及用量，饲喂日期等；

10) 试验开始和结束时对照组和所有处理组土壤的 pH 和含水量。

d) 结果：

1) 最初 4 周试验结束时每试验容器中成蚓的死亡率(%)；

2) 试验开始时每试验容器中成蚓的重量；

3) 最初 4 周试验结束时成活蚯蚓体重的变化(初始体重的%)；

4) 试验结束时每试验容器内幼蚓数量；

5) 试验中蚯蚓的生理和病理症状或异常行为的详细描述；

6) 参比物质试验结果；

7) 确定 LC_{50}、NOEC 和/或 $EC_{\times}$(如 EC_{50} 和 EC_{10})值的统计学方法；

8) 剂量-反应关系图。

任何偏离准则以及试验过程中的各种意外均应记录和报告。

附 录 A
(资料性附录)
赤子爱胜蚓/安德爱胜蚓的培养

A.1 在(20±2)℃的人工气候室中进行繁育工作。此温度条件以及充足的食物供应下,在2个月~3个月的时间内蚯蚓即可发育成熟。

A.2 推荐物种可在多种动物粪便中进行养殖。推荐使用比例为50∶50的牛或马的粪便和泥炭藓(土)组成的培养基质。但应明确牛或马没有使用过生长促进物质、杀线虫剂或类似的兽药产品,以免对蚯蚓造成不利影响。通常自己收集的牛粪较市售牛粪对蚯蚓的影响更小。培养基质的pH应在6~7(用$CaCO_3$调整),且具有低离子电导率(小于6 mg或0.5%盐浓度),保持培养基质不被氨或动物尿过度污染,含水量也不宜太高。育种箱容量应在10 L~50 L。

A.3 为了获得年龄和大小(重量)一致的蚯蚓,推荐从蚓茧开始培养。培养初期,把新鲜基质和蚯蚓成虫一起放入育种箱,14 d~28 d后产生新的蚓茧。然后移除成虫,由蚓茧产生的幼虫又可以为下阶段培养做准备。给蚯蚓持续饲喂动物粪便,并不时将其移至新的培育基质中。通常风干、磨细的牛马粪或燕麦是较合适的食物。蚓茧孵出的幼虫在2个月~12个月大时即可认为是成虫。

A.4 当蚯蚓在土中穿梭而未尝试离开土中,且可以持续繁殖,则可认为蚯蚓是健康的。当蚯蚓移动缓慢,尾部发黄,则表明基质中养料枯竭,此时应供应新基质或降低养殖密度。

附 录 B
(规范性附录)
土壤最大持水量的测定

用适宜的取样工具(如螺旋钻管)收集 5 g 土壤基质样本。在管底放一张完全润湿的滤纸,然后将含有土壤样品的管放置在水浴锅中的支架上并使取样管逐渐淹没于水中,保持水面处于土壤样品表面约 3 h。因为被土壤毛细管所吸收的水不能完全保持在土壤中,所以土壤样本在取出后应放在一个具盖容器中的一个潮湿的细石英砂床上(以防干燥)排水约 2 h。然后称重土壤样本,并在 105℃下干燥至恒重,再称重。最大持水量(WHC)按式(B.1)计算。

$$WHC = \frac{S - T - D}{D} \times 100 \quad (B.1)$$

式中:

WHC ——土壤最大持水量,单位为百分率(%);

S ——浸满水的土壤基质质量+管的质量+滤纸的质量,单位为克(g);

T ——皮重(管的质量+滤纸的质量),单位为克(g);

D ——土壤干重,单位为克(g)。

附 录 C
(资料性附录)
土壤 pH 的测定

取适量土壤在室温下干燥至少 12 h。加入 5 倍体积的 1 mol/L 分析级 KCl 溶液或者 0.01 mol/L 分析级 $CaCl_2$ 溶液制成土壤悬浮液(至少含 5 g 土壤)。然后充分振荡 5 min,再静置至少 2 h 但不得超过 24 h。然后用 pH 计测得土壤悬浮液的 pH,pH 计在每次使用前都要用一系列适宜的缓冲溶液(如 pH 4.0 和 pH 7.0)校准。

附　录　D
（资料性附录）
蚓茧孵出的子代数量计数方法

D.1　蚯蚓观测计数可采用两种替代方法。

D.1.1　将容器放到初始温度为40℃的水浴中，然后逐渐升温至60℃。约20 min后，幼蚓即会出现在土壤表面，易于挑出并计数。

D.1.2　试验土壤可以使用Van Gestel等人(1988)的方法借助标准筛进行冲洗。当加入到土壤中的泥炭藓(土)和牛马粪或燕麦片都已被磨成细粉状时，可将网孔为0.5 mm(30目～40目)的两个筛子上下叠放在一起，然后将试验容器中的培养基质放到上层筛子中，用自来水流进行冲洗，将基质洗掉，使得大部分的子代蚯蚓和蚓茧留在上层筛中(此操作期间应注意保持上层筛整个表面湿润，使蚯蚓可以浮在其上的水膜上，从而防止蚯蚓从网孔中爬出，通常使用淋浴喷头进行润湿)。

当所有的基质被冲洗掉后，可将上下层筛中幼虫和蚓茧冲洗到一个含少量水的烧杯里静置，此时空蚓茧浮在水面上，幼虫和非空蚓茧沉到水底，然后倒掉水，把幼蚓和非空蚓茧转移到含少量水的培养皿中，用针或镊子取出计数。

D.2　D.1.1的方法更适用于分离出可能会被0.5 mm筛子洗出去的幼蚓。

D.3　应经常测试从土壤基质中移出幼蚓(蚓茧)所用方法的效率。当手工收集并计数幼蚓时，每个样品应重复操作2次。

附 录 E
(资料性附录)
计算效应观测参数 NOEC 值的数据统计分析方法选择路径示意图

计算效应观测参数 NOEC 值的数据统计分析方法选择路径见图 E.1。

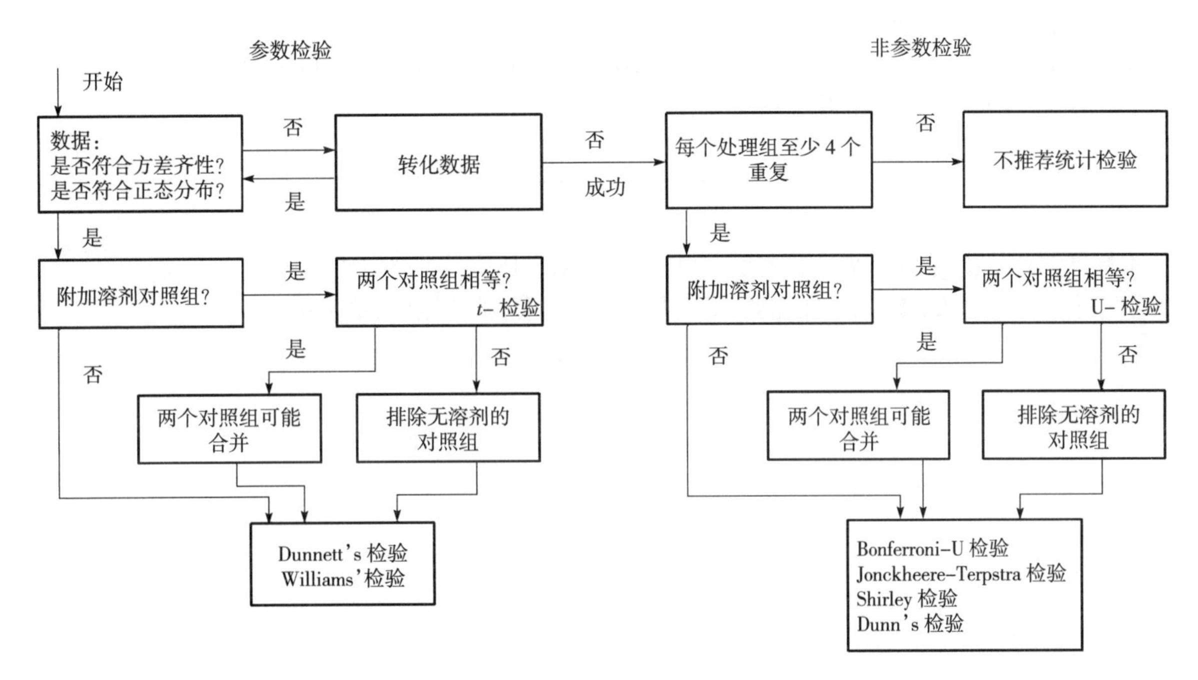

图 E.1 计算效应观测参数 NOEC 值的数据统计分析方法选择路径示意图

参 考 文 献

[1]ISO (International Organization for Standardization),1994. Soil Quality—Determination of pH, No. 10390. ISO, Geneve.

[2]ISO(International Organization for Standardization),1996. Soil Quality—Effects of pollutants on earthworms (*Eisenia fetida*). Part 2: Determination of effects on reproduction, No. 11268 - 2. ISO, Geneve.

[3]Van Gestel, C. A. M. , W. A. van Dis,et al,1988. Comparison of two methods determining the viability of cocoons produced in earthworm toxicity experiments[J]. Pedobiologia(32):367 - 371.

[4]OECD Guidelines for Testing of Chemicals, Test No. 222, Earthworm Reproduction Test(*Eisenia fetida/Eisenia andrei*), Adopted 13 April, 2004.

[5]Ritz C. , Baty F. , Streibig J. C. ,et al,2015. Dose-Response Analysis Using R[J]. PLoS ONE,10(12): e0146021. doi:10.1371/journal. pone. 0146021.

本标准起草单位:农业部农药检定所、环境保护部南京环境科学研究所。

本标准主要起草人:姜锦林、曲甍甍、卜元卿、周欣欣、程燕、周艳明、单正军。

第3部分

环境风险评估高级阶段试验技术

中华人民共和国农业行业标准

NY/T 3089—2017

化学农药　青鳉一代繁殖延长试验准则

Chemical pesticide—Guideline for medaka extended one generation reproduction test

1　范围

本标准规定了化学农药对青鳉一代繁殖延长试验的材料、条件、质量控制、试验报告的基本要求。

本标准适用于测试和评价化学农药对青鳉一代繁殖延长试验,其他类型的农药可参照使用。

本标准不适用于易挥发和难溶解的化学农药。

2　规范性引用文件

下列文件对于本文件的应用是必不可少的。凡是注日期的引用文件,仅注日期的版本适用于本文件。凡是不注日期的引用文件,其最新版本(包括所有的修改单)适用于本文件。

GB/T 21806　化学品　鱼类幼体生长试验

GB/T 31270.12　化学农药环境安全评价试验准则　第12部分:鱼类急性毒性试验

OECD TG 229　鱼类短期繁殖试验　Fish Short Term Reproduction Assay

3　术语和定义

下列术语和定义适用于本文件。

3.1

最低可观察效应浓度　lowest observed effect concentration

在一定暴露期内,与对照组相比,对受试鱼产生显著影响($P<0.05$)的最低供试物浓度,用LOEC表示。

注:单位为毫克有效成分每升(mg a.i./L)。

3.2

无可观察效应浓度　no-observed effect concentration

在一定暴露期内,与对照组相比,对受试鱼无显著影响($P<0.05$)的最高供试物浓度,用NOEC表示,即仅低于LOEC的供试物浓度。

注:单位为毫克有效成分每升(mg a.i./L)。

3.3

×%效应浓度　effect concentration for×% effect

一定的试验期内,与对照组相比,引起×%受试鱼出现某种效应的供试物浓度,用$EC_{\times}$表示。

注:单位为毫克有效成分每升(mg a.i./L)。

3.4

稀释液、储备液和试验溶液

稀释液和储备液是指流水式试验系统中所用的试验用水和高浓度供试物溶液;试验溶液指用于暴

中华人民共和国农业部2017-06-12发布　　2017-10-01实施

露的各浓度处理的供试物溶液。

4 试验概述

根据供试物对鱼的毒性与代谢行为设置 5 组试验浓度。将性成熟的日本青鳉(*Oryzias latipes*)F_0 代雌鱼和雄鱼配对暴露于试验溶液 3 周。在第 4 周的第 1 d 或第 1 d～第 2 d 收集鱼卵作为 F_1 代继续暴露。在 F_1 代暴露期间(共 15 周)评估孵化率和存活率。F_1 代孵化后 9 周～10 周采集亚成鱼样本进行发育端点评估,12 周～14 周评估繁殖力。评估繁殖力 3 周后开始培育 F_2 代,F_2 代全部孵化后结束试验。

5 试验方法

5.1 材料和条件

5.1.1 供试生物

5.1.1.1 供试生物及饲养

供试生物为日本青鳉(*Oryzias latipes*)。饲养光照周期光暗比为 16 h∶8 h。日本青鳉的饲养方式不设定特定要求。

5.1.1.2 受试鱼的驯化

5.1.1.2.1 受试鱼应来自同一个实验室的相同品系,在与试验环境相似的条件下驯化至少 2 周,该驯养期不能作为预暴露期。受试鱼宜来自本实验室。试验至少需要雌雄 42 对鱼来保证足够的重复,当有溶剂对照时要用 54 对。应检测 F_0 代繁殖对的性别基因,验证其是 XX－XY 基因型,避免使用 XX 基因型的假雄鱼。

5.1.1.2.2 48 h 的稳定期后,记录驯养鱼群的死亡数,并按照以下要求操作:

a) 试验前 7 d 内鱼群的死亡率<5%,该批鱼可用于试验;
b) 试验前 7 d 内鱼群的死亡率在 5%～10%之间,再驯化 7 d 达到 14 d 的驯化期;第二个 7 d 内死亡率≥5%,整批鱼不应用于试验,第二个 7 d 内死亡率<5%,该批鱼可用于试验;
c) 试验前 7 d 内鱼群的死亡率≥10%,整批鱼不应用于试验。

5.1.1.2.3 驯化期和暴露期间不应对受试鱼进行疾病防治,有疾病症状的鱼不可用于试验。驯化前的饲养期间,应记录疾病的预防、治疗过程及结果。

5.1.1.3 受试鱼的选用

选择同一批驯化的、鱼龄(自受精卵)≥12 周、性别差异明显且遗传稳定的成年鱼。试验前 1 周,应确认试验成鱼具有活跃的繁殖能力。所有用于试验的鱼按性别分类,同性别受试鱼的体重应该保持在算数平均值的±20%范围内。在试验前应抽样测量受试鱼的平均体重。雌鱼体重应≥300 mg,雄鱼体重应≥250 mg。

5.1.1.4 饲喂

可以喂食虫龄为 24 h 的卤虫(*Artemia* spp.)幼虫,品种不限。也可补充喂食市售饲料。市售饲料应定期检测污染物含量。应避免使用具有内分泌干扰活性的食物(如植物雌激素)。未吃掉的食物及排泄物按规定清除,如用虹吸法小心清洁每个容器。容器边缘和底部每周清洗 1 次～2 次,可用刮刀刮除。各时期食物饲喂量参见附录 A。

5.1.2 供试物

供试物应使用农药纯品或原药。不推荐使用助溶剂,如果使用需说明使用理由。难溶于水的原药可用少量对鱼类毒性小的有机溶剂、乳化剂或分散剂等助溶。已知可用的助溶剂包括:二甲基亚砜、三甘醇、甲醇、丙酮、乙醇等。当供试物使用有机溶剂助溶时,应尽可能降低助溶剂浓度,试验药液中助溶剂的浓度不应超过 100 μL(mg)/L,并应以助溶剂最大浓度设置溶剂对照组。

5.1.3 主要仪器设备

——溶解氧测量仪；

——pH 测量仪；

——水硬度计；

——酸碱度测定仪；

——恒温室或恒温箱，自动温度监测仪；

——电子天平。

5.1.4 试验用水

试验用水应适合受试鱼长期存活和生长。试验期间应保持水质恒定，定期取样分析，避免水质变化影响试验生物和试验结果。测定包括重金属（如 Cu、Pb、Zn、Hg、Cd、Ni）、主要阴离子（如 Cl^-、SO_4^{2-}）和阳离子（如 Ca^{2+}、Mg^{2+}、Na^+、K^+）、其他农药、总有机碳和固体悬浮物的含量等。如确定试验用水的水质相对稳定，可每 6 个月测定一次。试验用水的化学特性见附录 B。

5.2 试验操作

5.2.1 暴露方法的选择

一般不限定暴露系统的设计和材料。根据本试验的原理，可用玻璃、不锈钢或其他化学惰性材料构建流水式试验系统，试验系统应在试验前未受到污染。

通过合适的泵将供试物储备液循环分配至试验系统中。暴露前检测试验溶液的浓度并校正储备液的流速，试验期间还需检查溶液更换周期。同时，应根据供试物的化学稳定性和水质，确定试验溶液的更新频率，每天更新 5 倍～16 倍试验体积，或流速大于 20 mL/min。

5.2.2 试验设计

5.2.2.1 试验浓度

应设置不少于 5 个供试物浓度处理组，另设空白对照组。如果使用助溶剂，需同时设置空白对照组和溶剂对照组。试验浓度范围可参考现有的资料信息，如相似物的信息、已有的鱼类毒性试验结果，按照 GB/T 31270.12、GB/T 21806 和 OECD TG 229 等鱼类毒性试验方法完成的试验数据，也可进行繁殖期的预试验，以确定正式试验浓度范围。进行预试验时，试验条件（水质、试验系统、生物负荷量）应尽可能与正式试验一致。通过预试验还可了解助溶剂的适用性。最高试验浓度不应超过供试物的水中溶解度、10 mg/L 或 96 h - LC_{50} 的 1/10；最低试验浓度应为最高试验浓度的 1/100～1/10，各浓度间级差应≤3.2。设置的 5 个试验浓度应确保能够计算剂量-效应关系，并获得 LOEC 和 NOEC。

5.2.2.2 试验重复

每试验浓度至少 6 个重复，对照组 12 个重复，当设溶剂对照组时，其重复数应与空白对照组相同。试验重复设置方法参见附录 C。F_1 代繁殖期间所有处理重复数加倍。每重复为一对雌雄配对鱼。

5.2.3 试验准备

试验前，将符合试验要求的配对鱼分别移入试验容器中，每试验容器为一个重复。

5.2.4 试验暴露

5.2.4.1 暴露环境

试验环境条件和参数见附录 D。试验结束时对照组的端点指标应达到附录 E 中所列指标要求。

试验期间，各处理组和空白对照组至少测定一个试验容器中的溶解氧、pH 和温度。每天测定水温，其他指标至少每周测定一次。

5.2.4.2 暴露时间

F_0 代鱼暴露 3 周，在第 4 周，建立 F_1 代并将 F_0 代安乐死并移出，记录其体重和体长。F_1 代暴露 15 周，F_2 代暴露 2 周至孵化。试验时间共 19 周。试验暴露时间参见附录 F。

5.2.4.3 各暴露阶段

5.2.4.3.1 第1周～第3周(F_0)

F_0 代鱼暴露3周，使发育中的配子体和性腺组织暴露于供试物。每试验容器只培养一对繁殖对(XX基因型雌鱼与XY基因型雄鱼各一尾)。从试验第1 d开始，连续21 d收集鱼卵，统计产卵数及受精率。

5.2.4.3.2 第4周(F_0 和 F_1)

第22 d收集当天的受精卵(胚胎)，当胚胎不足时可收集两天内的胚胎。将1 d或2 d内收集到各繁殖对的受精卵混合，并系统分酸至孵化器，每个孵化器20粒受精卵，孵化器示例参见附录G。每天检查并记录受精卵的死亡数，并及时从孵化器中移除死卵。死亡胚胎由于蛋白质的凝结和沉淀，由半透明变为白色。

当某处理需使用第2 d收集的卵时，则所有处理组(包括对照组)也应按同一操作进行。当两天收集的胚胎数还不足时，可将胚胎数减少至每孵化器15个，再低时，需减少重复数，以确保每个孵化器有15个胚胎。第24 d，对 F_0 代繁殖对实施安乐死并记录其体重和体长。如有需要，F_0 代繁殖对可延长饲养观察1 d～2 d，以便重新获得 F_1 代胚胎。

5.2.4.3.3 第5周～第6周(F_1)

孵化开始前1 d～2 d，停止或减少对受精卵的扰动以促进孵化。每天将各重复刚孵出的 F_1 代仔鱼合并在一起并系统分配到各重复的幼鱼容器中，每个容器不超过12尾。当初孵仔鱼不足时，应确保尽可能多地重复有12尾初孵仔鱼来启动 F_1 代试验。

应记录卵孵化时间、孵化数量，计算每一重复的孵化率。当处理组卵孵化超过对照组平均时间的2倍时还未孵化，则视为无效卵，应移出试验体系。

5.2.4.3.4 第7周～第11周(F_1)

每天检查并记录所有重复幼鱼的存活情况。第43 d时，记录每一重复存活数，与各重复初始幼鱼数(通常是12尾)比较，计算从孵化到亚成鱼阶段的存活率。

5.2.4.3.5 第12周～第13周(F_1)

第78 d～第85 d，从所有鱼的尾鳍采集少量样品用于检测个体遗传性别。遗传性别检测后3 d内，每处理随机选用12对繁殖对，对照为24对。从每重复分别随机选出XX和XY基因型雌雄鱼各2尾，雌雄鱼分别混合，然后随机选择设立XX与XY繁殖对。当某重复 F_1 代亚成鱼XX基因型或XY基因型不够2尾时，可从同一浓度处理其他重复中补充。

剩余的 F_1 代亚成鱼(每重复最多8尾)实施安乐死并取样用于各种亚成鱼端点指标测定。保留所有亚成鱼样品的雄性性别决定性基因(*dmy*：the DM-domain gene on the Y chromosome)的基因数据(XX或XY)，确保所有端点指标数据与每一尾鱼遗传性别数据相对应。

5.2.4.3.6 第13周～第14周(F_1)

亚成鱼繁殖对继续暴露于各浓度处理溶液中，直至发育到成鱼阶段，并于第98 d开始收集 F_1 代产的卵。

5.2.4.3.7 第15周～第17周(F_1)

连续21 d，每天收集各重复 F_1 代产的鱼卵，并评价产卵力和受精率。

5.2.4.3.8 第18周(F_1 和 F_2)

操作同5.2.4.3.2。

第120 d收集当天的受精卵(胚胎)，当胚胎不足时可收集2 d内的胚胎。将1 d或2 d内收集到各繁殖对的受精卵混合，并系统分配至孵化器，每个孵化器20粒受精卵，孵化器示例参见附录G。每天检查并记录受精卵的死亡数，及时从孵化器中移除死卵。死亡胚胎由于蛋白质的凝结和沉淀，由半透明变为白色。当某处理需使用第2 d收集的卵时，则所有处理组(包括对照组)也应按同一操作进行。当2 d

收集的胚胎数还不足时，可将胚胎数减少至每孵化器 15 个，再低时，需减少重复数，以确保每个孵化器有 15 个胚胎。

第 121 d 或第 122 d，对 F_1 代繁殖对实施安乐死并用于检测分析成鱼端点指标。如有必要，F_1 代繁殖对可延长饲养观察 1 d～2 d，以便重新获得 F_2 代胚胎。

5.2.4.3.9 第 19 周～第 20 周(F_2)

在预期孵化开始前 1 d～2 d，停止或减少扰动 F_2 代受精卵以促进孵化。孵化后每天计数并将孵出仔鱼从试验体系中移出。

5.2.5 分析方法

暴露开始前，需确定供试物在系统中的分配方法，并建立所有必需的供试物水中分析方法。试验期间，每个处理每周至少测定一个重复的供试物浓度，且应在每处理组重复间轮换。同时，至少一周 3 次检测稀释液和储备液的流速。

一般使用实测浓度表示试验结果，当实测浓度保持在理论浓度值±20%以内，也可用理论浓度表示试验结果。如果供试物在鱼体内有明显的富集，试验浓度会随鱼的生长而降低时，可通过提高药液更换频率保持试验体系供试物浓度稳定。

5.2.6 观察和记录

应每天观察并记录种群水平的端点指标和任何异常行为，包括生殖力、受精率、孵化率、发育和存活率。其他端点指标包括肝脏卵黄蛋白原 mRNA、免疫分析的卵黄蛋白原蛋白水平、表观性别标记物(如臀鳍乳突)、性腺组织学评价、肾脏和肝脏组织病理学评价、性腺组织病理学评价等(作用端点指标见表 1)。所有端点值的评估均应在已知每条鱼的遗传性别基础上进行。此外，还需评估开始产卵的时间。

本试验包含了一般慢性毒性试验(如全生活史试验和早期生命阶段试验)中的典型测试端点，既可用于内分泌干扰物也可用于非内分泌干扰物的毒性效应评估。试验期间应每天观察并记录受试鱼的死亡率及异常行为，并计算 F_1 代从孵化后至受试鱼挑选(试验第 6 周/第 7 周)、受试鱼挑选后至亚成年鱼取样测试时(9 wpf～10 wpf)、繁殖对配对至成鱼取样测试时(15 wpf)的存活率。

表 1 青鳉一代繁殖延长试验端点指标汇总

生活阶段	端点指标	代数
胚胎(2 wpf[a])	孵化(%和孵化时间)	F_1,F_2
仔鱼(4 wpf)	存活	F_1
亚成鱼(9 wpf 或 10 wpf)	存活率	F_1
	生长(体长和体重)	
	卵黄蛋白原(mRNA 或蛋白)	
	第二性征(臀鳍突起)	
	表观性别比例	
	首次产卵时间	
成鱼(12 wpf～14 wpf)	繁殖(产卵量和受精率)	F_0,F_1
成鱼(15 wpf)	存活	F_1
	生长(体长和体重)	
	第二性征(臀鳍突起)	
	组织病理学(性腺、肝脏和肾脏)	

[a] wpf 为受精后周数。

5.2.7 供试生物处理方法

5.2.7.1 受试鱼安乐死

受试鱼采样或处死时宜使用一定剂量的麻醉液麻醉，如 100mg/L～500 mg/L MS-222，并以 300 mg/L $NaHCO_3$ 缓冲。当受试鱼出现严重症状并可预见死亡时，应用麻醉剂处理并实施安乐死，计入死亡数。受试鱼安乐死后，应进行必要的组织固定以备后期进行病理学检查分析。

5.2.7.2 胚胎和仔鱼的处理

5.2.7.2.1 卵收集

应在第 4 周的第 1 d(或前 2 d)收集 F_0 代卵作为 F_1 代,在第 18 周的第 1 d(或 2 d)收集 F_1 代的卵作为 F_2 代。试验第 18 周,F_1 代的鱼龄是受精后 15 周的成年鱼。开始收集卵的前 1 d,务必先清除每对亲本以前产的卵,保证所有繁殖对的卵均来自同一批次。采用虹吸的方法小心将雌鱼身上或容器底部的卵收集移出。

将同一处理的各重复繁殖对收集到的受精卵(20 个以上)合并,然后随机分配到孵化器中,参见附录 C 和附录 G。孵化器可集中放置于每处理的孵化缸内,或者分开放置于各重复缸内。当需要收集第 2 d 的卵时,应将两天的卵合并后随机分配到各重复中。

5.2.7.2.2 卵孵化

采用水中充气、水流垂直扰动等方式不断搅拌受精卵使其运动起来,每天检查并记录受精卵(胚胎)的死亡数,将死卵清除出孵化器。受精后第 7 d 开始,停止或减小搅拌,使受精卵沉在孵化器底部,促进卵孵化。观察并记录每处理组和对照组中孵化的仔鱼数,超过对照组孵化期两倍时间(通常为受精后 16 d 或 18 d)处理组仍未孵化的受精卵,应视为死卵并予以清除。

刚孵出的仔鱼先混合在一起,然后系统地分配到每重复的容器中,整个试验期间受试鱼数量及容器设置原理参见附录 C。每容器保证有相同数量的孵化仔鱼(一般为 12 条/每容器～20 条/每容器)。前置试验的每个处理组应尽可能多设重复,以保证此阶段试验每容器中至少有 12 条仔鱼。多余的仔鱼进行安乐死处理。

5.2.7.3 繁殖对设置

5.2.7.3.1 剪鳍采样和遗传学性别判断

F_1 代受精后第 9 周～第 10 周(试验第 12 周～第 13 周),采集鳍部组织来判断遗传学性别。采样前,麻醉同一容器中的所有鱼,然后从每条鱼的尾鳍背部或腹部尖端取少量的组织,进行遗传性别分析。同时对鱼和其组织样本进行唯一性标记和编号,以确定每尾鱼的遗传性别,将遗传性别分析结果与每条鱼一一对应。来自同一重复的鱼可分开放置于小笼中,尽可能每笼一尾。如果两尾鱼能够区别开也可放在一个笼内。组织采样时可分别剪取尾鳍的背部和腹部并加以区别。

青鳉的遗传性别通过在 Y 染色体上已知的序列基因 *dmy* 分辨。具有 *dmy* 基因的个体是 XY 雄性,不具有 *dmy* 基因的个体是 XX 雌性,而与表观性征无关。通过聚合酶链式反应(PCR)分析尾鳍尖端样品提取的 DNA 是否具有 *dmy* 基因,PCR 方法参见附录 H。

5.2.7.3.2 繁殖对建立

无论受试鱼是否在化学农药暴露后改变表观性征,都应依据检测得到的遗传学信息建立 XX－XY 繁殖对。应排除外形明显异常的鱼,如鱼鳔异常、脊柱畸形、体长极端异常等。在 F_1 代产卵期,每个容器中只能有一对繁殖对。

5.2.7.4 亚成年鱼的取样和端点指标的测定

5.2.7.4.1 非繁殖对的取样

建立繁殖对后,在试验第 12 周～第 13 周期间,应对剩余不需再饲养的 F_1 代鱼实施安乐死,并测定亚成年鱼端点指标。在此过程中应保证安乐死的每尾鱼还能对应遗传性别分析结果。每尾鱼均需测定多项端点指标,包括幼鱼或亚成鱼的存活率、体长、体重、卵黄蛋白原(VTG)(或者肝脏 *vtg* mRNA)和臀鳍乳突(见表 1,参见附录 F)。还应测定繁殖亲本的体重和体长,用于计算处理组的平均生长速率。

5.2.7.4.2 组织取样和卵黄蛋白原(VTG)的测定

解剖受试鱼,切取肝脏,样品的储存温度不高于－70℃。带有臀鳍的鱼尾需用合适的固定剂(如 Davidson)保存或进行拍照,用于日后计数乳突数。如有需要,还可对其他组织(如性腺)取样和保存。可用同源酶联免疫法(ELISA,Enzyme-Linked Immunosorbent Assay)测定肝脏 VTG 浓度(肝脏样品的采集程序与卵黄蛋白原分析前处理方法参见附录I)。

5.2.7.4.3 第二性征

正常情况下,只有性成熟的雄性青鳉发育出臀鳍乳突,是雄鱼的第二性征,位于部分臀鳍线的连接片,其可作为内分泌干扰效应的潜在生物标志。臀鳍乳突的计数方法参见附录J。通过臀鳍乳突将青鳉个体分为表观雄性或表观雌性,以简单统计各重复的雌雄比例。出现臀鳍乳突的青鳉归为雄性,没有臀鳍乳突的归为雌性。

5.2.7.5 繁殖力和受精率的评价

试验第1周～第3周内评价 F_0 代的繁殖力和受精率,试验第15周～第17周评价 F_1 代的繁殖力和受精率。连续21 d收集各繁殖对的卵。每天记录每繁殖对的产卵数和受精卵数量。繁殖力用产卵的数量表示,受精率用受精卵与总卵数的比例表示。以每处理每重复为单元进行统计。

5.2.7.6 成鱼取样和端点指标评估

5.2.7.6.1 繁殖对的取样

试验第17周 F_2 代开始后,F_1 代繁殖亲本可实行安乐死并进行相关端点指标评估(见表1,参见附录F)。先对臀鳍进行拍照以便于统计臀鳍乳突数量(参见附录J),同时切下生殖孔后的尾部并用固定液固定,用于随后统计乳突数量。也可采集特定鱼组织样品重复 *dmy* 分析以确认其遗传性别。在整体浸入固定剂前,可在鱼体上开洞便于固定剂(如Davidson)充分进入鱼体。

5.2.7.6.2 组织病理学

应对每条繁殖亲本鱼的性腺组织进行病理学评价。本试验评价的其他作用端点(例如,VTG、SSCs和性腺的组织学影响)会受到系统性影响。因此,评价肝和肾的组织病理学有助于理解结构性终点的影响。如果没有评估这些指标,也需要报告在组织病理学评估中发现的明显异常。

5.3 时间表

青鳉一代繁殖延长试验的时间表参见附录F。青鳉一代繁殖延长试验包括 F_0 代成年鱼暴露4周,F_1 代暴露15周,F_2 代暴露至孵化。

5.4 质量控制

5.4.1 质量控制条件

5.4.1.1 试验有效性应同时满足以下条件:

a) 试验期间,试验溶液的溶解氧浓度≥60%空气饱和值;
b) 整个试验期间的平均水温应该在24℃～26℃,单个容器的水温短暂偏离不超过±2℃。
c) 各代(F_0、F_1)对照组的每对繁殖鱼平均产卵量大于20粒/d。繁殖评估期间所有卵的受精率应大于80%。此外,对照组24对繁殖对中至少16对(>65%)的产卵量应大于20粒/d;
d) F_1 代对照组的卵平均孵化率应≥80%;
e) F_1 代对照组从孵化到受精后3周期间的仔鱼存活率平均值应≥80%,同时从受精后第3周到本代试验结束(约受精后第15周)的存活率平均值应≥90%;
f) 试验期间供试物浓度变化应控制在实测浓度平均值的20%以内。

5.4.1.2 水温虽然是范围标准,但各重复之间不能有统计差异,处理间(排除短期偏离的每天测量值平均值)也不能有统计差异。当观察到质量控制指标偏离,应评估其对试验结果的影响,并在试验报告中加以说明。

5.4.2 其他条件

下列条件虽不是试验有效性的质量控制条件,但可保证能够计算 EC_X 或NOEC值:

a) 高浓度处理组中可能出现繁殖力下降,但至少 F_0 代在第三高浓度处理组及所有更低浓度处理组中有足够数量的后代,以保证进行下一步孵化;
b) 第三高浓度组及其以下的低浓度组的 F_1 代有足够的存活胚胎及仔鱼用于后续的亚成年鱼端

点指标评估取样；

c) 第二高暴露浓度组 F_1 代孵化后存活率应该达到最低要求水平(20%)。

6 数据与报告

6.1 统计分析

a) 应根据试验中测试的遗传性别(XY 雄性和 XX 雌性)区分雄性和雌性受试鱼，并对数据分别进行统计分析。分析方法选择可参见附录 K。

b) 为了获得与 NOEC 有重要关联的生物学变化，试验设计和选择统计方法时应满足假设检验的需要并按要求确定试验报告中的影响浓度值和参数。重点测定和评估端点值均需体现百分率梯度变化，当试验不能满足所有端点值的统计要求时，须关注试验所需要的重要端点值，并通过合理的试验设计满足这些端点值的统计要求。

c) 应对重复的参数进行方差分析或联列表分析，及进一步的统计分析。为了在处理和对照结果间进行多重比较，推荐用 Jonckheere-Terpstra 分析连续反应。当数据为非单调的浓度反应时，可采用 Dunnett's 检验或 Dunn's 检验(必要时进行充分的数据转换)。

d) 对于繁殖力指标，每天计数产卵量，可用作总卵数分析或作为重复测量结果。该端点指标的具体分析方法参见附录 K。组织病理学数据应以"严重度分值"表示，可用 RSCABS(Rao-Scott Cochran-Armitage by Slices)法进行分析。应在试验报告中描述观察到处理组所有与对照组明显不同的端点指标。

6.2 数据利用分析

6.2.1 异常处理组的使用

分析时需考虑排除有异常毒性的一个重复或整个处理。异常毒性症状是指在受精后 3 周～9 周之间，任一重复的死亡数大于 4 尾，且该死亡无法用技术误差解释。其他异常毒性症状包括出血、异常行为、异常游动方式、厌食及其他一些临床病状。对于亚致死毒性症状，需参照空白对照组进行定性评价。若最高处理中有明显的异常毒性数据，统计时可排除这些数据。

6.2.2 溶剂对照

当使用了助溶剂，应同时设置一个溶剂对照组。试验结束时应通过溶剂对照组与空白对照组进行比较，评估助溶剂的影响。易受多数毒性物质影响的通常为生长因素(体重)指标。当溶剂对照组与空白对照组的端点指标存在统计学差异时，则应通过专业知识来判断试验的有效性。当两个对照组结果不同，则供试物处理组应与溶剂对照组进行比较，如某些情况下认为处理组与空白对照组对比更为合理，应说明理由。当溶剂对照组与空白对照组间无显著性差异，则可将两对照组数据合并后与供试物处理组进行比较。

6.3 试验报告

试验报告应至少包括以下内容：

a) 供试物。包括物理属性和相关的理化特性：

1) 化学识别数据：如 IUPAC(International Union of Pure and Applied Chemistry)名、CAS 号、结构式、纯度、杂质化学识别方法；

2) 单组分物质：物理外观，水中溶解度，额外的理化特性；

3) 多组分物质：各组分的含量和相关理化特性。

b) 供试生物：学名、品系、来源、受精卵的收集方法及其后的处理。

c) 试验条件：

1) 光周期；

2) 试验设计：

——母液配制方法和更换频率(若使用助溶剂,应列出名称及其浓度);
——供试物给药方法;
——分析方法(定量限、检出限、回收率及标准偏差等);
——试验用水特征(pH、硬度、温度、溶解氧浓度、残氯量、总有机碳含量、悬浮颗粒物、盐度及其他测量指标);
——试验浓度、平均实测值及其标准偏差;
——试验期间水质(如 pH、温度和溶解氧浓度);
——饲喂信息(饲料类型、来源、质量状况;饲喂量和频率)。

d) 结果:
 1) 空白对照组满足试验有效性标准的证据。
 2) 对照组和处理组的数据:F_0 代和 F_1 代的繁殖产卵力和受精率;F_1 代和 F_2 代的孵化(孵化率和孵化时间),F_1 代孵化后存活率,F_1 代的生长(体长和体重),F_1 代遗传性别和表观性分化,F_1 代表观性别指标包括 F_1 代的第二性征、F_1 代的 *vtg* mRNA 或卵黄原蛋白的蛋白质状态和 F_1 组织病理学评价(性腺、肝脏和肾脏)。
 3) 统计分析方法(回归分析或方差分析)和数据处理方法(统计学试验和使用的统计模型):
 ——每种效应的无可见效应浓度(NOEC);
 ——每种效应的最低可见效应浓度(LOEC)(P=0.05);评价可分析的每种效应的 $EC_{\times}$ 和置信区间(如 90%或 95%)和计算所用统计模型,浓度效应曲线的斜率,回归模型公式,模型参数估计值及其标准误差。
 4) 试验偏离。

对于端点指标测量结果,应给出平均值及标准偏差,如可能,应同时计算重复和处理值。

附 录 A
(资料性附录)
饲 喂 方 案

为保证受试鱼良好的生长、发育和繁殖条件,试验开始前应先测定单位体积卤虫浆中卤虫的干重。将单位体积的卤虫浆置于预先称重的盘子中在60℃温度下烘24 h,然后称量。为计算卤虫浆中盐的重量,应用同样体积的、与卤虫浆中相同的盐溶液进行烘干、称重,并从卤虫干重中扣除;或者烘干前先过滤卤虫然后用蒸馏水淋洗,以此去除"盐空白"重量的测量操作。该数据结合表中数据可计算卤虫浆的饲喂量。应每周对单位体积卤虫浆进行称重以验证所喂卤虫重量满足要求。饲喂方案见表A.1。

表A.1 饲喂方案

时间(孵化后)	卤虫(干重) mg/(鱼·d)
第1 d	0.5
第2 d	0.5
第3 d	0.6
第4 d	0.7
第5 d	0.8
第6 d	1.0
第7 d	1.3
第8 d	1.7
第9 d	2.2
第10 d	2.8
第11 d	3.5
第12 d	4.2
第13 d	4.5
第14 d	4.8
第15 d	5.2
第16 d～第24 d	5.6
第4周	7.7
第5周	9.0
第6周	11.0
第7周	13.5
第8周～死亡处理	22.5

附 录 B
（规范性附录）
试验用水的化学特性

试验用水的化学特性见表 B.1。

表 B.1 试验用水的化学特性

物质	限量浓度
颗粒物	5 mg/L
总有机碳	2 mg/L
非离子氨	1 μg/L
残氯	10 μg/L
总有机磷农药	50 ng/L
总有机氯农药加多氯联苯	50 ng/L
总有机氯	25 ng/L
铝	1 μg/L
砷	1 μg/L
铬	1 μg/L
钴	1 μg/L
铜	1 μg/L
铁	1 μg/L
铅	1 μg/L
镍	1 μg/L
锌	1 μg/L
镉	100 ng/L
汞	100 ng/L
银	100 ng/L

附 录 C
(资料性附录)
试验过程中受试鱼和容器(鱼缸)设置示意图

试验过程中受试鱼和容器(鱼缸)设置见图 C.1。

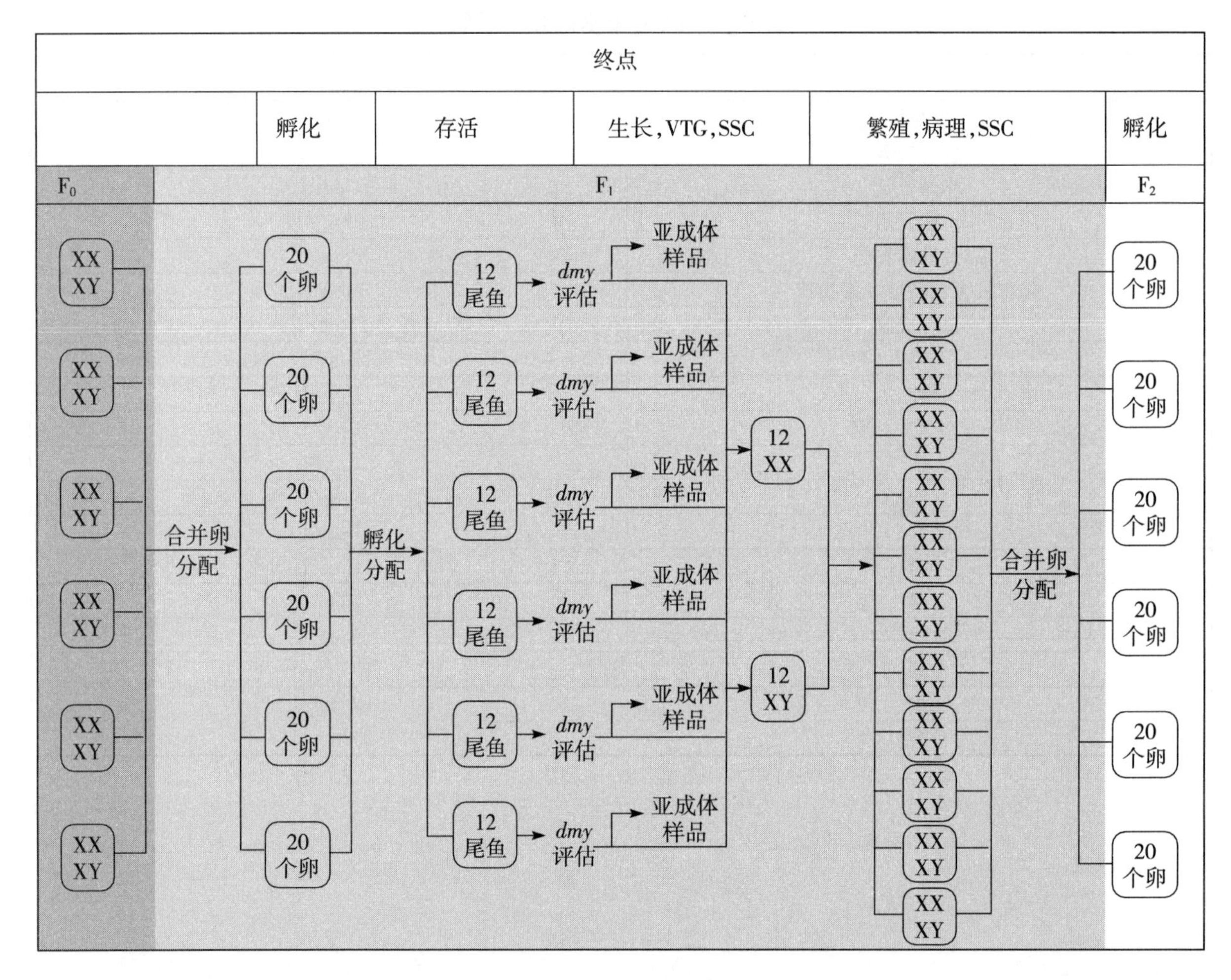

注 1:该图代表一个浓度处理各阶段试验的重复数,相应的对照组的重复数加倍。由于整个试验过程中受试鱼混合后安排容器,因此亲本识别不能连续。图中“卵”为成活的、受精的卵(等同于胚胎)。

注 2:处理和重复:推荐设置供试物 5 个浓度处理组和 1 个空白对照组(未添加供试物试验用水)。F_0 代每个供试物处理有 6 个重复,空白对照 12 重复。在试验生物 F_1 代发育期间和 F_2 代孵化期间,设置同样的重复处理。在成鱼期设置 F_1 代繁殖对时,每处理的繁殖对重复数加倍,即供试物处理组的重复数为 12,空白对照组的重复数为 24,当设溶剂对照组时,仍需另设 24 个重复。

图 C.1 试验过程中受试鱼和容器(鱼缸)设置示意图

附 录 D
(规范性附录)
青鳉一代繁殖延长试验条件

D.1 受试鱼种

日本青鳉(*Oryzias latipes*)。

D.2 试验类型

流水式试验。

D.3 试验条件

D.3.1 水温

最适温度为25.5℃。试验期间每个容器中推荐的平均温度为24℃~26℃。

D.3.2 光照

荧光灯炮(宽光谱,约150 lumens/m^2,即约150 lx)。

D.3.3 光周期

16 h光照∶8 h黑暗。

D.3.4 承载率

F_0代每重复2尾鱼;F_1代开始时每重复最多20粒卵(胚胎),孵化后减少到每重复12尾鱼,在受精后9周~10周减少到2尾鱼(基因型为XX—XY的繁殖亲本)。

D.3.5 试验容器最低有效容积

1.8 L(容器尺寸如18 cm×9 cm×15 cm)。

D.3.6 试验溶液更换量

5倍~16倍试验溶液体积/d(或流速20 mL/min)。

D.3.7 试验开始时供试生物年龄

F_0代受精后12周~16周。

D.3.8 每重复试验生物数

F_0代2尾成鱼(雌雄配对);F_1代、F_2代最多20粒卵(尾鱼)/每重复(F_0和F_1繁殖对所产)。

D.3.9 处理数

至少5个浓度处理组以及相应对照组。

D.3.10 每处理重复数

处理组至少6个重复,对照组(和溶剂组,若有)至少12个重复。F_1代繁殖期重复数加倍。

D.3.11 试验生物量

F_0代至少84尾鱼,F_1代至少504尾鱼。当有溶剂对照时,则F_0代至少108尾鱼,F_1代至少648尾鱼。

D.3.12 饲喂

以卤虫(*Artemin* spp.)(24 h龄幼虫)供其自由取食,也可辅以商品化薄片饲料(饲喂方案参见附录A)。

D.3.13 曝气

当溶解氧<60%空气饱和值时,应曝气充氧。

D.3.14 试验用水

清洁地表水、井水、重组水或脱氯自来水。

D.3.15 暴露周期

约19周,从F_0代到F_2代孵化。

D.4 主要生物学端点指标

孵化能力(F_1和F_2);存活率(F_1代,从孵化到受精后4周,受精后4周~9周或10周,受精后9周~15周);生长(F_1代,受精后9周和受精后15周的体长和体重);第二性征(F_1代,受精后9周和受精后15周的臀鳍乳突);卵黄蛋白原(F_1代,受精后15周的*vtg* mRNA或VTG蛋白);性别表观(F_1代,受精后15周的性腺组织学);繁殖率(F_0代和F_1代,连续21 d的产卵率和受精率);组织病理学(F_1代,受精后15周的性腺、肝脏和肾脏组织病理学)。

D.5 试验有效性质量控制条件

溶解氧浓度≥60%空气饱和值;试验期间平均水温24℃~26℃;对照中雌鱼成功繁殖率≥65%;对照组的平均每天产卵量≥20粒卵;对照组的F_1代和F_2代各自的平均孵化率≥80%;对照组中F_1代从孵化到受精后3周幼体的平均存活率≥80%,对照组中F_1代从受精后3周到当代结束时的平均存活率≥90%。

附　录　E
（规范性附录）
空白对照的典型参数[1)]

E.1　生长量

采样测量受精后 9 周(或 10 周)和 15 周时所有受试鱼的体重和体长。体重参考值:受精后 9 周大的雄鱼的湿重 85 mg～145 mg,雌鱼的湿重是 95 mg～150 mg。受精后 15 周的雌雄鱼的体重分别为 280 mg～350 mg 和 250 mg～330 mg。当出现个别鱼大幅度偏离这个范围,或平均体重显著超出这个范围,尤其是超出下限,表明在饲喂、温度控制、水质、病害等单方面或多方面存在问题。

E.2　孵化率

孵化率典型值为 90%,当低至 80%可视为不正常。当孵化率＜75%时,可能是卵发育过程中搅动不够,或照顾不够细致,如未及时清除死卵而引起病源微生物感染。

E.3　存活率

从孵化到受精后 3 周及后续时段的存活率一般应不低于 90%,但早期阶段存活率可低至 80%。但低于 80%时应引起注意,可能是试验容器不够清洁导致的仔鱼生病死亡或低浓度溶解氧引起的窒息死亡,或是容器清洁操作时受伤死亡及试验容器排水系统引起的仔鱼损失。

E.4　卵黄蛋白原基因

不同实验室因操作方法或仪器的不同,测量的每纳克总 mRNA 中卵黄蛋白原 *vtg* 基因的拷贝数差别会很大。但雌鱼的 *vtg* 基因的拷贝数一般比雄鱼高约 200 倍,甚至可能高至 1 000 倍～2 000 倍。当比率低于 200 倍时,可能存在样品污染操作和试剂问题。

E.5　第二性征

对于受精后 9 周～10 周的雄鱼来说,正常范围的第二性征定义为臀鳍突起数量为 40 个～80 个。受精后 15 周时,雄鱼臀鳍突起数量为 80 个～120 个,而雌鱼为 0。在原因不明情况下,有时雄鱼在受精后 9 周没有突起,但后来所有雄鱼在 15 周时又长出突起,这很有可能是延迟发育引起。雌鱼出现突起表明种群中有基因型为 XX 的假雄鱼出现。

E.6　XX 假雄鱼

在 25℃时,通常基因型 XX 的假雄鱼出现概率为 4%或更低,随着温度的升高而增加。驯养时应采取措施尽量减少 XX 假雄鱼比例。由于 XX 假雄鱼具有可遗传性,因此,检测受试鱼并确保 XX 假雄鱼不会在试验体系中增殖,是减少试验种群中 XX 假雄鱼发生的有效方法。

E.7　产卵活动

在评价繁殖力之前,应每天检测各重复的产卵活动。通过量化评估可提供产卵力参考依据。孵化

1)　附录 E 中的参数是通过一定数量的有效试验获得的经验值,随着更多试验的积累可进行修正。

后 12 周～14 周时，大部分繁殖对都应产卵。产卵的繁殖对数量低，表明健康、成熟度或环境条件存在问题。

E.8 繁殖力

健康的、喂养良好的青鳉孵化后 12 周～14 周，每天产卵 15 粒～50 粒。当繁殖对的平均每日产卵数低于 15 粒时，表明受试鱼不成熟、营养不良或不健康。

E.9 受精

繁殖对的受精卵百分比通常不低于 90％。受精率低于 75％时表明个体不健康或培养条件不理想。

附　录　F
（资料性附录）
青鳉一代繁殖延长试验暴露和测量端点指标的时间安排

青鳉一代繁殖延长试验暴露和测量端点指标的时间安排见表 F.1。F_0 代成鱼暴露 4 周，F_1 代暴露 15 周及 F_2 代暴露至孵化期（受精后 2 周）。

表 F.1　青鳉一代繁殖延长试验暴露和测量端点指标的时间表

试验暴露时间表，周																			
F_0	1	2	3	4															
F_1				1	2	3	4	5	6	7	8	9	10	11	12	13	14	15	
F_2																		1	2
试验周	1	2	3	4	5	6	7	8	9	10	11	12	13	14	15	16	17	18	19
关键发育阶段	成鱼			胚胎	仔鱼		幼鱼			亚成鱼				成鱼				胚胎	仔鱼
端点指标时间表，周																			
繁殖	F_0														F_1				
受精	F_0														F_1				
孵化					F_1														F_2
成活						F_1						F_1						F_1	
生长				F_0								F_1						F_1	
卵黄蛋白原												F_1							
第二性征												F_1						F_1	
组织病理学																		F_1	
试验周	1	2	3	4	5	6	7	8	9	10	11	12	13	14	15	16	17	18	19

注 1：试验设计 6 个处理组。包括供试物处理 5 组，空白对照 1 组（如有溶剂对照，则另加 1 组）。

注 2：组内设计。第 1 周～9 周（F_0 代和 F_1 代），设 6 个重复，对照 12 个重复，观察指标为孵化、存活、VTG、亚成鱼第二性症（SSC）和生长；第 10 周～18 周，设 12 个重复，对照 24 个重复，观察指标为繁殖、成鱼病理和 SSC；第 18 周～19 周，设 6 个重复，对照 12 个重复，观察指标为卵孵化。

附　录　G
(资料性附录)
卵孵化器示例

G.1　通气式孵化器

图 G.1 中 a)、b)所示的孵化器由横切的玻璃管组成,使用不锈钢套筒连接并使螺旋盖帽处于合适位置。一根小玻璃管或不锈钢管伸出帽子,置于圆形底部附近,轻轻地通气使孵悬浮和减少卵间腐生真菌的传播感染,并促进化学物质在孵化器与试验容器之间的交换。

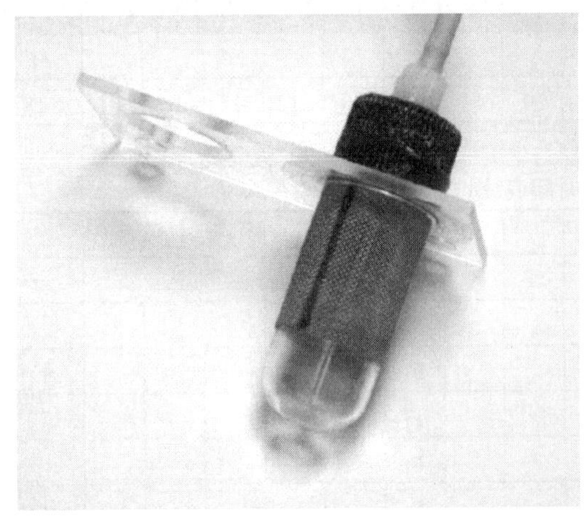

a)　孵化器细部图

b)　孵化器装置图

图 G.1　通气式孵化器

G.2　升降式孵化器

图 G.2 中 a)、b)所示的孵化器由玻璃圆柱体组成(直径 5 cm,高 10 cm)和不锈钢丝网(0.25φ 和 32 目)组成,不锈钢丝网用 PTFE 环粘在圆柱体底部。孵化器用提升杆悬浮在容器中并以适宜周期(约 4 s 一次)垂直摇摆(约 5 cm 振幅)。

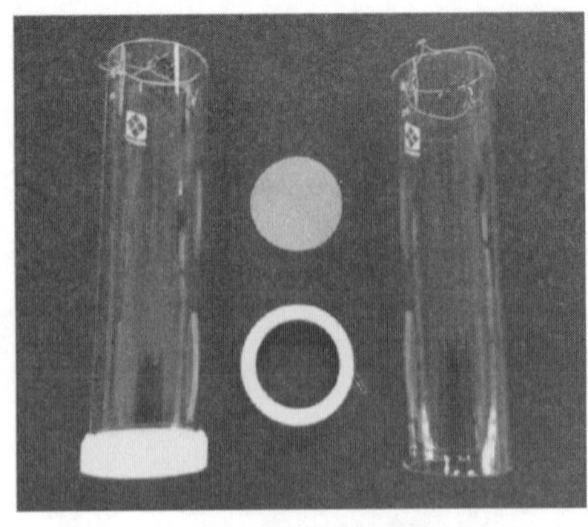

a)　孵化器细部图

b)　孵化器装置图

图 G.2　升降式孵化器

附　录　H
（资料性附录）
遗传学性别测定的组织取样和性别鉴定方法（PCR 测定）

H.1　缓冲液制备

H.1.1　PCR 缓冲液①制备

a）500 mg 十二烷基肌氨酸钠（如 Merck KGaA，Darmstadt，GE）；

b）2 mL 5 mol/L 氯化钠（NaCl）；

c）加 100 mL 蒸馏水；

d）高压蒸汽灭菌锅灭菌。

H.1.2　PCR 缓冲液②制备

a）20 g 螯合树脂（Chelex）（如 Biorad，Munich，GE）；

b）添加到 100 mL 蒸馏水中；

c）高压蒸汽灭菌锅灭菌。

H.2　日本青鳉遗传性别的组织取样、制备和储存

H.2.1　用细剪刀剪取每尾鱼的臀鳍或背鳍，放入添加有 100 μL 提取缓冲液①（H.1.1）离心管内。剪刀剪切过每尾鱼后，都要用蒸馏水清洗并用滤纸吸干。

H.2.2　用聚四氟乙烯磨杵将离心管内的鳍组织磨成匀浆。每个离心管使用新的磨杵，以防止污染。磨杵用高压灭菌锅灭菌后使用，或前一天放在 0.5 mol/L NaOH 中过一夜后用蒸馏水冲洗 5 min，储存在乙醇溶液中备用。

H.2.3　鳍组织也可用干冰冷冻后储存在－80℃冰箱中防止 DNA 降解（如要将冷冻储存在－80℃的离心管内样品取出检测，需在冰上进行解冻后再向管内添加缓冲液）。当对采集的鳍组织样品直接提取 DNA 时，则用提取缓冲液①（H.1.1）储存组织样品。

H.2.4　匀浆后所有离心管需置于 100℃水浴中，煮沸 15 min。

H.2.5　然后加入 100 μL 提取缓冲液②（H.1.2）到每个离心管。室温下反应 15 min，期间用手轻轻摇晃若干次。

H.2.6　将所有的离心管再次放置在 100℃水浴中煮沸 15 min。

H.2.7　将离心管放在－20℃下冷冻保存备用。

H.3　青鳉的遗传性别鉴定方法（PCR 测定）

将在 H.2 制备好冷冻保存的离心管在冰浴中进行解冻。然后用离心机离心（室温，最大转速离心 30 s）。吸取上清液用于 PCR 测定。操作时应避免任何螯合树脂被转移到 PCR 反应管中，因其会干扰聚合酶活性。上清液可直接使用或储存冷冻（－20℃）。

H.3.1　反应混合液的制备

表 H.1 反应混合液配方(每个样品 25 μL)

项目	体积	最终浓度
模板 DNA	0.5 μL~2 μL	
10×含有 $MgCl_2$ 的 PCR-缓冲液[a]	2.5 μL	1×
核苷酸(dATP、dCTP、dGTP、dTTP)	4 μL(5 mmol/L)	200 μmol/L
上游引物(10 μmol/L)	0.5 μL	200 μmol/L
下游引物(10 μmol/L)	0.5 μL	200 μmol/L
二甲基亚砜	1.25 μL	5%
Taq E 聚合酶	0.3 μL	1.5 U
水(PCR 级)	定容至 25 μL	

[a] 10×含有 $MgCl_2$ 的 PCR-缓冲液:670 mmol Tris/HCl 缓冲液(pH 8.8,25℃),160 mmol $(NH_4)_2SO_4$,25 mmol $MgCl_2$,0.1%吐温-20。

每个 PCR 反应混合液需特定的引物和与之匹配量的模板 DNA。每次转移液体需用新的枪头。加完所有体系后盖上盖子,室温振荡(约 10 s)混匀后离心(10 s)。这时样品的 PCR 程序即可开始。每一组 PCR 程序中应设置阳性对照(阳性 DNA 样本)和阴性对照(1 μL 水对照)。

H.3.2 1%琼脂糖凝胶的制备

a) 向 300 mL 1×TAE 缓冲液中加入 3 g 琼脂糖(1%琼脂糖凝胶)。

b) 该溶液应以微波炉煮沸。

c) 转移煮沸的琼脂糖溶液至制胶器上(制胶器应置于冰上)。

d) 约 20 min 后琼脂糖凝胶即可使用。

e) 将制备好的琼脂糖凝胶置于 1×TAE-buffer 内直到 PCR 程序结束。

H.3.3 肌动蛋白 PCR 程序

该 PCR 程序是为了说明样品中 DNA 的完整性。

a) 特异性引物:

1) "M act1(上游/正向)":TTC AAC AGC CCT GCC ATG TA;

2) "M act2(下游/反向)":GCA GCT CAT AGC TCT CCA GGG AG。

b) PCR 程序:

1) 95℃ 5 min。

2) 循环(35 个循环):

——变性:95℃ 45 s;

——退火:56℃ 45 s;

——延伸:68℃ 1 min。

3) 68℃ 15 min。

H.3.4 X 基因和 Y 基因 PCR 程序

具有完整 DNA 的样品用于检测 X-基因和 Y-基因。在电泳和染色后,雄性 DNA 样品将会有两条带,而雌性 DNA 样品只会有一条带。在 PCR 过程中需要有一个雄性的阳性对照(XY-样品)和一个雌性的阳性对照(XX-样品)。

a) 特异性引物:

1) "PG 17.5"(上游/正向):CCG GGT GCC CAA GTG CTC CCG CTG;

2) "PG 17.6"(下游/反向):GAT CGT CCC TCC ACA GAG AAG AGA。

b) 程序:

1) 95℃ 5 min。

2) 循环(40 个):

——变性:95℃ 45 s;

——退火:55℃ 45 s;

——延伸:68℃ 90 s。

3) 68℃ 15 min。

H.3.5 Y-基因-PCR-程序

此 PCR 程序用于验证“X-基因与 Y-基因 PCR 程序”的结果。在凝胶电泳染色后雄性样本应该有一条带,而雌性样本没有条带。

a) 特异性引物:

1) “DMTYa(上游/正向)”:GGC CGG GTC CCC GGG TG;

2) “DMTYd(下游/反向)”:TTT GGG TGA ACT CAC ATG G。

b) 程序:

1) 95℃ 5 min;

2) 循环(40 个循环):

——变性:95℃ 45 s;

——退火:56℃ 45 s;

——延伸:68℃ 1 min。

3) 68℃ 15 min。

H.3.6 PCR 样品的染色

a) 染色液:

1) 50%甘油(丙三醇);

2) 100 mmol/L EDTA(乙二胺四乙酸);

3) 1%SDS(苯乙烯二聚物);

4) 0.25%溴酚蓝;

5) 0.25 xylenxyanol。

b) 用吸液管向每一管内加 1 μL 染色液[H.3.6 a)]进行染色。

H.3.7 开始凝胶电泳

a) 将制备好的 1%琼脂糖胶放入装有 1×TAE-Buffer 的电泳器中;

b) 向琼脂糖胶孔加染色后 PCR 样品 10 μL~15 μL;

c) 同时加 5 μL~15 μL 的 1 kb-“Ladder”至单独的上样孔中;

d) 在 200 V 电压下开始电泳;

e) 30 min~45 min 后停止。

H.3.8 检测目的条带

a) 用蒸馏水清洗电泳结束后的琼脂糖胶;

b) 立即将琼脂糖凝胶转移到溴化乙锭(EB)中处理 15 min~30 min;

c) 结束后,用 UV-显示器成像;

d) 通过与 Marker 比较阳性条带来分析待测样品。

附 录 I
(资料性附录)
肝脏样品的采集与卵黄蛋白原分析前处理程序

I.1 青鳉肝脏取样

I.1.1 从试验容器中取出受试鱼

I.1.1.1 用小捞网将受试鱼从试验容器中捞出(注意不要将受试鱼掉落到其他的试验容器里)。

捞受试鱼操作应按以下顺序:空白对照、溶剂对照(如有)、处理组的低到高浓度、阳性对照。此外,从一个试验容器捞出雌鱼之前要先捞出所有的雄鱼。

每条受试鱼的性别鉴定是以体表的第二性征为依据(如:臀鳍形状)。

I.1.1.2 将受试鱼放入容器里并转移至试验台进行肝脏切除。操作中应注意检查试验容器和运输容器的标签是否准确,并确定从试验容器中捞出的鱼的数量和试验容器中剩余鱼的数量与预期的一致。

当通过鱼的表观难以确定鱼的性别时,从试验容器中捞出所有的鱼,在体视显微镜下观察性腺或者第二性征以确定性别。

I.1.2 肝脏切除

I.1.2.1 使用小捞网从试验容器中将受试鱼转移至含麻醉剂的容器中。

I.1.2.2 受试鱼麻醉后,用镊子(日用类型)将受试鱼放到滤纸(或者纸巾)上。夹鱼时,用镊子夹住鱼的头部以防止尾部遭到破坏。

I.1.2.3 用滤纸(或纸巾)将鱼体表面的水擦干。

I.1.2.4 将鱼的腹部向上放置。用解剖剪刀在腹侧颈部区域与和腹部中间区域横切一个小切口(见图I.1)。

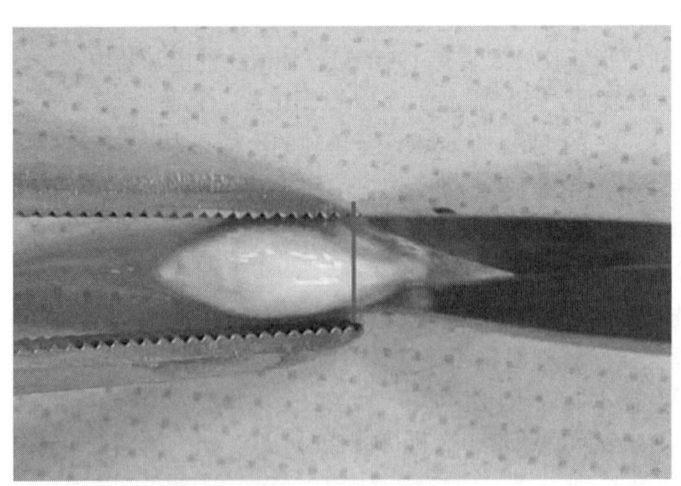

注:红线为切口。

图 I.1 横向切开胸鳍

解剖剪刀插入小切口,沿着腹部的中线从尾部一点到鳃盖边切开腹部(见图I.2)。注意不要将解剖刀插入太深,以免破坏肝脏和性腺。

随后的过程要在体视显微镜下进行。

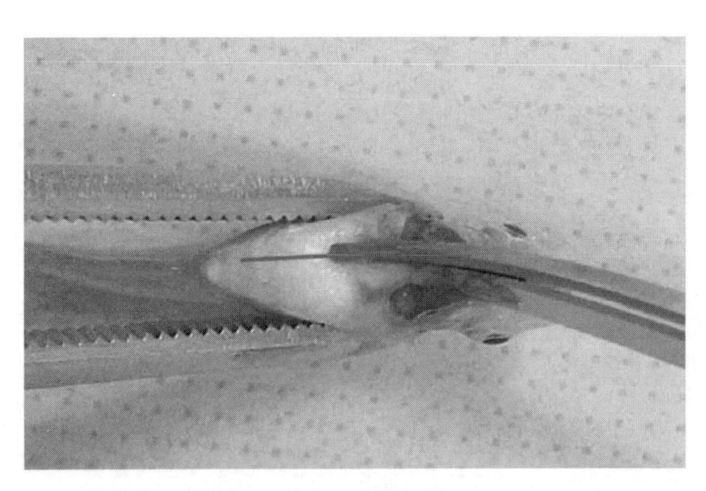

注:红线为切口。

图 I.2 沿中线纵切腹腔(从头盖部至肛门约 2 mm 处)

I.1.2.5 将受试鱼腹部向上放在纸巾,或者有盖玻璃培养皿、载玻片上。

a) 用精细的镊子将腹腔扩张并取出内脏器官。如果需要的话也可通过切除一边的腹部,以便取出内脏器官(见图 I.3～图 I.8)。

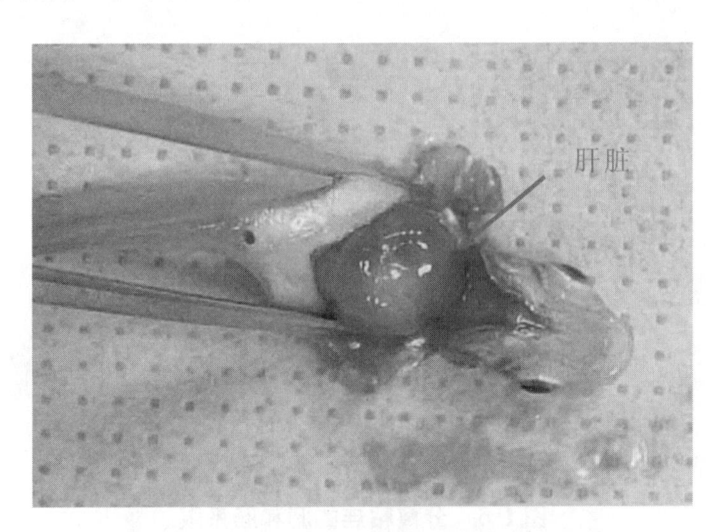

图 I.3 打开腹腔以暴露肝脏和其他器官

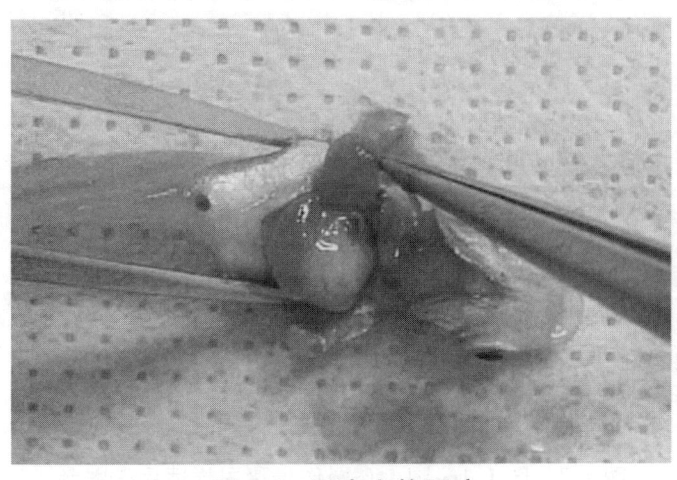

图 I.4 取出完整肝脏

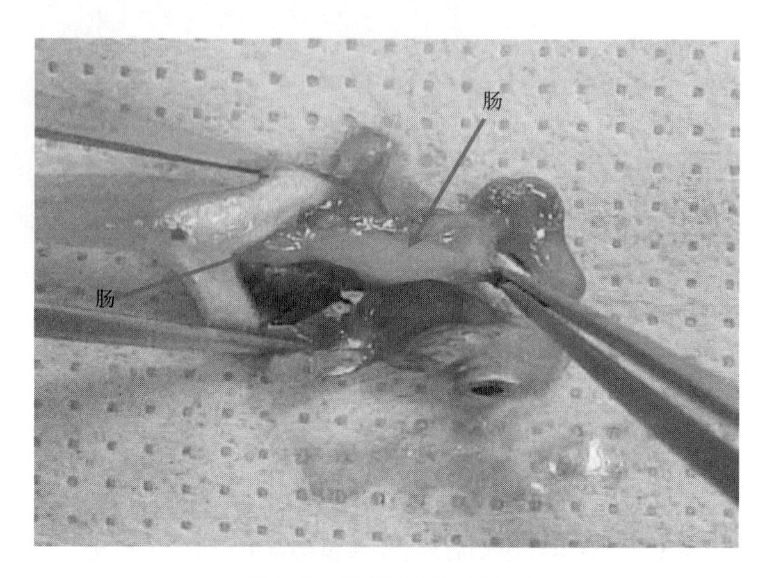

图 I.5　用镊子将肠收回

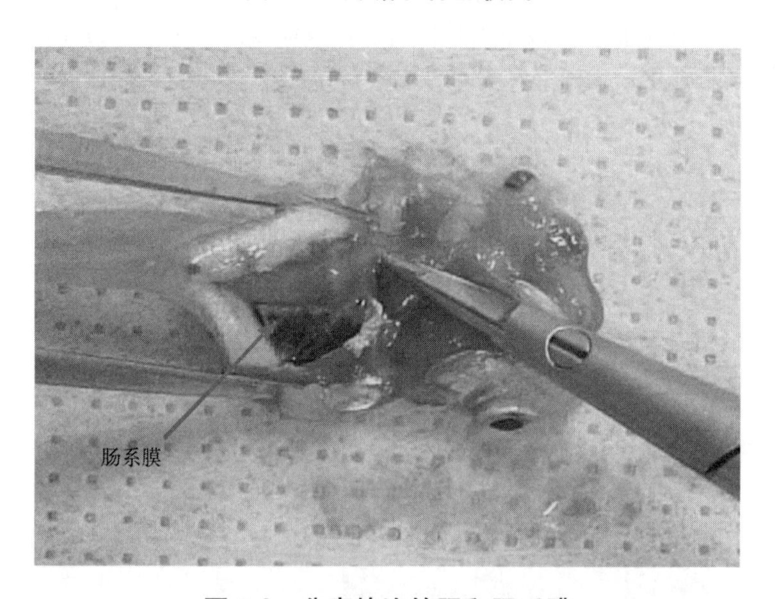

图 I.6　分离粘连的肠和肠系膜

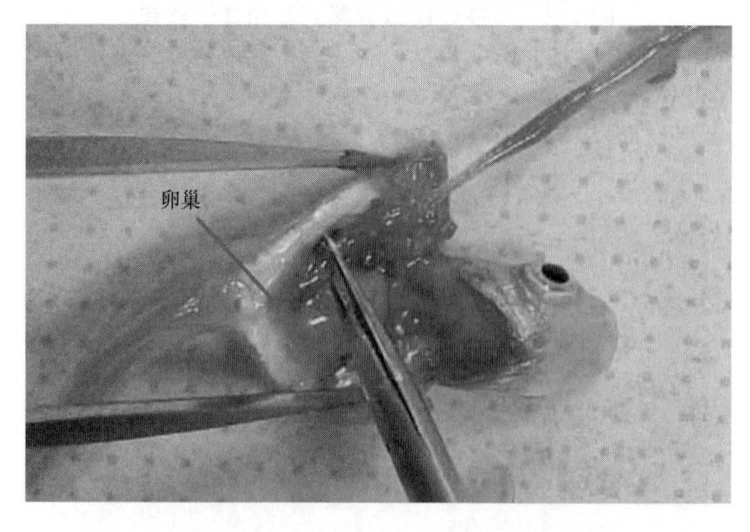

图 I.7　图 I.1～图 I.6 操作步骤同样适用于雌鱼

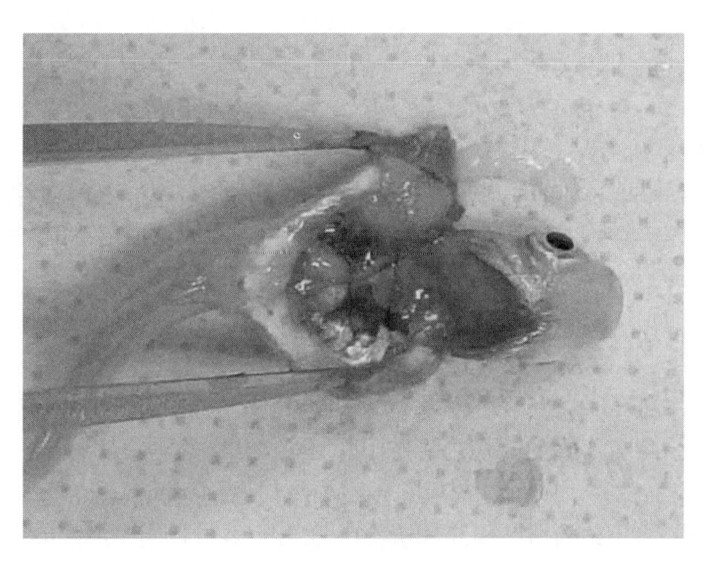

图 I.8 完成

b) 用另一双精密镊子揭开肝脏和胆囊的连接部分。然后夹住胆管并切除胆囊。注意不要弄破胆囊。

c) 夹住食管,然后用同样的方式将肠胃与肝脏切开。注意不要使胃肠内的东西泄出。从肛门处切除尾部的肠子及腹腔内的消化道。

d) 去除肝脏周围的脂肪或者其他组织。注意不要弄伤肝脏。

e) 用精细镊子夹住肝门区域并将其与腹腔分离。

I.1.2.6 将肝脏放到载玻片上。如需要,用精细镊子去除肝脏表面多余的脂肪和无关组织(如:腹腔膜)。

用电子分析天平称肝脏(带 1.5 mL 离心管,记录皮重)。在工作表中记录数值(精确到 0.1 mg)。确认离心管标签上的信息。

盖上含有肝脏的离心管盖。冷藏存放(或冰镇)。

I.1.2.7 清洗解剖器具或更换干净的器具,进行下一尾鱼的肝脏切除操作。如此循环,对所需要肝脏切除的受试鱼进行操作。当不立即进行肝脏样本前处理时,则应将所有肝脏标本贴上识别标签放在试管架上,存储在冰箱里待用;当肝脏被切割后立即进行前处理时,样本应转送至另一个带冷藏架的试验台(或者冰镇)进行前处理操作。

肝脏切除后,剩余的鱼体可用于性腺组织学和第二性征的测量观察。

I.1.3 样本储存

如从受试鱼中获取的肝脏样本不立刻用于前处理,应在不低于−70℃的条件下储存。

I.2 卵黄蛋白原分析肝脏前处理

取出 ELISA 试剂盒中匀浆缓冲液瓶,并用碎冰冷却(溶液温度应≤4℃)。如果使用 EnBio ELISA 系统的匀浆缓冲液,在室温下解冻溶液,然后置于碎冰上冷却存放。

依据肝脏的重量计算所需匀浆缓冲液的量(每毫克肝脏匀浆需加 50 μL 匀浆缓冲液),并列出每一肝脏样本所需的匀浆缓冲液量的清单。

I.2.1 肝脏前处理的准备

从冰箱拿出装有肝脏样本的 1.5 mL 离心管,按下列先后顺序进行前处理操作:

——先处理雄鱼的肝脏,然后是雌鱼,以避免卵黄蛋白原的污染;

——空白对照、溶剂对照(如有)、处理组由低到高浓度、阳性对照。

肝脏样本前处理操作时，应根据离心容量等从冰箱取出一次同时操作的数量，随用随取，避免肝脏样本长时间室温存放。

I.2.2 前处理操作

I.2.2.1 加匀浆缓冲液

根据肝脏样本的重量，核对样本所需使用的匀浆缓冲液用量清单(I.2)，然后用适宜量程(范围：100 μL～1 000 μL)的微型移液器吸取试剂瓶中匀浆缓冲液，逐一加到所有肝脏样本的1.5 mL的离心管中。注意微型移液器及其枪头不能触及肝脏样本，以避免样本间交叉污染。

I.2.2.2 肝脏的匀浆

a) 使用干净的研磨棒，在离心管匀浆器中进行匀浆。
b) 将研磨棒插入1.5 mL含有肝脏样本和匀浆缓冲液的离心管中，握住离心管匀浆器，通过研磨棒表面和1.5 mL离心管的内壁之间挤压肝脏。
c) 研磨匀浆约10 s～20 s。研磨过程应在碎冰中冷却进行。
d) 在1.5 mL离心管中抬高研磨棒并停留10 s左右。然后目测悬浮液的状态。
e) 当悬浮液中发现肝脏碎片，重复c)和d)操作，直至获得符合要求的肝脏匀浆。
f) 将肝脏匀浆悬浮液置于冰架上冷却存放至离心操作。
g) 更换研磨棒进行下一个肝脏样品匀浆操作。
h) 按照a)～g)操作程序对所有的肝脏样本使用匀浆缓冲液进行匀浆。

I.2.2.3 悬浮的肝脏匀浆离心

a) 将含有肝脏匀浆悬液的1.5 mL离心管插入冷冻离心机(需要调整平衡)，对肝脏匀浆悬液离心的条件为13 000 *g* 10 min，≤5℃(离心力和时间可按需要调整)。
b) 离心后，确定上清液完全分离(表面：油脂；中间：上清液；底层：肝组织)。当分离不够充分，在同样的条件下再次离心。
c) 从离心机内取出所有的样本，按样本编号依次放在冰架上，立即进行上清液采集。注意离心后不应再引起悬浮。

I.2.2.4 上清液的采集

a) 在管架上准备4个0.5 mL离心管用于储存上清液。
b) 用移液器每次吸取上清液30 μL(中间的分离层)，分别加入到备好的3只0.5 mL的离心管中。注意不要吸入表面的油脂或底部的肝脏组织。
c) 用移液器吸取剩下的上清液(如可行：≥100 μL)。然后将其分配到剩余的1只0.5 mL离心管中。
d) 盖上0.5 mL离心管的盖子，每管标签应标记上清液的量，立即置于冰架上冷却存放。

更换吸头，按a)～d)的步骤，对所有肝脏样品的上清液进行采集分配。收集上清液后，丢掉剩余残渣。

当上清液分配到0.5 mL离心管后，如立即进行卵黄蛋白原的浓度分析，则取一个0.5 mL离心管(含30 μL的上清液)置于管架并冷藏，并转至ELISA试验工作台进行操作。其他剩余含上清液的离心管应放在试管架上，置冰箱冷冻。

I.2.3 储存样本

0.5 mL离心管中的肝脏匀浆上清液存储于≤－70℃条件下，待ELISA分析。

附 录 J
(资料性附录)
臀鳍突起计数

J.1 主要材料和试剂

解剖显微镜(可选带摄像装置)。

固定剂(如 Davidson 固定剂,不推荐使用 Bouin 固定剂),若能从鱼体图像中直接计数可不用固定剂。

J.2 程序

为便于臀鳍突起计数,应对臀鳍进行拍照。当采用拍照调查方法时,臀鳍可用 Davidson 固定剂或其他合适固定剂固定约 1 min。固定时保持臀鳍水平以利于突起计数。带臀鳍的鱼体可存放在 Davidson 固定剂或其他合适固定剂中以备后期使用。计数带乳突的连接板数量(见图 J.1),乳突从连接板后部边缘伸出。

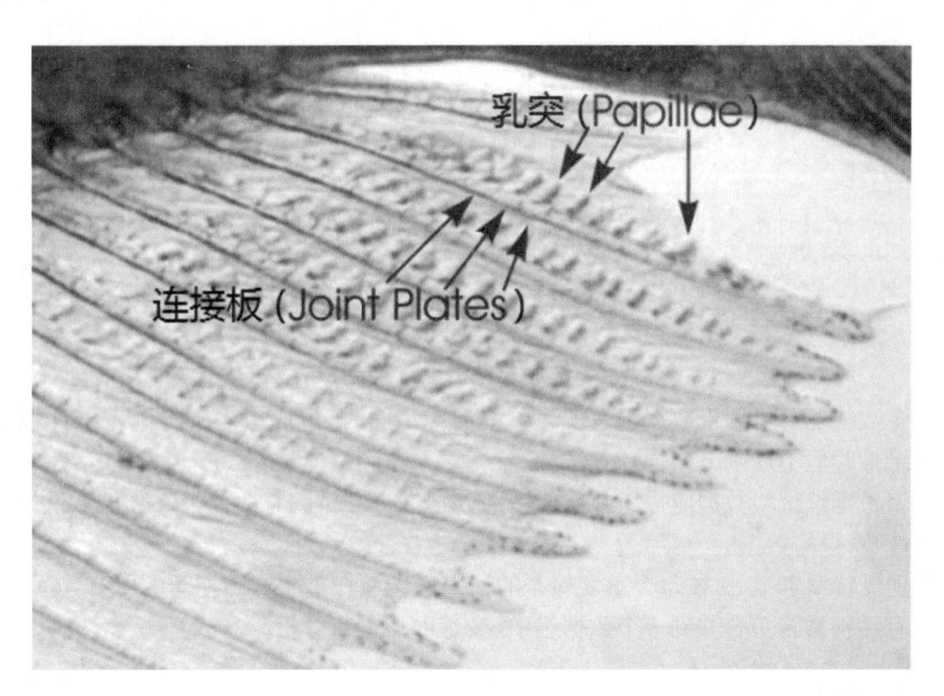

图 J.1 臀鳍突起

附 录 K
（资料性附录）
统 计 分 析

K.1 概述

除病理学数据外，青鳉一代繁殖延长试验产生的生物学数据类型并非特定的，应根据数据的正态分布和方差齐性特性，以明确试验设计是否符合假设试验、回归分析、参数与非参数检验等。本试验统计方法的选择原则采用 OECD 生态毒性数据推荐的统计分析方法（OECD，2006）和青鳉一代繁殖延长试验数据分析决策流程图（见图 K.1）。

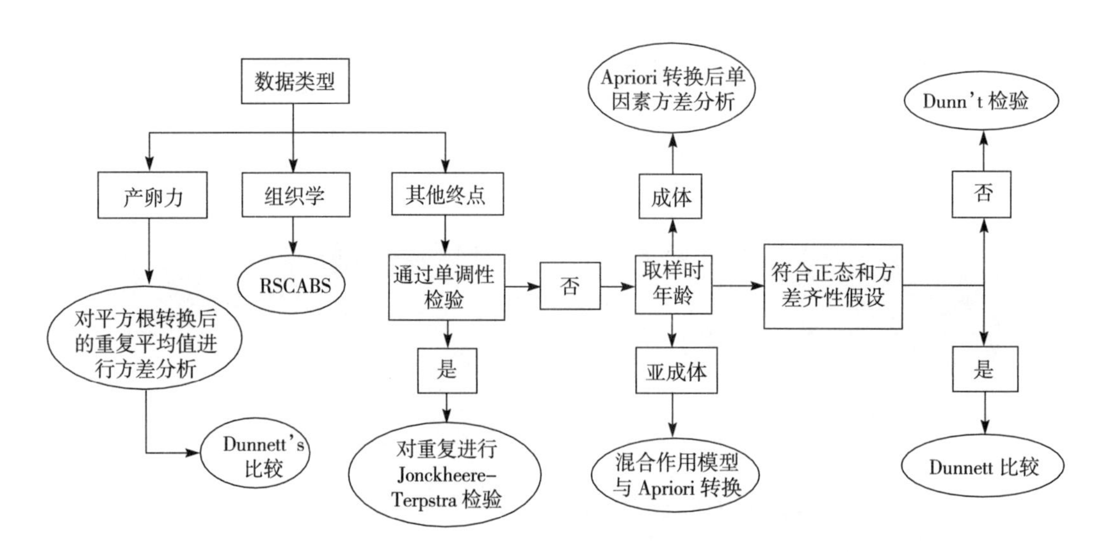

图 K.1 青鳉一代繁殖延长试验数据分析决策流程图

本试验大多数情况下可假设数据组表现为单调反应。同时，也应考虑进行单尾统计检验和双尾统计检验。本附录推荐但不局限下列统计方法。

青鳉一代繁殖延长试验数据应按照各遗传性别分别进行分析。有两种策略分析从性别反转鱼（XX 雄性或 XY 雌性）获得的数据。

a） 除性别反转发生率外，按每个重复检查的性别反转鱼在整个试验期间的所有数据。

b） 将所有性别反转鱼合并到一个数据组中，按基因型进行分析。

K.2 组织病理学数据

组织病理学数据在报告中以“严重度分值”体现。“严重度分值”可通过统计程序 Rao-Scott Cochrane-Armitage by Slices（RSCABS）评价，Rao-Scott 包含试验重复信息，by Slices 程序包含预期生物学效应，即认为“严重度分值”随浓度增加而增加。RSCABS 输出结果体现与对照比，哪个处理组有较高的病理学症状及对应的“严重度分值”。

K.3 产卵力数据

应每天记录每重复产卵数，并计算重复平均值，然后进行平方根转换。将转换后重复平均值进行 Dunnett's 比较与单因素方差分析。

K.4 其他生物学数据

统计分析需假设在适当的剂量范围内毒性效应参数是单调性。因此,假设数据为单调性,并用线性和二次方比较进行单调性检验。如果数据检验为单调,推荐使用 Jonckheere-Terpstra 法统计(OECD,2006 建议)。当二次比较有意义而线性比较无意义时,可考虑数据为非单调性。

当数据非单调性,尤其最高浓度 1 个~2 个处理组反应降低时,可结合专业知识分析数据的毒理学意义,并考虑是否按异常数据排除此处理,使数据变为单调性。

重量和长度,一般不进行数据转换;卵黄蛋白原数据宜进行 log 转换;臀鳍突起(SSC)数据用平方根转换;孵化率、存活率和受精率数据用反正弦平方根转换。

每重复容器有 1 尾 XX 鱼和 1 尾 XY 鱼,分别测量成鱼样品的生物学数据。因此,单因素方差分析宜用于重复平均值比较。当方差分析假设满足(正态和方差齐性分别用 Shapiro-Wilks 检验和Levene's 检验来评价方差分析残值)时,可用 Dunnett's 检验判断处理组与对照组显著性差异;当方差分析假设不满足时,可用 Dunn's 检验判断处理组与对照组显著性差异。单因素方差分析方法也可用于百分比数据(受精率、孵化率和存活率)。

亚成鱼样品的生物学数据每重复有 1 个到 8 个测量值,即每遗传性别可能有不同个体数量计算重复平均值。当满足正态和方差齐性假设(方差分析混合效应残值),可用 Dunnett's 检验比较分析混合效应方差模型,当不满足时,可用 Dunn's 检验判断处理组与对照组显著性差异。

本标准起草单位:农业部农药检定所、浙江省农业科学院农产品质量标准研究所。

本标准主要起草人:吴长兴、曲甍甍、陈丽萍、陈朗、苍涛、李贤宾、蔡磊明。

中华人民共和国农业行业标准

NY/T 3092—2017

化学农药　蜜蜂影响半田间试验准则

Chemical pesticide—Guideline for honeybee esmi-field test

1　范围

本标准规定了农药对蜜蜂影响半田间试验的试验条件、蜂群管理、方法、质量控制、统计分析及试验报告等基本要求。

本标准适用于化学农药对蜜蜂影响的半田间试验，其他农药可以参照执行。

本标准不适用于易挥发和难溶解的化学农药。

2　规范性引用文件

下列文件对于本文件的应用是必不可少的。凡是注日期的引用文件，仅注日期的版本适用于本文件。凡是不注日期的引用文件，其最新版本（包括所有的修改单）适用于本文件。

GB/T 31270.10—2014　化学农药环境安全评价试验准则　第10部分：蜜蜂急性毒性试验

3　术语和定义

下列术语和定义适用于本文件。

3.1

半田间试验　semi-field test

利用大棚、网笼或温室等可控的田间条件，观察农药使用对蜜蜂种群和发育影响的试验过程。

3.2

暴露　exposure

通过在作物上喷施农药、土壤处理或种子处理等施药途径，对蜜蜂造成影响的过程。

3.3

子脾　brood

蜜蜂处于卵、幼虫、蛹不同发育时期的统称。

3.4

姊妹王　sister queen

同一蜂王所产的后代中只能为蜂王的两个或多个蜜蜂个体。

3.5

飞行强度　flight intensity

单位时间内，在单位面积作物上或者单位数量花朵上飞行觅食的蜜蜂数量。

3.6

种群状况　colony condition

包括一个蜂群中工蜂的数量、蜂王的健康状况、花粉和花蜜储存情况、子脾（卵、幼虫、蛹）发育状况

中华人民共和国农业部 2017-06-12 发布　　2017-10-01 实施

等因素。

4 试验概述

选择均匀一致、合适的小蜂群，在田间大棚中强迫蜜蜂在经农药暴露的开花试验作物上飞行觅食，或在蜜蜂飞行期间，分别在不同的大棚中施用供试药剂和已知的高风险参比物质（如乐果），与对照大棚比较观察蜜蜂种群状况的变化和影响。根据不同试验目的选择合适的参比药剂。

试验一般分为暴露前阶段、暴露阶段和暴露后阶段3个部分。暴露前阶段为试验地、试验蜂群、试验作物和供试物等的准备过程；暴露阶段为试验蜂群在大棚中暴露于施药中或施药后的作物上，需对蜜蜂死亡数、飞行活动、觅食情况和蜂群状况等做评估；暴露后阶段即监测阶段，包括数次蜂群状况调查和蜜蜂死亡数和行为等的评估。

5 试验方法

5.1 材料和条件

5.1.1 供试生物

试验蜂种应为当地具有代表性、品系明确的蜂种。试验蜂群应来自同一繁殖品系，来源、质量可靠。有可见的虫害或病害影响的蜂群不应用于试验，在被用于试验前的4周内不能对蜂群进行药物处理。蜂王应孵化自同一批次、同一时间段内婚飞后的姊妹王，于试验开始前新培育的、产卵力强、健康的蜂王方可用于试验。每群应有3 000只～5 000只工蜂，至少3张巢脾。但可根据试验目的进行适当调整。每个蜂群应包含不同发育阶段的子脾和适量的能满足子脾发育所需蜂蜜和花粉。试验蜂群应处于主要繁殖期或活动频繁期。

5.1.2 供试作物

应选择对蜜蜂吸引力强的作物，如油菜、棉花等。当供试物为内吸性的种子处理剂或颗粒剂等时，应使用该制剂推荐的现实靶标蜜源或粉源作物。

5.1.3 供试物

应使用农药制剂。

5.1.4 主要设备设施

5.1.4.1 蜂箱

需使用当地通用的蜂箱，或根据试验需要进行定制。

5.1.4.2 死蜂收集箱

为收集死亡蜜蜂，应在蜜蜂死亡数调查开始的至少3 d前，在每个试验蜂箱巢门前端安装死蜂收集箱。收集箱应使用天然木材等无刺激性、无异味的材料制作，由一个可活动网盖和封闭的箱体组成，网盖的孔径以仅允许工蜂独自出入为宜（如隔王板），箱体与蜂箱口连通。死蜂收集箱示意图参见附录A。

5.1.4.3 大棚

试验大棚可选择钢架大棚，使用孔径小于3 mm的防虫网覆盖大棚。大棚内试验作物覆盖面积应不小于40 m^2，大小可根据自然环境条件、作物的蜜粉量、蜂群大小、研究目的等因素相应调整，保证大棚内蜂群大小与作物花粉量相匹配。试验大棚示意图参见附录B。

5.1.4.4 其他设备

5.1.4.4.1 天平。

5.1.4.4.2 量具。

5.1.4.4.3 农用喷雾器。

5.1.4.4.4 时间、温湿度监控记录设备。

5.1.4.4.5 雨量计。

5.1.4.4.6 风速仪。

5.1.4.4.7 防护装备。

5.1.5 环境条件

试验不应在不利于蜜蜂活动的环境条件下进行，通常田间室外不超过35℃，以免导致蜜蜂在大棚内出现非供试药剂引起的挂须和逃蜂现象。当试验开始后遇剧烈的气温变化、反常气候等非常规环境条件时，应评估其对试验有效性的影响。

5.2 试验操作

5.2.1 试验场地

5.2.1.1 暴露阶段

试验地的每个大棚之间应相距至少2 m以上，处理组与空白对照大棚应间隔至少3 m以上，整个试验区域边界与周边田地也应相距至少3 m以上。试验地不应有试验外的其他农事活动，如需施肥、控制病虫害，应保证使用的肥料、药剂及其操作过程等对试验结果不会产生影响。

5.2.1.2 监测阶段

需有充足蜜源（如野花）的场所，作为蜂群在暴露阶段前、暴露阶段后的饲养观察监测点，且监测点和试验田地之间的距离应大于3 km，防止蜜蜂在大棚暴露前、后飞至暴露阶段试验地。监测点周围不能有吸引蜜蜂觅食的正处于花期的农作物，以避免蜜蜂采食含有其他农药的花粉和花蜜，对试验结果造成干扰。当外援食物不充足时，可适当进行人工补给饲喂，并记录蜂群食物消耗量。

5.2.2 试验时间

应根据试验作物的生育期和防治靶标的施药期，以及试验目的来决定试验的时间。

5.2.3 试验蜂群管理

应根据暴露前蜂群各虫态比例调查结果，在各处理间协调分配蜂群。试验蜂群迁移的时间可选择在蜂群结束当天飞行活动的傍晚或晚上，也可在蜜蜂开始飞行活动之前的清晨进行。蜂群置于试验大棚期间，需为蜜蜂提供1个无污染的水源（最好于蜂箱外单独准备，必要时也可直接添加至蜂箱内的饲喂槽中）。当试验作物蜜（粉）源不足时应对蜂群饲喂适量糖（蜂蜜）水和（或）花粉，但为了保证蜜蜂采集活动的积极性，不应饲喂过量的食物。

蜂群置于监测点期间，可遵照当地养蜂人的经验进行饲喂管理，但在整个试验过程中，都不应对试验蜂群进行如下操作：

a） 使用对蜂王或工蜂有毒性的药物进行蜜蜂病虫害防治；

b） 在不同蜂群之间调换巢脾等严重影响种群结构和数量的行为。

5.2.4 试验设计

5.2.4.1 试验处理

5.2.4.1.1 供试物处理组

设置应充分考虑试验目的。若需研究供试物的残效影响，处理应包括花前施药、花期施药的场景；若需研究供试物的急性毒性影响，处理一般为花期施药的场景。应根据供试物推荐的施药量、方法、时间和次数，决定设置几个处理组别。

5.2.4.1.2 参比物质处理组

参比物质为已知具有高风险的药剂，其选择取决于试验目的。若基于急性毒性的标准试验，应选用乐果（dimethoate）；若研究对象是昆虫生长调节剂（IGR）产品，则应选用苯氧威（fenoxycarb，但对内吸性药剂不适用）；若内吸性农药被用于叶面喷施，可选用适宜的参比物质，若被用于土壤处理，则无明确的标准毒物。

5.2.4.1.3 空白对照处理组

可根据试验需要设置1个或多个，并按供试物处理组的相同条件喷洒清水，除非有特别的要求。

5.2.4.2 **试验小区**

每个大棚放入 1 个蜂群作为试验小区。

5.2.4.3 **试验重复**

为满足统计要求，每个试验处理一般至少重复 3 次(即 3 个大棚)。根据实际情况，重复数可根据试验小区面积适当增减。如试验作物是果树等冠层较大的植物，或者试验处理组群特别多时，则只需一个重复。

5.2.4.4 **试验周期**

通常蜂群应在大棚内暴露 7 d，但应充分考虑作物的开花情况(根据作物开花情况，蜂群应在大棚里放置尽量长的时间)及蜂群在大棚内的耐受期限。蜂群结束暴露搬出至试验监测点后，至少再观察 3 周，以确保结束暴露后的评估周期至少包括工蜂子脾的一个发育期。

5.2.5 **试验施药**

5.2.5.1 **施药方法**

施药应按照试验计划或供试物推荐使用方法进行，并与当地科学的农业实践(GAP)相适应。供试物如需配制后使用，则应现配现用。

5.2.5.2 **施药器械**

应选用生产中常用的器械，记录所用器械的类型、品名、型号和操作条件(工作压力、喷孔口径)的全部信息资料。每次使用前应对施药器械进行校正，计算其施药速率，以确定对小区均匀施药的方法。若使用播种设备，应对设备进行校正，实现均匀定量播种。

5.2.5.3 **施药的时间和次数**

施药时间和次数按照试验药剂特点和推荐的施药方法进行。

5.2.5.3.1 **施药时间**

应选择在蜜蜂飞行较活跃的白天施药，或根据不同的试验目的进行适当调整。当评估长残效农药对蜜蜂的影响时，施药时间应选择在蜜蜂暴露前的一定间隔时间，以避免药剂直接接触蜜蜂的影响；若评估风险减缓措施效果，则应选择在蜜蜂飞行较活跃前施药。除此之外，还应考虑当地一般农事活动规律。对于直接喷雾的药剂处理方式，在作物表面药液未干之前尽量避免雨水冲刷，通常确保施药后 2 h 无降雨，施药时大棚内风速应小于 2 m/s。

5.2.5.3.2 **施药次数**

通常情况下花期施药 1 次，但也应综合考虑要求的最高剂量、残留、急性影响等不同的试验研究目的，以及农药推荐使用方法等情况来确定施药次数。施药时应记录施药次数和每次施药日期及对应的作物生育期等尽可能详细的信息。

5.2.5.4 **施药量**

施药量通常为在作物花期使用时的最高使用剂量。有时也需要使用低剂量(采用可漂移到作物上的量进行试验)，以评估农药漂移到临近作物、果园中杂草上场景对蜜蜂的影响等。施药量应以试验药剂的克有效成分/公顷(g a.i./hm^2)表示。

施药时应描述并记录每次施药的过程和时间，每个试验小区在施药结束后都应测量喷雾器中药液的剩余量，用以计算实际施药量是否符合试验要求。施药应保证药量准确，分布均匀，一般要求实际施药量与理论施药量相差不超过理论值的 10%。为保证不低估风险，施药量的设计可根据所使用的施药器械校准情况作适当增量配置。

5.2.5.5 **使用其他植保产品时的资料要求**

如果因防治病、虫、草害的需要，需对试验作物使用其他植保产品时，应选择对供试物和试验作物无影响的药剂，并对所有的小区进行均一处理，而且要与供试物和参比药剂分开使用，使这些产品对试验结果的干扰控制在最小程度，同时记录这类产品使用过程的准确数据和信息。

5.2.6 观察与评估

5.2.6.1 蜜蜂死亡数

5.2.6.1.1 调查方法

死亡数评估调查应于暴露开始前至少 2 d～3 d 开始，并贯穿整个试验过程直至结束。通过计数死蜂收集箱内和大棚地面掉落(不适用于水田条件)的死亡蜜蜂数量得到蜜蜂死亡数。每天在相同时间段评估一次，但在试验关键点如暴露首日，应增加死蜂调查的次数，如在暴露后的 1 h、2 h、4 h、6 h 等时间段。每次调查需分别记录死亡的成年工蜂、工蜂蛹、幼虫、雄蜂、雄蜂蛹、畸形蜂等的数量。每次调查后，调查区域内的所有死蜂需全部移除。

5.2.6.1.2 调查内容

在蜜蜂大量死亡，工蜂已经无法及时清理蜂箱内的死蜂时，还需调查所有试验蜂箱底部死蜂。在旱田条件下，还需记录地面死蜂数(可通过计数铺设在地面上的纱网上的死蜂数)。根据试验目的和作物的不同，可调查大棚的部分或全部地面区域。

5.2.6.2 蜜蜂飞行情况

蜜蜂搬入大棚后需进行飞行情况调查，直至暴露结束。调查时，计数一定时间内(至少需 15 s)一定区域面积上(如 1 m^2)或者一定数量的花朵(如 15 朵花)范围内，在花上采食和飞过该区域的蜜蜂数量。每个大棚随机选取至少 3 个观察点(应避开巢门前的区域)。

飞行调查选择在正常情况下，大棚内作物花朵开放后，蜜蜂飞行活跃的时间段进行，每天在相同时间段评估一次，但在试验关键点如暴露首日，应增加飞行调查的次数，如在暴露后的 1 h、2 h、4 h、6 h 等时间段。

5.2.6.3 蜜蜂行为

大棚试验暴露阶段，在调查蜜蜂死亡数和飞行情况的过程中，应同时调查蜜蜂在作物上和蜂箱周围的行为。与空白对照相比，应至少观察记录以下行为：

a) 中毒症状，如抽搐、颤抖、运动失衡；
b) 在巢门口聚集；
c) 攻击性；
d) 挂须；
e) 不活动；
f) 不落在作物上高密度地飞行；
g) 其他非正常行为。

5.2.6.4 蜂群状况

5.2.6.4.1 蜂群数量

当一张巢脾的一面布满蜜蜂时定为 100%的覆盖率，通过肉眼观察或拍照测算等方式估计并记录一面巢脾上蜜蜂的比例。巢脾外的蜜蜂应进行粗略估计并单独记录。当 100%覆盖率时计数为 1 000 蜂(不同巢础应具体分析)，以此估算蜂群数量。

5.2.6.4.2 子脾(卵、幼虫、蛹)及食物储存

调查卵、幼虫、蛹、花粉和花蜜的比例时，将一张巢脾的一面中的蜂房总面积定为 100%，通过肉眼观察或拍照测算等方式估计并记录以上各项的蜂房占总面积的比例。

5.2.6.4.3 蜂王状况及其他

调查并记录有无观察到蜂王，蜂王健康状况，蜜蜂病害、螨害及任何可见的非正常现象。

5.2.6.4.4 调查次数

暴露开始前及暴露开始后蜜蜂位于大棚中时各应至少进行一次蜂群状况调查，暴露结束迁移至监测点后需至少进行 3 次调查，每次调查间隔约 7 d，以确保从暴露结束到试验结束的历期不低于工蜂子

脾的一个发育历期。

5.2.6.5 气象条件及活动记录

试验过程中应详细记录可能对试验活动造成影响的环境条件，如试验期间记录每天的气温和相对湿度极值、降雨情况、云层覆盖率等，并在每次施药时记录空气温湿度、风速等天气状况。

试验前应记录蜜蜂来源情况及对蜂群的主要操作，试验中人为干涉蜂群活动的任何操作都应详细描述并记录，包括试验地必要的农事活动等。

6 质量控制

质量控制的条件包括：

a） 参比物质处理组的死亡数与空白对照组死亡数具有统计学上的显著性差异。如果空白对照组死亡数过高或参比物质处理组死亡数过低，应重新试验；

b） 参比物质处理组的蜜蜂死亡数应在施药后有明显的增加。

7 统计分析

对供试物影响的评估应对供试物处理组与空白对照和参比药剂处理之间的数据（施药前和施药后的数据）进行比较得出，需比较的数据包括以下部分：

a） 死亡数：死蜂收集箱中的蜜蜂死亡数、掉落在地面纱网上的蜜蜂死亡数（旱田试验）；

b） 飞行强度：单位时间内单位面积作物上或单位数量花朵上采集蜂的数量；

c） 蜂群状况：蜂群数量，卵、幼虫、蛹、食物储存在蜂脾上的比例。

原始数据应该满足试验要求，并采用合适的方法进行统计分析。理论上，首先应确保所采用的端点数据适合统计分析，如在分析死亡数和飞行强度时，所有试验数据（包括正态分布检验和方差齐性检验）的差异显著性水平应为0.05。通常对施药前的数据应进行双尾检验；对施药后的死亡数据进行统计分析时应使用单尾上限检验，而飞行强度数据应使用单尾下限检验。或根据试验目的和设计要求，选择适宜的统计学方法。

8 试验报告

试验结果应在报告中详细体现。试验报告应至少包括下列内容：

a） 供试物的信息，包括：

  1） 供试农药的物理状态及相关理化特性（包括通用名、化学名称、结构式、水溶解度）等；

  2） 化学鉴定数据（如CAS号）、纯度（杂质）。

b） 供试生物：名称、种属、来源、健康程度、环境条件和饲养情况。

c） 试验条件：如试验期间环境温湿度范围、试验场地情况。

d） 试验方法，包括：

  1） 试验设计、所有的材料、操作程序的描述及参考，如供试物的剂型、稀释、施药信息、试验小区、环境监控、数据采集、样品采集以及试验结束后试验材料的处理等；

  2） 试验周期及持续时间。

e） 统计分析和数据处理方法。

f） 结果及结论，包括：

  1） 完整的试验数据，如供试物、空白对照和参比物质的试验结果，包括蜜蜂死亡数评估结果、蜜蜂飞行情况评估结果、蜜蜂行为评估、蜂群状况评估结果等；

  2） 试验质量控制的描述，包括任何偏离及偏离是否对试验结果产生影响。

附　录　A
（资料性附录）
死蜂收集箱示意图

死蜂收集箱示意图见图 A.1。

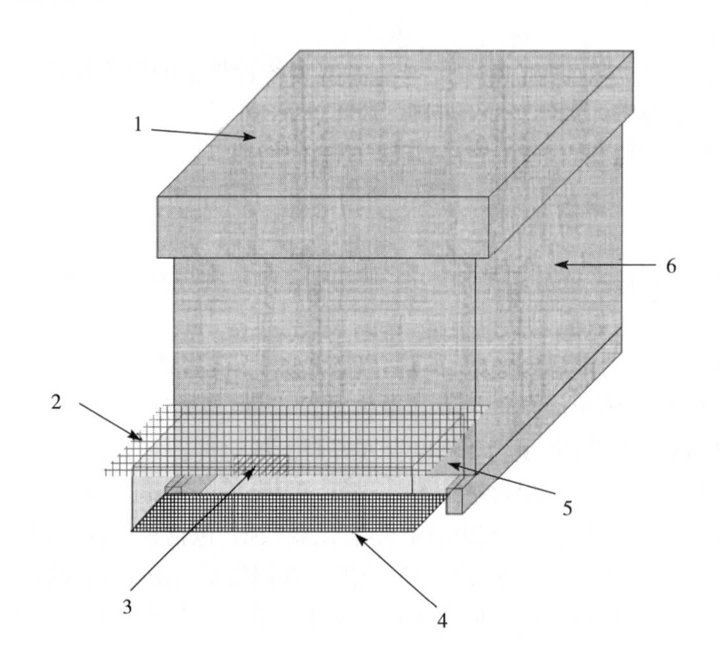

说明：

1——蜂箱盖；

2——死蜂收集箱盖，使用隔王板裁成适宜大小盖住箱顶；

3——蜂箱出入口；

4——死蜂收集箱前底部为不锈钢；

5——死蜂收集箱，除顶面外其余面封闭；

6——蜂箱箱体。

图 A.1　死蜂收集箱示意图

附　录　B
（资料性附录）
试验大棚示意图

B.1　单个大棚示意图

见图 B.1。

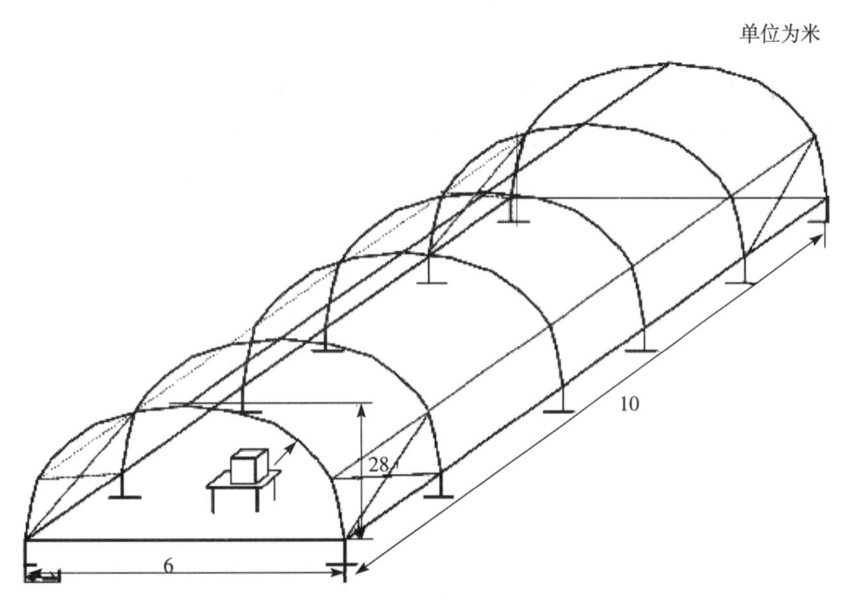

图 B.1　单个大棚示意图

B.2　大棚之间示意图(横截面)

见图 B.2。

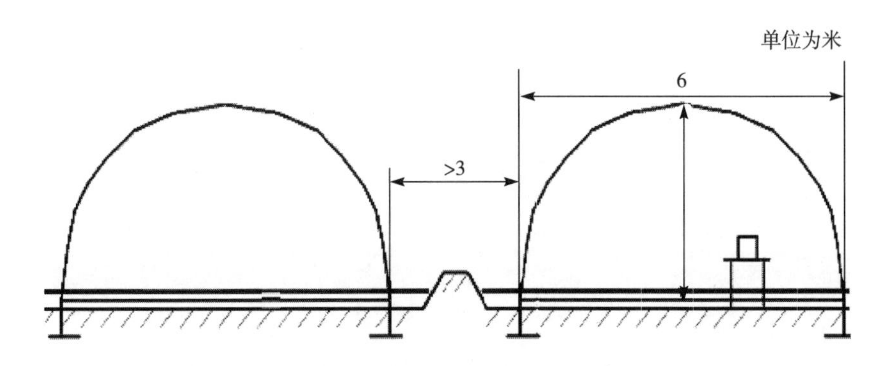

图 B.2　大棚之间示意图(横截面)

参 考 文 献

[1]蔡道基,1999. 农药环境毒理学研究[M]. 北京:中国环境科学出版社.

[2]Guidelines on environmental criteria for the registration of pesticides. Food and Agriculture Organization of the United Nations,Roma,March 1989.

[3]European and Mediterranean Plant Protection Organization. EPPO Standards:Side-effects on honeybees. Efficacy evaluation of plant protection products, evaluation biologique des produits phytosanitaires. 2010 OEPP/ EPPO, Bulletin OEPP/ EPPO Bulletin 40,313 - 319.

[4]OECD Guidance Document 75:Guidance document on the honeybee(*Apis mellifera* L.) brood test under semi-field conditions. Series on testing and assessment,Number 75. ENV/ JM/ MONO(2007)22.

本标准起草单位:农业部农药检定所、湖南省植物保护研究所。

本标准主要起草人:陈昂、袁善奎、刘勇、姜辉、李瑞喆、曲甍甍、严清平。

中华人民共和国农业行业标准

NY/T 3148—2017

农药室外模拟水生态系统(中宇宙)试验准则

Guideline on outdoor simulated aquatic ecosystem(mesocosm) test for pesticides

1 范围

本标准规定了农药室外模拟水生态系统(中宇宙)试验材料与条件、试验设计与操作、质量控制、数据处理、试验报告等环节的基本要求。

本标准适用于室外静态淡水生态(中宇宙)系统或小型自然生态系统中的封闭围隔,不适用于室内、实验室微宇宙,以及流动系统。

2 规范性引用文件

下列文件对于本文件的应用是必不可少的。凡是注日期的引用文件,仅注日期的版本适用于本文件。凡是不注日期的引用文件,其最新版本(包括所有的修改单)适用于本文件。

NY/T 2882.2　农药登记　环境风险评估指南　第2部分:水生生态系统

NY/T 3151　农药登记　土壤和水中化学农药分析方法建立和验证指南

3 术语和定义

下列术语和定义适用于本文件。

3.1

模拟水生态(中宇宙)系统　simulated aquatic ecosystem(mesocosm)

一定人为控制条件下室外培养的模拟水生态(中宇宙)系统试验体系,用以评估农药供试物对不同水生物种群乃至整个水生生态系统的影响。

3.2

无可见效应浓度(种群)　no-observed effect concentration(population)

在一定暴露期内,对于所关注的生物种群,与对照组相比无明显影响的最高供试物浓度,用 $NOEC_{popu}$ 表示。

注:单位为毫克有效成分每升(mg a.i./L)。

3.3

无可见效应浓度(群落)　no-observed effect concentration(community)

在一定暴露期内,对于所关注的生物群落,与对照组相比无明显影响的最高供试物浓度,用 $NOEC_{comm}$ 表示。

注:单位为毫克有效成分每升(mg a.i./L)。

3.4

无可观察生态不良效应浓度　no observed ecologically adverse effect concentration

在中宇宙研究中不会观测到持久不良生态效应的最高浓度,用 NOEAEC 表示。供试物在该浓度

中华人民共和国农业部 2017-12-22 发布　　2018-06-01 实施

水平下对中宇宙水生态系统中的生物产生了短期显著效应，但总影响时间小于8周。

注：单位为毫克有效成分每升(mg a.i./L)。

3.5

无灰干重 ash free dry weight

又称为干有机质，其值为干重减去灰分。灰分指经高温灼烧(500℃～600℃)至恒重后的残留物重量，用AFDW表示。

注：单位为克(g)。

3.6

丰度 richness

物种的丰度(丰富度)，指生物群落中物种的数量。

3.7

多度 abundance

某一物种在某个生物群落内的个体数量。

4 试验概述

4.1 中宇宙系统

在模拟水生态系统的人工水槽、池塘，或自然静态水域的封闭围隔中添加适当的水生生物，以建立中宇宙试验体系。该水生态系统包含本土底泥和适宜的生物，如浮游动植物、中上层无脊椎动物、大型底栖无脊椎动物、大型水生植物等。也可适当添加外源生物，特别是一些分布能力低的无脊椎生物(如腹足软体动物、大型甲壳类)。

4.2 试验原理

通过采样分析确认中宇宙系统适于开展试验后，将供试物添加至中宇宙系统中。试验期间定期采样，对中宇宙系统中的相关结构性测试端点和功能性测试端点进行调查。结构性测试端点主要指种群丰度、生物量及其空间分布、生物学分类和营养层级。功能性测试端点主要指受结构影响的所有非生物指标，如营养盐水平、氧含量、呼吸率、矿物质浓度、pH、电导率和有机质含量等。在非除草剂类农药的中宇宙试验中，功能性指标也可作为测试条件而非测试端点。试验通常至少需持续到最后一次施用供试物8周后。基于各生物种群测试指标、生物群落结构指标、功能性指标/水质条件等测试端点随着时间变化对供试物的响应情况，确定每个采样日的$NOEC_{popu}$、$NOEC_{comm}$等，如可能，依据生物种群恢复情况，确定NOEAEC。

5 试验方法

5.1 试验条件与材料

5.1.1 中宇宙系统的建立

室外中宇宙试验研究可采用人工水槽或池塘进行，也可通过在已有静态水域中设置封闭围隔进行。宜构建一个或多个“供体池塘”，作为中宇宙系统中底泥、水和生物的共同来源。建设中宇宙系统既可使用自然基质，也可使用惰性材料，如混凝土(适当封闭)、纤维类、树脂玻璃或不锈钢。中宇宙系统还可内衬惰性塑料，以防止中宇宙系统与周围环境之间发生水交换。应避免增塑剂进入试验水体，必要时可使用环氧油漆。试验体系上空应覆盖防护网，避免大型禽类的干扰。也可将小型试验系统部分埋于地下或浸入池塘以缓冲日温波动。

关于中宇宙系统的规模参见附录A。关于试验体系中各组成要素(底泥、试验用水和生物)的详细描述，见5.1.3.1～5.1.3.3。

5.1.2 中宇宙系统的再利用

中宇宙系统如何再次利用取决于前一试验中供试物的化学特性(尤其是持久性)和系统中的生物状况。对于非持久性物质,如已证明在水体和底泥中检出限内无前供试物残留、且试验体系各水槽/池中的生物易于恢复到彼此非常接近的状态,此时中宇宙系统可重新利用。否则,应将中宇宙系统中的水排干,空置一段时间;或清除原系统并重新植入新的底泥。

5.1.3 中宇宙系统的培养

5.1.3.1 底泥

底泥可从"供体池塘"中采集,也可从自然系统中采集。采自清洁地区的底泥通常已包含丰富的植物群和动物群,这些固有生物可用于建立池塘水生态系统。底泥应进行化学残留分析(包括重金属分析)、粒径分布与有机质含量分析,如可能,进一步分析氮/磷含量、阳离子交换量、pH 等。将底泥充分混匀后加至中宇宙系统中,然后加水。底泥厚度应大于 5 cm。

5.1.3.2 试验用水

试验用水应进行化学残留、营养盐水平、pH、硬度、溶解氧含量及浊度分析等。

试验开始前,不同水槽/池间可适当进行水循环,但至少应在试验前 1 周停止,以保证试验体系相对稳定。施药后不再进行水交换。

试验期间及时补水,使中宇宙系统中水位变化范围保持在初始水位的 20%以内。在多雨季节,为防止水从中宇宙系统中溢出,可采取遮盖措施。紧急情况下,可将水舀出。如果在施药后将水舀出,应估算移走的药量(依据舀出的水体积推算,或者进行化学分析)。

5.1.3.3 生物

中宇宙系统通常是一个自然形成的水生态系统,包括浮游动物、浮游植物、着生生物、细菌/真菌、大型水生植物、浮游无脊椎动物、大型底栖无脊椎动物等。为了满足研究目标,可适当加入外源生物。中宇宙试验通常应包括经初级风险评估甄别的具有潜在风险的生物。关于生物类型及其在中宇宙系统中的详细要求,参见附录 B。

5.1.3.4 驯化培养

施药前,中宇宙系统应驯化培养一段时间,使生物群落中的物种数量和群落结构可代表田间实际。驯化时间与中宇宙系统规模及其水、底泥有关。应在试验开始前 2 周以上至少采集 2 次样品。试验前,中宇宙系统应具有足够程度的生物多样性以满足研究目标要求,且各重复间保持一定的均一性。

5.1.4 供试物

根据已有试验结果、风险评估结果以及试验目的,选择农药原药或制剂进行试验。必要时,还应考虑可能的供试物的主要代谢物的相关信息。

5.1.5 施药时间

施药时间以春天和仲夏为宜,此时中宇宙系统最为敏感,可观测周期较长。特殊情况下,也可依据制剂产品的特定使用方式选择秋季施药。试验前至少采样分析 2 次(采样频率为每周),以确认各水槽/水池之间生物与非生物指标无显著性差异,中宇宙系统适于开展试验。

5.1.6 试验周期

根据试验目的、农药的环境归趋特征、敏感种群恢复时间等,确定试验周期。从最后一次施用供试物开始,试验持续时间通常应不少于 8 周。

5.2 试验设计

5.2.1 处理组与重复

除对照组外最好设置 5 个浓度(任何情况下都不得低于 3 个),每个处理组至少 2 个重复(对照组至少 3 个)。在此原则下,浓度数和重复数可根据试验目的做适当调整。当试验目的为获得 NOEC 时,可减少浓度数而增加重复数,以更好地应用统计学方法获取可靠的测试端点。例如,设置 3 个处理组,每个处理组 3 个重复。当试验目的为考察生物种群恢复、获得 NOEAEC 时,可设置 5 个处理组,每个处理组2个重复(对照组重复数应至少3个)。对某个变量的试验设计不一定适合于其他变量,应重点关注关键的测试端点。

5.2.2 浓度水平

根据已有试验及评估结果选择合适的试验浓度,通常需包括可能产生影响的浓度,如可能,还应包括最大预测环境浓度(PEC)。浓度设定至少应包含一个不会产生明显生态效应的浓度和一个会产生明显生态效应的浓度。

5.2.3 暴露方案

根据供试物的化学性质、施用方式、暴露途径以及试验目的等选择合适的暴露方案,包括载荷(添加的供试物量)、施药频率等。施药次数的选择与浓度表征方法参见附录C。

5.2.4 采样方案

采样方案取决于试验目的、农药性质及其在中宇宙系统中的预测分布情况等。基于初级阶段试验所获得的核心物种生态毒性数据,以及其他高级阶段的研究结果(如扩展的单一物种测试、种群水平的研究、室内多物种测试等),确定采样的目标生物、样本量大小和采样方法。例如,水生生物物种敏感度分析有助于确定需进行相对详细调查的种群和群落。

中宇宙试验中代表性测试项目与测试频率参见附录D。根据供试物的类型,可对某些参数的采样频率进行适当调整。所有样品包括化学分析样品、浮游植物/浮游动物/底栖无脊椎动物样品的采样时间应尽可能彼此接近,以加强对这些变量的关联预测分析。

5.2.5 种群恢复

评估敏感生物的种群恢复速度与程度时,应综合考虑和了解该生物的生活史、扩散机制及其与暴露方式、中宇宙系统之间的相互作用。例如,当在某些羽化生物(如某些蜉蝣物种)的主要繁殖期或繁殖期后进行施药时,或者正常的季节性变化导致受影响的生物(如浮游植物)从对照组和处理组消失时,可通过功能参数(如生产力)、种群/群落在胁迫下可能产生的适应性与耐受力增加等辅助了解恢复情况。有时还需进一步开展特定试验以确定其是否具有恢复潜力。例如,将中宇宙系统中的水和底泥带回实验室进行生物测试;将生物装进笼子放入中宇宙系统中,以测试生态系统何时适于该生物生存、生长和繁殖等。

5.2.6 化学分析

根据农药理化性质和环境归趋特征(例如,溶解度、蒸气压、正辛醇/水分配系数、吸附系数、水解和光解速率、生物降解性等),结合生态效应信息,确定化学分析样品的采集时间。必要时,可利用化学物质输入与归趋模型或田间试验结果,预测供试物加载浓度及其在不同介质/分层中的暴露浓度。试验前,应建立分析方法并进行方法验证/确认,按NY/T 3151的规定执行。

5.3 试验操作

5.3.1 供试物施用

根据试验前采样调查结果(各水槽/池之间生物/非生物测试指标的均一性),对中宇宙系统进行完全随机分配或者限制性的随机分配。根据试验目的选择供试物施用方法,主要包括以下2种:

a) 与毒理学试验方法相类似,直接将供试物添加到水中,通过混合使供试物达到均匀分布。暴露浓度以供试物在水中的浓度来表示。

b) 模拟供试农药在农业实践活动中进入水体的途径。例如,通过表面喷雾模拟漂移,通过水下注射模拟径流/排水,或者利用泥水悬浮液模拟侵蚀径流。暴露浓度以单位面积或体积中添加的农药量(荷载浓度)表示。

5.3.2 难溶性物质的施用

当供试物难溶于水、需使用助溶剂时,各处理组和对照组中助溶剂的使用量应一致。

5.3.3 样品采集与测定

5.3.3.1 采样位点

当试验中需同时测定多个测试项目，应分类安置特定的采样与测试位点，以避免交叉影响或相互干扰。对于浮游生物、着生生物、大型无脊椎动物等在中宇宙系统中可能不会均匀分布的测试端点，建议从多个位点采集样品。水样采集应确保不会明显改变中宇宙系统的体积，生物样品采集应不会导致其生物量明显降低一个数量级水平或者改变中宇宙系统中的食物链营养关系。

5.3.3.2 浮游植物和浮游动物的测定

浮游生物样品采集可使用柱状采样器。小型系统中，也可使用泵或者浮游生物过滤网。用泵采集浮游动物样品时，应确保浮游动物（尤其是较大型浮游动物）不会避开泵进水口。当中宇宙系统中存在大型水生植物时，应采用特定技术采集浮游动物。采集时，需整合不同深度的水样，或确保各重复之间的采样时间、采样深度一致。

采集的样品可用于色素组成测定，或者物种分类与细胞计数。种群密度单位为个（或生物量）每单位体积[个（或生物量）/单位体积]。如可能，成年浮游动物可分类鉴定到种，其丰度单位为个每升（个/L）。

5.3.3.3 着生生物的测定

着生生物测定一般采用色素法（主要是叶绿素 a、无灰干重）替代生物量/生产力测定方法。采集植物色素样品的基质包括："自然基质"（如大型水生植物表面）、无釉瓷砖或者置于架子上的玻璃载玻片（提前 2 周～4 周置入中宇宙系统中）。施用供试物后，将基质上刮下来的物质用于物种组成与丰度分析、色素含量或无灰干重测定。

基质可视需要分批或一次性置入中宇宙系统中。可在施用供试物前置入大量基质（如玻璃载玻片），然后，定期取出并监测着生生物量和物种组成。

5.3.3.4 初级生产力与异养组分的测定

当预计某供试物（如除草剂）会对藻类产生毒性时，应测定初级生产力。方法可选用氧气日波动测定方法（如黑白瓶法[1]）、藻类/细菌/真菌分类方法。

5.3.3.5 大型水生植物的测定

当大型水生植物作为测试项目之一时（如除草剂研究中），应建立样品监测与生物量估测方法，并注意减少对中宇宙系统的扰动。监测大型水生植物生长状况（如茎伸长）与生物量应在衰老期（如夏末）之前进行。

可将所关注的水生植物品种植入小盆钵，放置在底泥中或底泥表面，或者悬挂在水柱中。取样时，将整盆植物取出，进行株高、旁枝长度、总树枝长度、树枝数、最大根长、干重等测定。生长在中宇宙系统中的大型水生植物可通过视觉判断（如绘图、摄影等）测定投影面积。

5.3.3.6 大型无脊椎动物的测定

大型无脊椎动物的采集工具包括：人工基质、网具、底泥采集器和羽化昆虫捕获装置、专门设计的底栖生物阱式采集工具。小于 10 m^3 的中宇宙系统中不宜直接采集底泥，宜在中宇宙系统开始培养时将底泥装入盘子中，暴露一段时间后取出。大型无脊椎动物应尽可能鉴别到最低的分类级别，数量以每个样品计。昆虫羽化速率则以单位时间内单位面积的昆虫数计。

5.3.3.7 鱼的测定

试验用鱼（对鱼类的要求参见附录 B）进入试验体系前，应在中宇宙系统相同水质中至少驯养 1 周。驯养时，应每天观察，并及时将死鱼移走。引入中宇宙系统中的第 1 周，应替换掉因处理不当或疾病死亡的鱼。

试验结束时，收集所有的鱼，计数、测量长度并称重。根据供试物性质和试验目的，试验期间也可采集几次样品，进行生长指标测定，记录异常生长状态、外表损伤或异常等。

当试验目的为研究鱼类早期生活阶段发育毒性时，可从鱼受精卵或者幼鱼阶段开始试验。试验周期要综合考虑鱼的生物量承载力以及特定试验目的(例如,考察供试物施用引起的鱼类对浮游动物的摄食反应、捕食转换、竞争行为引发的改变)。当试验目的为观察繁殖效应时,可加入低承载量的成鱼,使其产卵并收集后代。

5.3.3.8 原位测试

原位测试指在水生中宇宙试验现场,在不破坏、不扰动或少扰动试验体系原有状态的情况下,通过试验手段测定特定的参数。原位生物测试既可反映供试物暴露带来的直接效应,也可反映间接效应(如装在笼中的鱼),还可用于比较相同物种在实验室测试和中宇宙测试中对农药的响应情况。进行原位测试的生物不应在中宇宙系统中占优势地位。

5.3.4 分析测试

5.3.4.1 水质分析

试验期间应进行水质分析(包括溶解氧、pH、浊度等)和营养盐测定,以测定中宇宙系统中的生态系统功能。至少每 2 周测试一次。

5.3.4.2 化学分析

5.3.4.2.1 分析样品采集方法

试验期间,根据试验目的及供试物的环境归趋特点适当采集水体样品进行供试物浓度分析。当供试物在水-沉积物系统中的分配系数较高、沉积物中降解较慢或者可能对底栖生物产生毒性时,应对底泥中的供试物浓度进行分析。通常在施药几小时内进行供试物浓度分析。应采集足够的垂直高度水体样品,混合后进行浓度分析,计算水体平均浓度。在不同位置采集足够底泥样品,混合后进行浓度分析,以消除供试物在底泥中的空间分布差异性。

5.3.4.2.2 样品采集频率

在供试物的 1 个～2 个半衰期内至少采集 3 次～4 次样品,且在供试物消散达到 90%之前至少测定 5 次样品,以保证至少有 5 个点的数据绘制供试物消解曲线。之后,可降低样品采集频率。

5.3.4.2.3 样品前处理

供试物在水样中降解较快时,应立即提取或冷藏保存。底泥样品不能立即提取分析时,应尽快冷冻保存(−18℃)。在清洁水样和底泥样品中添加供试物,测定回收率。同时,采用相同的存储与分析方法进行储存稳定性分析。

5.4 试验有效性评估

试验有效性评估主要从以下几方面进行:

——测试项目应包括初级或其他高级阶段试验中已甄别的具有潜在风险的生物。

——研究剂量效应关系时,对于敏感生物,应至少包括一个产生明显生态效应的浓度和一个未产生明显生态效应的浓度(基于对生态系统功能的影响和恢复情况判断)。

——各重复间变异系数应尽可能小。判断某一处理组中关键生物种群恢复至对照组水平的基本要求为:连续 2 个采样日该处理组与对照组之间均无统计学显著差异。

——分析测定供试物施用量、暴露开始时($t=0$)水体中的供试物浓度及其他介质中的供试物浓度(根据试验目的而定)。

——试验周期应考虑所关注生物的生命周期,考察生物恢复时应满足种群恢复周期的时间要求。

5.5 数据处理与统计分析

5.5.1 单个测试项目数据分析

当试验目的为获得 NOEC/NOEAEC 时,对于每个采样日每个测试项目(单个物种/生物种类测试指标以及各类功能参数、水质指标等)的测试结果,应进行单变量统计分析,如单因素方差分析 ANOVA、William's 检验等。通过比较各处理组与对照组间之间的差异(应给出显著性水平 α 值),获得每个采样日的 NOEC,进而估计 NOEAEC 值。

5.5.2 生物群落数据分析

5.5.2.1 概述

中宇宙试验中宜采用单变量、多变量分析方法分别评价种群水平和群落水平上的生态毒性效应。生物群落效应分析可采用多元分析或多样性/相似性指数计算等方法，得到对生物群落产生影响的浓度和未产生影响的浓度，同时给出假设检验中的显著性水平 α 值。当某一或几个物种的 $NOEC_{popu}$ 低于生物群落的 $NOEC_{comm}$ 时，应综合考虑这个(些)物种的生态作用和具体特点，以及其他相关物种，确定总体的 NOEC 值。

5.5.2.2 多元分析方法

多元分析方法可用于描述群落水平的效应、指示敏感生物种类(为明确单变量分析范围提供依据)。常用方法为主响应曲线法。通过绘制生物随时间变化的典范系数(canonical coefficients)获得处理效应评价图，并结合蒙特卡罗置换检验进行差异显著性统计分析，获得 $NOEC_{群落}$ 值。

5.5.2.3 多样性/相似性指数计算法

多样性/相似性指数，如将时间效应和处理效应分开的布雷-柯蒂斯相似性指数，可等同于 5.5.2.2 所述图形评估和蒙特卡罗置换检验。

5.6 毒性分级

根据单个物种/生物种类测试指标以及各类功能参数数据统计分析结果，确定每个采样日的 $NOEC_{popu}$、$NOEC_{comm}$，并报告 NOEAEC。按 NY/T 2882.2 的规定进行毒性终点分级。

6 试验报告

最终报告应全面、完整地描述试验目的、试验设计、试验结果，以及相应的化学分析与统计方法。包括：

a) 供试物及其相关代谢产物信息：
  1) 标识，包括化学名称和 CAS 号；
  2) 批号/亚批号；
  3) 化学组成及杂质含量；
  4) 挥发性；
  5) 比放射性与标记位置(适用时)；
  6) 供试物及其代谢产物分析方法，包括检测限、定量限；
  7) 分析检测/定量；
  8) 供试物理化性质、分配系数、水解速率、光解速率等。

b) 试验体系：
  1) 描述试验体系、位置、历史、外形尺寸、构建材料等；
  2) 水位与循环流通情况；
  3) 水质(试验用水的化学/物理参数)；
  4) 生物引入情况及生物情况介绍；
  5) 底泥特征(简要描述采集地点)；
  6) 描述各重复之间的差异。

c) 试验设计与数据测定：
  1) 施用方案：剂量水平、持续时间、频率、加载率、供试物溶液制备方法、供试物施用方法等；
  2) 化学分析样品的采集与分析过程、测试结果；
  3) 气象记录；
  4) 水质测定(温度、氧气饱和度、pH 等)；

5) 样品采集方法与物种鉴别分类方法；
6) 浮游植物：叶绿素 a/无灰干重、总细胞密度、单个优势种群的多度、生物种类丰富度；
7) 着生生物：叶绿素 a、总细胞密度、优势种群密度、物种丰度、生物量；
8) 浮游动物：单位体积总密度、优势物种总密度（枝角目、轮虫纲和桡足类）、种群多度、物种丰度、生物量；
9) 大型水生植物：生物量、物种组成和各种植物表面覆盖百分率、主要植物的生长率、旁枝长度、总树枝长度、树枝数、最大根长、干重；
10) 羽化昆虫：单位时间内羽化总数、优势物种的多度、物种丰度、生物量、密度、生活阶段；
11) 大型底栖无脊椎动物（基于生态特征的功能种群）：单位面积总密度、物种丰富度、优势物种的多度、生活阶段、生物量等；
12) 鱼：试验结束时总生物量、每条成鱼或者标记幼鱼的重量与长度、状态指数、一般行为、大体病理，必要时，还包括总繁殖力；
13) 可能产生影响的功能参数（如初级生产、次级生产、有机物降解率等）。

d) 数据评估：
1) 测试项目；
2) 描述与讨论毒性估计值（如 NOEC、NOEAEC），所采用的统计学方法及其检验能力（适用时）；
3) 单变量分析结果；
4) 多变量分析结果；
5) 相似性和多样性指数分析结果；
6) 表征试验结果的图表；
7) 描述观察到的具有生态学意义的效应，并进行科学性分析；
8) 描述种群恢复情况（观察或推断而来的结果），并讨论其与自然恢复过程的相关性；
9) 通过数据统计分析获得的 NOEC，如给出了其他被认为具有生态学相关性的 NOEC，应提供科学依据。

附 录 A
(资料性附录)
典型的室外模拟静态淡水水生态系统(中宇宙/微宇宙)

A.1 室外中宇宙/微宇宙系统规模大小的选择取决于研究目标以及所要模拟的生态系统类型，一般以 1 m^3～20 m^3 为宜。当研究对象为浮游生物时，可采用 100 L～1 000 L 的微宇宙系统，也可使用相对较复杂的中宇宙系统。一般来说，1 m^3～5 m^3 的小型微宇宙系统适合于小型生物(如浮游生物)3 个月～6 个月的短期研究；相对大型中宇宙系统则适合于 6 个月或更长周期的研究。

A.2 从空间尺度(大小或体积)上较难以区分中宇宙系统和微宇宙系统。关于典型室外模拟静态淡水生态系统试验的描述和比较见表 A.1。

A.3 中宇宙系统中水体的平均深度取决于研究目标，一般以 0.3 m～1.0 m 为宜。

表 A.1 典型的室外模拟静态淡水生态系统(微宇宙/中宇宙)

特性/参数	微宇宙	中宇宙	大型中宇宙(整个系统)
规模/体积	10^{-2} m^3～10 m^3	1 m^3～10^4 m^3	10^3 m^3～10^8 m^3
试验周期	几十小时至几周/几个月	几十天至几个月	几十周至几年
容器	用玻璃、塑料、不锈钢、环氧树脂、土等围成的盆、桶、槽、池子等	小型池塘、大型池塘/湖泊中的封闭围隔系统(例如，橡皮管/袋状容器/圆筒等)、沼泽等	大型土池子、小型湖泊、较大的封闭围隔系统
与自然生态系统的相近程度	低至中等	中至高等	高等
生物类型	初级生产者(藻类、着生生物)；无脊椎食草动物及其捕食者，通常不包括鱼	所有生物类型，包括大型水生植物和鱼类	所有生物类型，包括大型水生植物和鱼类
参数(种群水平、群落水平)	气象条件；水质参数(pH、碱度、硬度、溶解氧、温度等)；生物死亡率、生长、繁殖、多样性、相似性、可持续性、多度(个体数量、生物量)、个体和种群组成；初级生产力(光合作用、呼吸作用)；化学归趋(如摄入)；营养循环；生物种群恢复	同微宇宙。此外，更关注群落水平的参数，以及种群恢复	同微宇宙。此外，具有更长期的群落水平参数，如种群的持续性、种群随季节的变化、群落捕食、竞争关系、种群恢复等
重复数	3 个以上	2 个或更多	1 个～2 个，受规模及复杂性限制，可能无法建立真正意义上的重复
处理组数量	5 个以上	3 个或更多	1 个～2 个
水	井水、老化的自来水等，应清洁无污染	同微宇宙，应清洁无污染	所有的元素都是系统中已有的，应清洁无污染
底泥	来自自然界，应清洁无污染	同微宇宙，应清洁无污染	所有元素都是系统中已有的，应清洁无污染

表 A.1（续）

特性/参数	微宇宙	中宇宙	大型中宇宙 （整个系统）
特性	在半田间条件下研究供试物的生态效应与环境归趋	同微宇宙。此外，试验系统更接近田间实际静态生态系统；试验成本居中；试验周期中等偏短	同微宇宙。此外，试验系统与田间实际静态生态系统最相似；易于建立多样化的具有代表性的生态系统；受短期环境参数变化影响较小；与实际环境差异较小，可为供试物对自然生态系统的效应提供良好预警
局限性	受短期环境参数变化影响较多，受长期影响较少 试验系统与田间实际静态生态系统相似程度较低 缺少混合，容器间效应差异性可能较大 易于偏离自然条件 难以建立多样化的具有代表性的生物群落 重复间变异性较大	受短期/长期环境参数变化影响程度适中 较难建立真正意义上的重复 有产生边缘效应和偏离实际环境的可能，但不多见 重复间有可能出现较大的变异性	受长期环境参数变化影响较大，不可能建立真正意义上的重复 采样更为复杂与困难 无容器边缘效应 试验周期中等偏长 费用较高 对系统的可控程度最低
注：参数的选择取决于试验目的。			

附　录　B
（资料性附录）
中宇宙系统中大型水生植物、无脊椎动物和鱼类的要求

B.1　大型水生植物

B.1.1　测试要求

大型水生植物是水生态系统结构和功能的重要组分，可为生物提供栖息地、参与营养循环、影响理化条件，其存在可促进中宇宙系统稳定性、藻类和无脊椎动物的多样性。因此，大部分情况下，即便试验目的是研究浮游植物和浮游动物，中宇宙系统中也应包括大型水生植物。中宇宙系统中需存在大型水生植物的情形包括但不限于以下几种：

a）激素类除草剂中宇宙试验；

b）试验主要关注目标含大型无脊椎动物；

c）供试物对大型水生植物的毒性效应可能会引发中宇宙系统的间接效应。

B.1.2　生物来源

试验中既可使用自然长出的大型水生植物，也可人工种植。植入成熟植物（如从供体池塘中获得）可增加新的微型栖息地，提高中宇宙系统的“成熟”速率，增加中宇宙系统的复杂性。但应控制大型水生植物的生长使其满足试验要求。例如，一些浮水植物（如绿萍 *Azolla* spp. 或者浮萍 *Lemna* spp.）或者沉水植物（如伊乐藻 *Elodea* spp.）过于占优势时，可能会降低水生动物的多样性或造成采样复杂程度增加。

B.1.3　注意事项

a）当试验主要关注浮游生物时，应保持一定面积的开阔水面，宜将大型水生植物的生长限制在＜50％底面积范围内（通常为25％～30％）；

b）当试验关注大型无脊椎动物时，则应适当促进沉水植物的生长，以提高大型无脊椎动物的丰度和密度（两者密切相关）；

c）当试验关注水生昆虫时，也需适当沉水植物作为其羽化、产卵之地。

B.2　无脊椎动物

无脊椎动物包括底栖类和浮游类，通常由底泥和水带入中宇宙系统中。典型的无脊椎动物包括：

a）浮游动物：轮虫、节肢动物（鳃足亚纲枝角目、桡足亚纲）；

b）底栖动物：环节动物（寡毛纲和蛭纲）；

c）软体动物：腹足纲、双壳纲；

d）节肢动物：昆虫纲（如鞘翅目、双翅目、蜉蝣目、半翅目、蜻蜓目、毛翅目）、甲壳亚门（如等足目、端足目、介形纲、十足目）；

e）扁形动物等。

此外，还可包括底表无脊椎动物以及长在大型水生植物上的无脊椎动物，如苔藓虫。

试验开始前，可将从野外采集的或者在实验室驯养的试验所需的生物物种加入到试验体系中，并通过适当的样品混合与分配保障施药前各中宇宙系统间生物分布均匀性。对于体型较大的生物，建议引入幼虫。

B.3 鱼

B.3.1 引入条件

当需要关注供试物对鱼类的间接效应时，可向中宇宙系统中加入鱼类。当需要观察鱼类的种群效应时，宜使用较大型的中宇宙系统。但小型中/微宇宙试验系统中，尤其是当以观察供试物对浮游动物和大型无脊椎动物的影响为关键测试项目时，不宜引入自由活动的鱼。

B.3.2 品系及其生活阶段

a) 应根据试验目的、中宇宙系统的大小选择试验用鱼的品系，一般选择当地品种。所选品种应为环境中的典型品种或是所调查生态系统中的典型鱼类。

b) 应根据试验目的选择试验用鱼的生活阶段、数量与生物量。例如，评价某杀虫剂品种时，可选用幼鱼并监测其食物(无脊椎动物)供应受影响时的生长状况。中宇宙系统中宜保持较低的成鱼密度，成鱼产卵后可将成鱼和幼鱼移出。试验系统鱼类种群一般应保持在接近自然水平的结构，不宜超过中宇宙系统的承载能力，生物量密度通常应小于 2 g/m^3。

B.3.3 注意事项

试验用鱼应在中宇宙系统适当稳定后(一般 1 周～4 周)加入。仅评价直接效应时，可将鱼装入笼中；若系统中包含自由活动的鱼，应提供一个无脊椎动物避难处(鱼类无法进入)，以保证系统中存在一定数量的未被摄食的无脊椎动物。

附　录　C
（资料性附录）
施药次数与浓度表征

C.1　概述

高级生态效应评价试验中，不必保持浓度恒定，但应考虑农业活动中农药的施用方法，模拟其在田边地表水中的暴露情况。例如，利用产品的良好农业规范（GAP）、地表水暴露预测模型、多年施用经验等。

C.2　施药次数

在满足毒理学相关要求的前提下，施药次数越少越好。田间暴露方式为单次施药，或者虽为多次施药，但是各次施药在毒理学和生态学上具有一定的独立性时，可选择单次施药。否则，应采用重复暴露方式。可基于以下几点，选择合理的施药次数：

a）初级风险评估中预测无效应浓度（PNEC）与预测暴露浓度（PEC）的比较结果。将低阶次试验获得的 PNEC 与 PEC 相比较（不同施药次数产生的峰值浓度分别以 PEC_1、PEC_2、PEC_3、PEC_4……PEC_n 表示），当 n 个 PEC 均高于 PNEC 时，若无生态毒理学数据支持减少施药次数，则中宇宙试验应考虑进行 n 次施药，以模拟现实最坏情况。

b）具有潜在风险生物的背景信息。若敏感物种的生命周期涵盖了多次施药产生的不同峰值浓度间的暴露周期，则认为各次施药的峰值浓度间具有毒理学相关性，反之，则不具有毒理学相关性。例如，田间多次施药的情况下，前次施药的峰值浓度与随后施药的峰值浓度间隔 32 d，当生物个体的平均生命周期小于 32 d，或者生物敏感阶段小于 32 d 时，则可认为前次施药的峰值浓度与随后施药的峰值浓度间不具有毒理学相关性，试验中可适当减少施药次数。此外，对于水生无脊椎动物，如条件满足，施药暴露周期不应长于实验室无脊椎动物的慢性毒性试验周期（通常为 21 d～28 d）。

c）敏感生物在实验室试验中表现出的时间效应。在 b）中，即使生物个体的平均生命周期或生物敏感阶段大于 32 d，但当先后 2 次施药产生的峰值浓度间生物体内的暴露浓度低至关键阈值，或者 2 次施药产生的峰值浓度间生物可得以全面恢复，也可认为不具有毒理学相关性。上述相关证据可通过实验室测试获得，也可通过建立农药对生物的毒物代谢动力学/效应动力学模型（TK/TD 模型）进行预测。

d）参考具有相似毒性机制的化合物的相关信息。

C.3　浓度表征

中宇宙试验应报告理论浓度、DT_{50}、供试物施用时间、供试物在水中的回收率、施用药液浓度、每次施用后的多次测定结果（水和/或底泥中）等。农药在相关基质（水、底泥）中的理论浓度、最大实测浓度、时间加权平均浓度（TWA）均可用于估计 PNEC 和/或 PEC。与田间实际条件下的预期半衰期（源于田间试验或模型输出）相比，当中宇宙试验研究中某供试物的半衰期与之相当（或更长），可采用理论浓度或最大实测浓度进行风险评估（最大实测浓度与理论浓度间的偏差＜20％时可使用理论浓度）；否则，使用实测浓度平均值（如 TWA 浓度）。

附 录 D
(资料性附录)
代表性测试项目与测试频率

代表性测试项目与测试频率见表D.1。

表D.1 代表性测试项目与测试频率

测试项目	项目内容	建议频率
水质	水位高度、pH、溶解氧含量(DO)、浊度、电导率、硬度、悬浮固体、营养物质(溶解性浓度)	至少每2周
	农药品种(如可能,包括供试物)[a]、重金属[a]	试验开始时
底泥	农药品种(如可能,包括供试物)[a]、重金属[a]、粒径大小、离子交换能力、有机质含量、pH	试验开始时
浮游植物	叶绿素a/脱镁叶绿素/干重;细胞计数、物种多样性测试(适用于长期试验/供试物对藻类具有潜在危害时)	至少每2周
着生生物	叶绿素a+脱镁叶绿素+干重;细胞计数(供试物对藻类具有潜在危害时)	试验期间至少2次
大型水生植物	视觉(+图片)识别、生产力估计	生长高峰期,不进行频繁监测
大型无脊椎动物	底栖生物;昆虫成虫;人工基质+羽化昆虫等;鉴定到最低的可分类种类	底栖生物,每2周;昆虫成虫,供试物施用时、羽化高峰期,每周1次,其余时间采样频率可降低
浮游动物	如可能,鉴定到"种";密度与生物量;记录生活阶段	每周
鱼	体长/体重	试验开始时
	体长/体重;大体解剖;如相关,性别/繁殖力	试验结束时
供试物浓度	供试物+降解产物	在1个~2个半衰期内至少采集3次~4次样品,且在供试物消散达到90%之前至少测定5次样品
气象条件	空气温度、太阳辐射、降水、风速	适当间隔,现场监测

[a] 农药、重金属实测含量不应对中宇宙系统中的生物产生危害。

参 考 文 献

[1]肖文渊,2013. 水产养殖学专业基础实验实训[M]. 北京:北京理工大学出版社.

[2]OECD(Organisation for Economic Co-operation and Development),2006. Guidance document on simulated freshwater lentic field tests(Outdoor microcosms and mesocosms). OECD series on testing and assessment Number 53.

[3]De Jong,F. M. W. ,Brock,T. C. M. ,Foekema,E. M. ,Leeuwangh,P,2008. Guidance for summarizing and evaluating aquatic micro-and mesocosm studies[R]. RIVM Report.

[4]Van Den Brink,P. J. ,Ter Braak,C. F. J. ,1998. Multivariate analysis of stress in experimental ecosystems by principle response curves and similarity analysis[J]. Aquatic Ecology(32):163 - 178.

[5]Van Den Brink,P. J. ,Ter Braak,C. F. J. ,1999. Principle response curves: analysis of time dependent multivariate responses of a biological community under stress[J]. Env. Tox. and Chem. (18):138 - 148.

[6] Bray, J. R. , Curtis, J. T. , 1957. An ordination of the upland forest communities of Southern Wisconsin [J]. Ecol. Monogr. (46):327 - 354.

[7]EFSA Panel on Plant Protection Products and their Residues,2013. Guidance on tiered risk assessment for plant protection products for aquatic organisms in edge-of-field surface waters[J]. EFSA Journal,11(7):3290.

[8]Brock T C M,Gorsuch J W,2010. Linking aquatic exposure and effects:risk assessment of pesticides[C]//IEEE International Conference on Image Processing. SETAC Press & CRC Press,Taylor & Francis Group.

本标准起草单位:农业部农药检定所、沈阳化工研究院安全评价中心。
本标准主要起草人:陈朗、曲甍甍、赵榆、林荣华、杨海荣、姜辉、丁琦。

中华人民共和国农业行业标准

NY/T 3149—2017

化学农药 旱田田间消散试验准则

Chemical pesticide—Guideline for terrestrial field dissipation/degradation

1 范围

本标准规定了化学农药旱田田间消散试验的供试物信息、田间试验小区设计、试验步骤、试验材料与条件、试验设计与操作、数据分析、质量控制、试验报告等的基本要求。

本标准适用于为化学农药登记而进行的旱田田间消散试验。

2 规范性引用文件

下列文件对本文件的应用是必不可少的。凡是注日期的引用文件，仅注日期的版本适用于本文件。凡是不注日期的引用文件，其最新版本(包括所有的修改单)适用于本文件。

NY/T 3150 农药登记 环境降解动力学评估及计算指南

NY/T 3151 农药登记 土壤和水中化学农药分析方法建立和验证指南

3 术语和定义

下列术语和定义适用于本文件。

3.1

旱田田间消散 terrestrial field dissipation

旱地田间土壤中化学农药从其施用位置消失或与环境分离的全部过程，包括土壤降解、土壤表面光解、挥发、植物吸收和淋溶等。用来指导化学农药在田间的降解消散研究，确定有效成分及其主要转化产物在环境中的消解和归趋。

3.2

50%消散时间 50% dissipation time

供试物消散至初始物质质量的50%所需的时间，用 $DisT_{50}$ 表示。

3.3

50%降解时间 50% degradation time

供试物降解至初始物质质量的50%所需的时间，用 $DegT_{50}$ 表示。

3.4

精密度 precision

在规定条件下，所获得的独立测试或测量结果间的一致程度，用相对标准偏差(RSD)表示。

4 试验概述

将农药供试物按推荐方法均匀施用于经人工准备的田间裸露土壤表面，定期田间采样并测定土壤中供试物的残留量，以得到供试物在田间土壤中的消散曲线，求得供试物土壤消散 DT_{50}。当挥发、土壤

中华人民共和国农业部 2017-12-22 发布 2018-06-01 实施

表面光解等表面消散过程的影响可以被排除时(则可以参见附录 A),计算 $DegT_{50}$。

5 试验方法

5.1 材料和条件

5.1.1 田间试验小区设计

5.1.1.1 田间试验点选择

根据农药供试物标签上推荐的主要使用地区和作物情况选择田间试验点数,通常是 3 个～6 个试验点。试验点应选择位于有代表性的土壤、气候、田间管理措施等的区域,所选的试验点至少 3 年内未使用过试验农药供试物或其他性质相似(化学分类、通常不挥发转化产物等)的农药。试验点选择应是现实中环境风险最大情况下,农药供试物标签上推荐使用的典型区域或者基于暴露分析模型中需要的关注点。主要考虑以下因素:

a) 供试物使用规模或登记作物情况;

b) 土壤特征;

c) 地形(地面需水平且平整,不能有坡度);

d) 与水域的距离(防止洪水泛滥破坏小区);

e) 气候(包括温度、降水量及分布、光照强度);

f) 施用农药的剂型、时间、频率和方法;

g) 试验地的田间管理。

5.1.1.2 试验小区大小

典型的试验小区宽度不能少于 2 m,长度不能短于 15 m,面积从 30 m² ～120 m² 不等,小区形状宜采用长条形。当农药供试物分散不均匀或消解曲线难以产生或解释时,可以适当减少小区面积。小区大小的设置主要考虑以下因素:

a) 农药供试物的物理化学性质;

b) 实验室获得的环境归趋数据;

c) 农药供试物推荐的施用技术、使用方法;

d) 试验地特征;

e) 采样时间间隔和需采集土壤样品数量。

处理小区至少应设 2 个重复,每个处理小区分成若干个次级小区。另设一个未处理的空白对照小区。小区之间设足够面积的保护行(区),空白对照小区应远离处理小区至少 10 m 以上,并考虑施药期间风向。

5.1.1.3 试验小区管理

5.1.1.3.1 试验小区准备

施药前,试验小区可按照当地典型作物种植方式采取传统耕作、保护性耕作或免耕,保证试验小区表层土壤均匀平坦且没有石块、草根、地膜等杂物。施药后,避免深耕且任何人员不能进入踩踏。

5.1.1.3.2 杂草控制

杂草面积超过小区面积 10%时,应选择不影响供试农药评价的除草剂进行除草。试验周期内,试验 2 个月内不能机械或人工除草。

5.1.1.3.3 灌溉

试验中,应根据当地历史气象数据,当出现下列条件时,使用合适的灌溉设备和方法对试验田均匀适量补水,避免对土壤表面造成扰动。表层土壤的含水量应处于农业耕作(种植农作物)的范围内,当采用灌溉措施时,应该记录灌溉的时间和用水量。

a) 试验期间平均月降水量小于前 10 年或 10 年以上月平均降水量时,应灌溉补水以便于达到上一年的平均降水量；

b) 在降水量不足以允许适当种植农作物和降水量通常需要灌溉补充的区域，应进行灌溉补水。

5.1.1.3.4 环境条件和监控

第一次施药前 5 d 至试验结束，记录每日空气和土壤的最高、最低和平均温度，总降水量，平均风速和蒸发量等信息。

5.1.1.4 供试物的施用

5.1.1.4.1 施药设备

施药设备每个喷头喷雾量不应超过 10％的误差，应使用最小化飘移损失的施药设备。

5.1.1.4.2 施用量和施用方式

供试物应按照农药供试物标签上推荐的最大使用量（当标签推荐多次施药时，使用年度累计使用量）和施药方法施药一次。当无法满足分析检测限时，可提高推荐的最大使用量进行试验，但需保证不影响土壤微生物作用。农药施用时，需要均匀喷洒在裸露的土壤表面。

5.1.1.4.3 其他要求

a) 农药供试物应按推荐的使用方法与作物生长一年中所对应的特定使用时间和阶段施用在裸露土壤表面；

b) 按照供试物标签说明使用喷雾施药等适当的施药技术。

5.1.1.5 土壤采样

5.1.1.5.1 采样方法

土壤样品的采集数目和直径（通常为 2.5 cm～12 cm）的确定应该基于小区的面积大小、土壤类型和需要分析的土壤样品的数量。同一个试验小区中采集的多个相同土层深度的土壤样品可混合，作为有代表性的混合样品用于检测分析，并根据不同时间的采样次数，把处理小区进一步划分多个次级小区（至少 10 个），每个次级小区应选足够数量（至少 5 个点）的均匀分布采样点以确保样品能够代表本次级小区的情况。试验全程应统一采样方法，用一组不同口径的土壤采样器分层采取，尽可能取自未扰乱土层，采样后应标记取样位置，避免同一位置采样 2 次。采样后，用未处理区域的土壤填满采样点，以防止不同深度土层的交叉污染。

5.1.1.5.2 采样深度

每次采样时，应根据农药供试物及其降解产物垂直分布特征，确定土壤采样深度。当供试物的实验室归趋特征显示淋溶是其重要的消解途径时，土壤采样通常应在 1 m 深的土层进行，且把 1 m 土层分为若干段用于检测分析（如 0 cm～15 cm、15 cm～30 cm、30 cm～45 cm、45 cm～60 cm、60 cm～80 cm、80 cm～100 cm，或参照试验点土层结构加以适当调整）。当供试物的实验室归趋参数表明该农药的淋溶性较低时，可减少土壤采样深度，但应需在土壤的生物活性区域（该区域可定义为耕作最大深度、农作物的生根深度和不透水土层深度三者中的最大值），至少 30 cm。

5.1.1.5.3 土壤采样时间和数量

土壤采样应该在处理前、处理后（0 d）和递增的采样间隔期（天/周/月）进行，采样时间间隔的确定应基于实验室试验相关数据和其他田间试验结果。空白对照小区的土壤采样只需要在试验开始前期进行。样品采集量应足够后续样品分析所需。采集次数应保证能监测到供试物母体化合物及其代谢物小于初始浓度或峰值的 10％。

5.1.1.6 土壤样品处理

当土壤样品不能立即提取分析时，则应尽快冷冻保存（≤－18℃）；需要运输到分析实验室时，也应在冷冻状态下尽快送到实验室（24 h 之内）。样品在粉碎等前处理过程中要在冷冻或者干冰存在下进行，土壤样品在提取前不能风干。

5.1.1.7 其他

在技术和条件可行的情况下，应根据试验需要通过以下方式提高分析方法灵敏度：

a） 降低采样土壤层厚度；

b） 增加土壤采样面积；

c） 在适当情况下增加施药量；

d） 在适当情况下增加土壤样品采集点。

5.1.2 主要仪器设备

田间土壤采样器。

施药设备。

样品冷冻设备。

样品运输冷藏装置。

土壤研磨机。

振荡机。

离心机。

色谱或色谱-质谱联用仪等。

5.1.3 环境条件

除有特殊要求外，试验期间的气象、试验区环境等条件均应保持与试验地周边一致，并详细记录试验现场所获得的和计算消散时间所需要的各种气象信息（如土壤湿度、土壤温度）。

5.2 试验操作

5.2.1 试验准备

施药前应校验喷雾器，保证施药均匀。

施药前应对喷雾器的流速进行测量，计算理论步速和理论喷药时间。

施药前应对单位面积内的喷雾量进行测量。

5.2.2 供试物药液配制

将供试药剂于喷雾器中用水稀释（或采用土壤混合方式），并搅拌均匀。

5.2.3 施药及采样

将配制好的供试物药液按试验设计要求均匀喷施（如采用土壤混合的方式施药，则采用合适的方法均匀撒施或混合）在试验小区土壤表面，待表面土壤风干后 4 h 内采集初始样品（可适当减少采样深度）。此后，按照 5.1.1.5.1 采样计划步骤采集不同深度土壤。

5.2.4 样品测定

按照 NY/T 3151 的规定进行残留分析方法开发并验证，分别测定每个重复的处理小区土壤中的供试物残留量。土壤中农药残留量以干土计。

5.2.5 试验终点

当供试物母体化合物及主要代谢（降解）产物达到初始浓度或峰值的 10％以下，或试验进行至 2 年时终止试验。

5.3 数据处理

按照 NY/T 3150 的规定评估降解动力学并计算 $DisT_{50}$ 和 $DegT_{50}$。

5.4 质量控制

质量控制条件包括：

a） 田间实际施药量损失≤30％；

b） 最低添加浓度在 LOQ 上，每个浓度 5 次重复；

c） 回收率和精密度要求参见附录 B；

d） 消散动态曲线至少包含 8 个数据点（特殊情况下可以减少）。

6 试验报告

试验报告至少应包括下列内容：

a） 供试物及其代谢物信息，包括供试物剂型、化学名称、结构式、CAS号、纯度、基本理化性质、来源等；

b） 试验田的位置，包括地理坐标（如纬度、经度）、位置图（如地形图、航空照片或土壤勘测图）、处理区和空白对照区的大小和性状；

c） 供试土壤的类型、pH、有机质含量、阳离子交换量、土壤质地、水分、土壤容重等基本理化性质；

d） 试验田3年的田间农事管理历史信息（如种植的作物、所使用的农药和化肥）；

e） 主要仪器设备；

f） 试验条件，包括每日气温（最小值、最大值）、每日降水和灌溉（记录单独的降水事件）、强度和持续时间、每周和每月的降水量和灌溉量总和、每周平均土壤温度、土壤水分含量、取样时间、田间实际施用量、施用次数等；

g） 土壤中残留分析方法描述，包括样品前处理、测定条件、线性范围、添加回收率、相对标准偏差、方法定量限、典型谱图等；

h） 试验结果，包括测定结果、消散曲线、消散 DT_{50}、相关系数、典型降解产物及实测典型谱图等。

附 录 A
(资料性附录)
降解 $DegT_{50}$ 模块处理方法

在进行旱田田间消散试验时，当试验数据遵循以下几点时，可以计算化学农药在土壤中的降解$DegT_{50}$：

——为防止供试物光解或挥发，施药后翻地 7 cm～10 cm 深度混合土壤，则从 0 d 到试验结束，消解数据可用于计算 $DegT_{50}$。

——把供试物注射到表层土(0 cm～30 cm)中，施药后翻地 7 cm～10 cm 深度混合土壤，则从 0 d 到试验结束，消解数据都可用于计算 $DegT_{50}$ 数据。

——供试物施用到土壤表面之后立即灌溉，灌溉量应足以使供试物到达 10 mm 的平均渗透深度，则从 0 d 到试验结束，消解数据可用于计算 $DegT_{50}$ 数据。

——施药后待表面土壤风干后覆沙至少 3 mm(蒸汽压$>1\times10^{-4}$ Pa 的目标物质不适用本项规定)，若有至少 10 mm 的降水/灌溉后可以去掉沙层。从 0 d 到试验结束，消解数据都可用于计算 $DegT_{50}$ 数据。

附　录　B
（资料性附录）
不同添加浓度对回收率和精密度（相对标准偏差）的要求

不同添加浓度对回收率和精密度（相对标准偏差）的要求见表 B.1。

表 B.1　不同添加浓度对回收率和精密度（相对标准偏差）的要求

添加浓度(C)，mg/kg	平均回收率，%	相对标准偏差(RSD)，%
$C>1$	70～110	10
$0.1<C\leqslant 1$	70～110	15
$0.01<C\leqslant 0.1$	70～110	20
$0.001<C\leqslant 0.01$	60～120	30
$C\leqslant 0.001$	50～120	35

参 考 文 献

[1]OECD Series on Testing & Assessment,No. 232:Guidance Document for Conducting Pesticide Terrestrial Field Dissipation Studies (2016).
[2]EPA Guideline:NAFTA Guidance Document for Conducting Terrestrial Field Dissipation Studies(2006).

本标准起草单位:农业部农药检定所、中国农业科学院植物保护研究所。
本标准主要起草人:刘新刚、周艳明、吴小虎、曲甍甍、陈超、瞿唯钢、郑永权。

图书在版编目（CIP）数据

农药登记环境试验方法标准汇编．一/农业农村部农药检定所编．—北京：中国农业出版社，2018.11
ISBN 978-7-109-25183-0

Ⅰ.①农… Ⅱ.①农… Ⅲ.①农药—药品管理—环境试验—标准—汇编—中国 Ⅳ.①S48-65

中国版本图书馆 CIP 数据核字（2019）第 005269 号

中国农业出版社出版
（北京市朝阳区麦子店街 18 号楼）
（邮政编码 100125）
责任编辑 冀 刚

中国农业出版社印刷厂印刷 新华书店北京发行所发行
2018 年 11 月第 1 版 2018 年 11 月北京第 1 次印刷

开本：880mm×1230mm 1/16 印张：18
字数：600 千字
定价：200.00 元